外国语言文学核心概念与关键术语丛书

庄智象◎总主编

词汇学
100核心概念与关键术语

张维友　黄　曼◎编著

清華大学出版社
北　京

内 容 简 介

本书以英语词汇为研究对象，运用历时与共时相结合、描写与解释相结合、理论与实践相结合的方法，探讨英语词汇学的核心概念与关键术语，内容囊括“词与词汇概述”“词汇的发展演变”“词的结构与构成方式”“词的意义与语义关系”“英语习语及变异”等。本书虽然聚焦于传统词汇学本体研究范围，却不落入传统的窠臼，突破与创新处处可见；写作深入浅出，描写删繁就简，解释力求清晰，突显实践性和实用性。

本书既适合大学生学习查阅，又可供教师和研究人员参考。

图书在版编目（CIP）数据

词汇学 100 核心概念与关键术语 / 张维友，黄曼编著. —北京：清华大学出版社，2024.10

（外国语言文学核心概念与关键术语丛书）

ISBN 978-7-302-66157-3

Ⅰ. ①词… Ⅱ. ①张… ②黄… Ⅲ. ①英语-词汇-研究 Ⅳ. ① H313

中国国家版本馆 CIP 数据核字（2024）第 086202 号

策划编辑：郝建华
责任编辑：杨文娟
封面设计：李伯骥
责任校对：王凤芝
责任印制：沈 露

出版发行：清华大学出版社
网 址：https://www.tup.com.cn, https://www.wqxuetang.com
地 址：北京清华大学学研大厦 A 座 **邮 编：**100084
社 总 机：010-83470000 **邮 购：**010-62786544
投稿与读者服务：010-62776969, c-service@tup.tsinghua.edu.cn
质量反馈：010-62772015, zhiliang@tup.tsinghua.edu.cn
印 装 者：三河市人民印务有限公司
经 销：全国新华书店
开 本：155mm×230mm **印 张：**21.25 **字 数：**331 千字
版 次：2024 年 10 月第 1 版 **印 次：**2024 年 10 月第 1 次印刷
定 价：98.00 元

产品编号：093140-01

总序

何谓“概念”？《现代汉语词典》（第7版）的定义是：“概念：思维的基本形式之一，反映客观事物的一般的、本质的特征。”人类在认识世界的过程中，把所感觉到的事物的共同特点提取出来，加以概括，就成为“概念”。例如，从白雪、白马、白纸等事物里提取出它们的共同特点，就得出“白”的概念。《辞海》（第7版）给出的定义是：“概念：反映对象的特有属性的思维方式。”人们通过实践，从对象的许多属性中，提取出其特有属性，进而获得“概念”。概念的形成，标志着人的认识已从感性认识上升到理性认识。概念都有内涵和外延，内涵和外延是互相联系、互相制约的。概念不是永恒不变的，而是随着社会历史和人类认识的发展而变化的。权威工具书将“概念”定义为“反映事物本质特征，从感性或实践中概括、抽象而成”。《牛津高阶英汉双解词典》（第9版）中concept的释义是：“concept: an idea or a principle that is connected with sth. abstract”（概念/观念：一个与抽象事物相关的观念或原则）；~(of sth.) the concept of social class（社会等级的概念）；concept such as ‘civilization’ and ‘government’（诸如“文明”和“政府”的概念）。”《新牛津英汉双解大词典》（第2版）对concept词条的界定是：“concept: (Philosophy) an idea or thought which corresponds to some distinct entity or class of entities, or to its essential features, or determines the application of a term (especially a predicate), and thus plays a part in the use of reason or language [思想/概念：（哲学）一种观念或思想，与某一特定的实体或一类实体或其本质特征相对应，或决定术语（尤其是谓词）的使用，从而在理性或语言的使用中发挥作用]。”权威工具书同样界定和强调概念是从事物属性中抽象出来的理念、本质、观念、思想等。

何谓“术语”?《现代汉语词典》(第7版)就该词条的解释是:“术语:某一学科中的专门用语。”《辞海》(第7版)给出的定义是:“术语:各门学科中的专门用语。”每一术语都有严格规定的意义,如政治经济学中的“商品”“商品生产”,化学中的“分子”“分子式”等。《牛津高阶英汉双解词典》(第9版)中 term 的释义是:“term: a word or phrase used as the name of sth., especially one connected with a particular type of language(词语;术语;措辞); a technical/legal/scientific, etc. term(技术、法律、科学等术语)。” terminology 的释义是:“terminology: the set of technical word or expressions used in a particular subject [(某学科的)术语,如 medical terminology 医学术语]。”《新牛津英汉双语大词典》(第2版)中 term 的释义是:“term: a word or phrase used to describe a thing or to express a concept, especially in a particular kind of language or branch of study(专门名词,名称,术语); the musical term ‘leitmotiv’(音乐术语‘主导主题’); a term of abuse(辱骂用语;恶语)。” terminology 的解释是:“terminology: the body of terms used with a particular technical application in a subject of study, theory, profession, etc.(术语): the terminology of semiotics(符号学术语); specialized terminologies for higher education(高等教育的专门术语)。”

上述四种权威工具书对“概念”和“术语”的界定、描述和释义及给出的例证,简要阐明了其内涵要义,界定了“概念”与“术语”的范畴和区别。当然,“概念”还涉及名称、内涵、外延、分类、具体与抽象等,“术语”也涉及专业性、科学性、单义性和系统性等方面,因而其地位和功能只有在具体某一专业的整个概念系统中才能加以规定,但基本上可以清晰解释本丛书所涉及的核心概念和关键术语的内涵要义等内容。

从上述的定义界定或描述中,我们不难认识和理解,概念和术语在任何一门学科中,无论是自然科学学科还是人文社会科学学科,都扮演着重要的角色,在任何专业领域都起着至关重要的作用。它们不仅是学科知识的基石,也是专业交流的基础。概念和术语的内涵和外延是否界定清晰,描写、阐述是否充分、到位,对学科建设和专业发展关系重大。

清晰界定学科和专业的核心概念和关键术语，能更好地帮助我们构建知识体系，明确学科研究对象、研究范围和研究方法，为学科建设和发展提供理论支撑；在专业发展、学术研究、学术规范、学术交流与合作中，为构建共同语言和话语标准、规范和体系，顺畅高效开展各类学术交流活动发挥积极的重要作用。无论是外国语言研究、外国文学研究、翻译研究还是比较文学与跨文化研究、国别与区域研究，厘清、界定核心概念和关键术语有利且有益于更好地推进学科建设、专业发展、学术研究、人才培养、学术交流和国际合作，对于研究生的培养、学术（位）论文的写作和发表而言尤其必要和重要。有鉴于此，我们策划、组织编写了“外国语言文学 100 核心概念与关键术语丛书”。

本丛书聚焦外国语言学、文学、翻译、比较文学与跨文化、国别与区域研究等领域的重点和要点，筛选出各领域最具代表性的 100 核心概念与关键术语，其中核心概念 30 个，关键术语 70 个，并予以阐释和撰写，以专业、权威又通俗易懂的语言呈现各领域的脉络和核心要义，帮助读者提纲挈领式地抓住学习重点和要点。读懂、读通 100 核心概念与关键术语便能抓住和基本掌握各领域的核心要义，并为深度学习打下扎实基础。

本丛书的核心概念与关键术语词目按汉语拼音编排，用汉语行文。核心概念 30 个，每个核心概念的篇幅 2000—5000 字，包括“导语”“定义”（含义）、“功能”“方法”“讨论”“参考文献”等，既充分发挥导学、概览作用，又能为学习者的深度学习提供指向性的学习路径。关键术语 70 个，以学习、了解和阐释该学科要义最不可或缺的术语作为选录标准，每条术语篇幅约 500 字，为学习者提供最清晰的术语释义，为学习者阅读和理解相关文献奠定基础。为方便查阅，书后还提供核心概念与关键术语的附录，采用英—汉、汉—英对照的方式，按英语字母顺序或汉语拼音顺序排列。本丛书的读者对象是外国语言文学和相关专业的本科生、研究生、教师和研究人员及对该学科和专业感兴趣的其他人员。

本丛书的策划、组织和编写得到了全国外语界相关领域的专家、学者的大力支持和热情帮助。他们或自己撰稿，或带领团队创作，或帮助推荐、遴选作者，保证了丛书的时代性、科学性、系统性和权威性。不少作者为本丛书的出版牺牲了很多个人时间，放弃了休闲娱乐，付出了诸多辛劳。清华大学出版社的领导对本丛书的出版给予了极大的支持，外语分社的领导为丛书的策划、组稿、编审校工作等作出了积极的努力并做了大量的默默无闻的工作。上海时代教育出版研究中心为本丛书的研发、调研、组织和协调做了许多工作。在此向他们一并表示衷心的感谢和深深的敬意！

囿于水平和时间，本丛书难免存在疏漏和差错，敬请各位读者批评、指正，以期不断完善。

庄智象

2024 年 4 月

前言

英语词汇学是语言学的一个重要分支，也是高等院校英语专业本科生必修理论课程之一，有的院校甚至把英语词汇学纳入硕士研究生课程。因为词汇学在高校人才培养和语言学习中占有重要地位，国内市场上不断出现词汇学著作，笔者主持的"英语词汇学"课程还被选入教育部精品课程。清华大学出版社组织出版的"外国语言文学核心概念与关键术语丛书"之《词汇学 100 核心概念与关键术语》由笔者负责执笔，接到任务后我们首先考虑的是如何界定和选取内容，因为学界对词汇学应涵盖的内容认识并不统一。纵观国内外流行的词汇学著作，尤其是国内出版的英语词汇学代表作，内容主要集中在"词汇概述""词汇的发展演变""构词方式""词的意义""词义关系""词义变化""英语习语"等诸方面，这些都属于词汇学学科的本体内容。此外，散见于各著作中的还有"英语词典""美国英语""词汇学习""词汇学研究方法""词汇搭配""词汇衔接"等相关内容。本书提炼的学科核心概念和关键术语全部聚焦于学科本体内容，"英语词典""词汇学习""词汇学研究方法"等内容没有被纳入核心概念之列。有些内容如"美国英语"并没有完全被摈弃，而是糅合在核心概念"词汇"条目中一并讨论。尤其要指出的是，本书将"词素化""词化""词义变化机制""习语变异""语用意义"等列入核心概念，这些内容是国内传统英语词汇学著作中罕见的，是本书内容上的一大创新。

本书遵循整体设计要求，之于传统词汇学著作有明显的优越性。传统词汇学著作，尤其是教材，受章节限制，很多内容只是知识的泛泛介绍，很难深入研究讨论。采用核心概念形式编写，一个概念一个专题，讨论相对要深入得多，不但能反映国内外词汇学研究新成果，而且在理论上可以得到相应拓展，让读者不仅能知其然而且能知其所以然。譬如

“词素化”问题，该核心概念不只是简单地介绍近几十年来出现的一些新词素，而且从理论上阐释了新词素产生的过程和内在机制。又如“词化”问题，在介绍“词化”的各种现象的同时，笔者深入讨论了“词化”与语言综合型表达和分析型表达的密切关系，还从理论的高度论述了英语语言“词化”的模式。再如“词义变化机制”问题，对于为何有些多义词的不少义项看起来风马牛不相及、这些义项是如何产生的，以及其内在促动机制是什么等，该核心概念都做了较为透彻的解释。

因为本书带有研究性质，难免引用大量国内外学者的相关文献。汉语写作往往把外国作者姓名译成汉语，利弊明显。有利的是不懂英语的读者阅读起来顺畅，其明显的弊病是同样的姓名翻译成汉语很难做到一致，特别是那些不被广为了解的作者。更主要的问题是，即使读者知道作者汉语名字却经常不易找到其外文名，这对查找原文出处带来很多困难。考虑到现在的读者都有一定的外语水平，我们采取外语界通用的办法，外语文献作者姓名全部维持原状。另外，本书将文中涉及的大量专业术语和习惯表达在正文中尽可能附上对应英文，这样做不仅能加深读者的理解，而且能让他们了解和学习英汉的对应表达。

《词汇学 100 核心概念与关键术语》由笔者和黄曼副教授合作完成。黄曼负责“词化”“理据”“语用意义”“习语”“习语变异”“多义关系”“同义关系”“反义关系”“上下义关系”“同形异义关系”等十个核心概念的撰写工作，其他核心概念和关键术语全部由笔者本人完成。在本书即将付梓之际，首先要感谢的是上海时代教育出版研究中心理事长和丛书总主编庄智象教授，由于他的信任，笔者有幸负责完成本书的撰写工作；其次要感谢的是清华大学出版社郝建华分社长，正是出版社的大力支持和郝社长的协助才能使本书如期完成出版。由于时间紧，加上作者知识所限，书中难免有疏漏和不尽如人意处，欢迎广大读者批评指正。

张维友
2024 年 9 月于深圳

目 录

核心概念篇

成分分析 COMPONENTIAL ANALYSIS

成分分析是一种语义理论，故也称语义成分分析（下面使用该说法），是20世纪50年代美国人类学家用来分析亲属词汇的一种技能，后来作为一种语言学（linguistics）研究方法用于语音（phonetics）、语法（grammar）和语义学（semantics）研究（Crystal，1985：62；Richards et al.，2000：87）。语义成分分析试图将词位（lexeme）间的语义关系（sense relation）形式化，使其绝对精确。在词义（word meaning）研究领域也称词汇分解（lexical decomposition）（Lyons，2000：107–108），还有学者称之为特征分析（feature analysis）（Bolinger & Sears，1981：114）。尽管这种方法有其弊端，但迄今为止在词汇语义（lexical semantics）研究中仍不愧为一种有效手段。

定义

语义成分分析理论认为，词（word）无论多么复杂或简单，都具有惊人且明显的不规则特征集（set of wayward traits），将这些特征挖掘出来进行分类，并展示其关系就是语义成分分析（Bolinger & Sears，1981：114）。所有词项（lexical item）都可以运用有限的语义成分（semantic component）或语义特征（semantic feature）进行分析，或者分解成数量有限且能反复使用的语义成分（Jackson，2016：63），或语义原子（semantic primitive/atom）（Bolinger & Sears，1981：114；Saeed，2000：232）。譬如man（男人）、woman（女人）、boy（男孩）、girl（女孩）这四个词可以用human（人类）、male（男性）、female（女性）、young（幼年）、adult（成人）这组词进行定义，分别是：

man [HUMAN MALE ADULT]
woman [HUMAN FEMALE ADULT]
boy [YOUNG HUMAN MALE]
girl [YOUNG HUMAN FEMALE]

方括号中大写的词就是词的语义成分或语义原子，这些特征是从自然语言词中抽象出来的，数量有限，可以用来描写世界上各种语言中表示同样意义的词。下文将对方括号中的词为何要大写、这些词究竟是如何产生的、这些词与普通词有什么区别、这种分析对语言词汇的使用有何利弊等问题进行阐释。

☙ 语义成分的提取及标识

语义成分分析的定义中提到，语义成分是从自然语言词中抽象出来的。这些词是语义原子，不可再分且数量有限，可以用于描写所有语言中表示同样意义的词。那么这些成分是如何提取的呢？仍然以 man、woman、boy、girl 为例（见下图）（张维友，2015：116–117）：

human		
man	woman	***adult***
boy	girl	***young***
male	***female***	

图　man、woman、boy、girl 的语义成分

如上图所示，man 和 woman 共享 adult 的特点、boy 和 girl 共享 young 的特点、man 和 boy 共享 male 的特点、woman 和 girl 共享 female 的特点、四个词共享 human 的特点。这些表示特征的词就是用来描写语言词汇意义（lexical meaning）的，称为元语言（metalanguage）。为了将元语言词汇与普通词汇区分开来，语言学惯用的方法是将它们大写，描写词义时放入方括号，或一词一个方括号，或共用一个方括号。另一个通用的经济手段是采用二分法（binary analysis），即表示性别的 male—female 只选用其中一个词，有这个特征就在特征前加“+”符号，无此特征用同样的词，在前加“–”符号。按此办法，可以把 man、woman、boy、girl 重新描写如下：

man　　[+HUMAN　+MALE　+ADULT]

woman [+HUMAN −MALE +ADULT]
boy [+HUMAM +MALE −ADULT]
girl [+HUMAN −MALE −ADULT]

这样一来，可以省掉 YOUNG 和 FEMALE 两个词。这就是语义成分分析法的一大优势，简洁清楚。有些词的所指性别不清楚，可以使用“±”或“O”符号，如 Leech（1981：90）使用“O”符号进行描写：

child [+HUMAN −ADULT OMALE]
cat [−HUMAN +ADULT OMALE]

再如 woman（妇女）、bachelor（单身汉）、spinster（剩女）、wife（妻子）这组词，可以分别描写如下：

woman [+HUMAN +ADULT −MALE ±/OMARRIED]
bachelor [+HUMAN +ADULT +MALE −MARRIED]
spinster [+HUMAN +ADULT −MALE −MARRIED]
wife [+HUMAN +ADULT −MALE +MARRIED]

☙ 语义成分分析的应用

（1）进行语义成分分析要注意运用剩余规则（redundancy rule），因为一个语义特征可能蕴含（entail，用“→”符号表示）另一个或多个特征，要避免穷尽分析。例如：

HUMAN → ANIMATE
ADULT → ANIMATE
ANIMATE → CONCRETE
MARRIED → ADULT
ETC.

单词 wife 具有 [+FEMALE][+HUMAN][+ADULT][+MARRIED][+ANIMATE][+CONCRETE] 等特征，在分析中只需写出 [+FEMALE][+ADULT][+MARRIED] 即可，因为 [+MARRIED] 蕴含 [+HUMAN][+ANIMATE][+CONCRETE] 等特征（Saeed，2000：233–234）。

（2）进行语义成分分析要聚焦词义的区别性特征。譬如 horse（马）、cattle（牛）、machine（机器）、bed（床）的区别性特征是 [±ANIMATE]；road（马路）、house（房子）、thought（思想）、philosophy（哲学）的区别性特征是 [±CONCRETE]；water（水）、gas（煤气）、stone（石头）、tree（树）的区别性特征是 [±COUNTABLE]；动词的区别性特征是 [±MOMENTARY]、[±DYNAMIC] 或 [±TRANSITIVE] 等（张维友，2015：117）。

（3）进行语义成分分析能够帮助区分词义关系，如同义关系（synonymy）、反义关系（antonymy）和上下义关系（hyponymy）。先看上下义关系：

woman [−MALE +ADULT +HUMAN]
spinster [−MALE +ADULT +HUMAN −MARRIED]

一个词项 P 可以定义为 Q 的下义词（hyponym/subordinate），则 Q 的所有语义特征都包含在 P 的语义特征之中。例如，spinster 是 P，woman 是 Q，则 spinster 是 woman 的下义词，因为 woman 所有的语义特征都包含在 spinster 特征之中。再看同义关系：

teacher [+HUMAN +PROFESSIONAL +EDUCATE +SCHOOL]
instructor [+HUMAN +PROFESSIONAL +EDUCATE +SCHOOL]

一个词项 P 可以定义为 Q 的同义词（synonym），则 Q 的所有语义特征与 P 的语义特征相同。instructor 是 teacher 的同义词，因为两个词的核心语义特征等同，职业都是在学校从事教育工作。当然，同义词可能有色彩的差异，如文体色彩、情感色彩不同，但不影响两个词是同义关系。最后看反义关系：

bachelor [+MALE +ADULT +HUMAN −MARRIED]
spinster [−MALE +ADULT +HUMAN −MARRIED]

一个词项 P 可以定义为 Q 的反义词（antonym），则 Q 和 P 共享大多数语义特征，但其中一项或两项正好相反。bachelor 和 spinster 分别有四个语义特征，其中三个相同，唯独性别特征相反，所以是反义词。

（4）进行语义成分分析能够帮助判断句子正误与可接受性。例如：

[1] The robbers broke into the store with a hammer.
窃贼用锤子砸开商店闯入偷窃。

[2] *The hammer broke into the store by the robbers.
锤子闯入商店偷窃是窃贼干的。

两个句子中句 [1] 正确而句 [2] 错误，通过语义成分分析其原因一目了然。break 这个动词的突出特征是 [+DYNAMIC]，需要具备 [+ANIMATE] 或 [+AGENTIVE] 特征的主语，robbers 符合这些条件，因此是对的；而句 [2] 的主语是 hammer，其特点是 [−ANIMATE] 或 [−AGENTIVE]，因此是错误的。再如：

[3] *Alan has left this neighborhood for five years.
阿兰离开该社区五年了。

[4] Alan has been away from this neighborhood for five years.
阿兰离开该社区五年了。

两个句子中句 [4] 正确而句 [3] 错误。句 [3] 使用的动词 leave 具有 [+MOMENTARY] 特征，终止性动词不能延续，故不能与表示一段时间的状语搭配，所以是错误的。句 [4] 换用了 be 动词，表示状态，可以延续，所以该句是正确的。正确的句子一般是可以接受的，错误的句子是不可接受的。

☙ 语义成分分析的优缺点

语义成分分析尽管在语言研究中被广泛使用，但自其产生之日起褒贬不一，赞扬之声不绝，批评之声也不断。概括起来，主要优缺点体现在三个方面：

优点一：语义成分分析法是描写语言表达意义（expressive meaning）最为经济便捷的方法。因为语义成分或语义原子是从自然语言词汇中抽象出来的，适用于世界上的所有语言。语义特征数量有限而意义数量无限，用有限的语义特征去描写世界上无限的意义是十分经济便捷的方法。

质疑：语义成分分析是否经济便捷并没有得到验证。语义特征究竟有多少，无人能说清楚，且无人能做到提取所有语义特征。此外，这些特征是否适用于世界上的所有语言也是一种推测。此质疑有以下几方面的原因（Leech，1981：117–118）。

首先，自然语言中很多词汇非常简单，但是用于分析其意义的词汇却艰涩生僻，如 dog 的语义特征包括 [+ANIMATE −HUMAN +CANINE +DOMESTIC ±MALE +COUNTABLE]（有生命、非人类、犬科、家养、公/母、可数）等词语；又如描写 foal（马驹）的意义要用 [+ANIMATE −HUMAN +EQUINE +DOMESTIC −ADULT ±MALE +COUNTABLE]（有生命、非人类、马科、家养、非成年、雄/雌、可数）等词语，这一套元语言比自然语言词汇要难得多，比词典中的释义也更难懂。更主要的是，有人认为语义特征数量也是无限的，该方法既不经济也不便捷，有点弄巧成拙。

其次，语言学家用来分析的例词基本上都是所指物（referent）明确的具体名词。但是自然语言中存在大量抽象名词（abstract noun）、表性状的形容词、表行为动作的动词，其中许多词都没有所指物，其语义特征是不确定的。譬如 happiness（幸福）、beauty（美）、big（大）、short（矮）等词，文化、年龄、经历、地域等因素都会影响其语义特征的确认，没有客观标准。普通老百姓和拥有大量财富的人心目中的“幸福”标准是绝对不同的，不同肤色、不同民族、不同时代和不同职业的人对“美”的追求也是不一样的。就“大”和“矮”而言，多大算大，多矮算矮，难有举世公认的特征。

最后，即使遇到某些具体词汇，要明确描述每个词的语义特征也很困难。譬如 game（游戏）的基本特征是什么？Wittgenstein（1953）认为，要知道 game 的实际意义，只有了解 game 所指的各种活动之间的“家族相似性”（family resemblance）。以杯子为例，世上的杯子各式各样，但无人能列出一套界限清楚的特征，如杯子是否有把手、多深多大、多高多矮、是何形状、有何用途等，无法确定。

优点二：语义成分分析可以帮助鉴别语言使用的正确性和可接受性。上述举例证明，这个说法是有道理的，如该方法运用得好确实能起到这个作用。

质疑：语言的使用都有特定语境。如果使用的是词的字面意义（literal meaning），一旦了解词的语义特征，就可以判断其搭配（collocation）是否正确、语言是否具有可接受性。然而，在特定语境中，语言的使用有很多是违反规则的异常用法（anomalous usage），有意义且可接受，但用语义成分分析却无从解释。例如：

[5] The little *boy* is a strong *man*.
那个小男孩是个壮汉。
boy [+HUMAN +MALE –ADULT]
man [+HUMAN +MALE +ADULT]

根据语法结构判断，boy 等于 man。我们知道，boy 是没成年的孩子，而 man 是成人，该句违反常理。但这个句子很好理解，过去某个时期的小男孩现在已长成壮汉了，但是两个词的语义特征却相左，按语义成分分析该句是不成立的。再如：

[6] I think I dreamt that my *toothbrush* was *dancing* with Linda Ronstadt.（Allan，1986：80）
我想我梦见了我的牙刷在同琳达·龙施塔特跳舞。

这个句子也不难理解，因为梦中出现的情景可以违反常识、违反逻辑。toothbrush（牙刷）的特征是 [–INANIMATE]（无生命），自然不可能跳舞，但是在梦中可以赋予其生命，让其跳舞是完全可能的。严格按语义成分分析，该句也不能成立，是不可接受的。这样的例子比比皆是。

优点三：一个语言表达只要描写出其语义特征就可以推理出其意义。上述例子如 man、bachelor、spinster、wife 等确实证明了这个观点。

质疑：这个观点与优点二相互联系，关键问题在于使用的是否是词汇的字面意义。如果不是，即使能够了解所有词的语义特征，也不能保证能推理出实际意义。例如：

[7] There is a mixture of the *tiger* and *ape* in the character of the imperialists.
帝国主义者的特征是既**凶残**又**狡诈**。

我们可以将 tiger 的特征描述为 [+ANIMATE +FELINE +CARNIVOROUS +FUR +STRIPED]（有生命、猫科、食肉、有毛皮、有斑纹）等，对 ape 也可如此描述，但仍然无法明白该句的含义。因为句中 tiger 和 ape 是用其比喻意义（figurative meaning），即“凶残”“狡诈”，仅从两个动物的物理特征很难理解。正是由于很多词在实际使用中意义引申，所以很多矛盾搭配看似不能成立却可以理解和接受，如 beautiful tyrant（美丽的暴君）、cold fire（冰冷的火焰）、honorable villain（可敬的恶棍）、sweet sorrow（甜蜜的悲伤）等。再如：

[8] “Be a man!”said the father to his grown-up son.
“做个男子汉！”父亲对他已成年的儿子说。

我们知道，man 具有 [+HUMAN +MALE +ADULT] 特征，儿子已成人，对于一个具有成人男子特征的男人说这句话，似乎毫无道理。实际上此处的 man 要表达的不是该词的字面意义，而是内涵意义（connotative meaning），即“勇敢”“无畏”，父亲是激励儿子像个男子汉，勇敢无畏。所以说，只要了解词语的语义特征就能推理出意义这种说法是站不住脚的。

由此可见，语义成分分析作为一种语言研究理论有其特殊的用途，优点明显，但存在的问题也不少。所以，我们要用其所长，避其所短，充分发挥该理论的优点。

参考文献

张维友. 2015. 英语词汇学教程. 武汉：华中师范大学出版社.

Allan, K. 1986. *Linguistic Meaning*. London: Routledge & Kegan Paul.

Bolinger, D. & Sears, D. A. 1981. *Aspects of Language* (3rd ed.). New York: Harcourt Brace Jovanovich.

Crystal, D. 1985. *A Dictionary of Linguistics and Phonetics*. Oxford: Basil Blackwell in Association with André Deutsch.

Jackson, H. 2016. *Key Terms in Linguistics*. Beijing: Foreign Language Teaching and Research Press.

Leech, G. 1981. *Semantics: The Study of Meaning* (2nd ed.). London: Penguin Books.

Lyon, J. 2000. *Linguistic Semantics: An Introduction*. Beijing: Foreign Language Teaching and Research Press.

Richards, J. C., Platt, J. & Platt, H. 2000. *Longman Dictionary of Language Teaching and Applied Linguistics*. Beijing: Foreign Language Teaching and Research Press.

Saeed, J. I. 2000. *Semantics*. Beijing: Foreign Language Teaching and Research Press.

Wittgenstein, L. 1953. *Philosophical Investigations*. Oxford: Basil Blackwell.

重叠法 REDUPLICATION

重叠构词在英语中是一种非常次要的构词方法，构成的词（word）很少。Quirk et al.（1972：1029–1030，1986：1579–1580）虽然进行了专题讨论，不过列举的重叠词（reduplicative）才 13 个。《牛津高阶英汉双解词典》（第 6 版）（*Oxford Advanced Learner's English-Chinese Dictionary*, 1997）共收重叠词 85 个，双音节词 29 个，如 bon-bon（糖果）、chit-chat（聊天），其他的 56 个词，如 boogie-woogie（布吉乐）、dilly-dally（闲混）、tutti-frutti（聊天）等。迄今为止，我们从各种渠道共收集到 146 个英语重叠词，相对于总量超过 100 万之巨的浩瀚英语词海，可谓沧海一粟。英语重叠词虽数量微不足道，但构成方式奇特，使用颇为有趣，值得探讨。

☙ 定义

何谓重叠词？顾名思义，重复叠合而成的词为重叠词。这个定义看似简单合理，但不完全适用于英语重叠词。Crystal（1985：259）给重叠词的定义为“重叠复合词”（reduplicative compound word），并以helter-skelter（仓促忙乱地）、shilly-shally（犹豫不决地）为例，可以看出定义与例词并不完全一致。在人们心中，重叠复合词应该是相同成分的复合，但例词并非如此。Quirk et al.（1972：1029，1986：1579）认为重叠词是“两个或两个以上相同的或差别微小的成分构成的复合词（compound）”。按照这个定义，英语中的gee-gee（马）、peep-peep（喇叭声）、flim-flam（胡言乱语）、splish-splash（泼水声）、hanky-panky（欺骗行为）、hocus-pocus（骗术）等都是重叠词。简而言之，英语中重叠法就是重复叠合两个或两个以上完全相同或有微小差异的成分构词的方法。因为重叠词重在摩声上，在描述反复连续的声音时可以多次重复。例如，人的笑声可以描写为ha-ha（哈哈），也可以描写为ha-ha-ha-ha（哈哈哈哈）；敲击声可以是tat-tat（哒哒），也可以是tat-tat-tat-tat-tat（哒哒哒哒哒），多次重复说明时间拉得非常长。不过有一点必须指出，重叠词绝大多数都是两个成分重叠，两个成分以上的重叠词不多见，即使有也是为了追求特殊效果临时创制的，往往与普通重叠词格格不入。

☙ 重叠词的构成范式

分析目前收集到的146个英语重叠词发现，英语重叠词有两种构成范式：完全重叠和部分重叠（张维友，2010）。

1. 完全重叠词

构成成分（constituent）完全相同的词为完全重叠词，在收集的语料中完全重叠词仅40个。例如：

ack-ack 高射炮的　　　　boo-boo 愚蠢的错

cha-cha 恰恰舞
hubba-hubba 好极了
wee-wee 撒尿
pom-pom 绒球
din-din 晚餐
ha-ha 壕沟
paw-paw 木瓜
yum-yum 表示好吃的声音
quack-quack 嘎嘎声
bye-bye 再见

2. 部分重叠词

部分重叠词是指词的两部分大体相同，但其中有个别字母不一样。这类词共 106 个。

因为拼写不尽相同，读音自然不同。但读音有一定的规律，要么元音不同，要么辅音有异。

（1）改变元音的重叠词。例如：

clip-clop 马蹄声
mish-mash 混杂物
riff-raff 乌合之众
dilly-dally 磨蹭
jibber-jabber 叽叽喳喳
ding-dong 叮咚声
knick-knack 小饰物
tick-tack 滴答声
fiddle-faddle 无聊的话
gibble-gabble 喋喋不休地说

在收集的语料中改变元音的重叠词有 36 个。元音的变化有一定的规律，36 个词中 /i/ → /æ/ 的重叠词共 23 个，/i/ → /ɔ/ 的重叠词共 11 个，其他词 2 个。不难看出，元音的变化都是从合口到开口，声音从小到大。从音节数上看，单音节重叠的词共 21 个，双音节重叠的词共 15 个，单音节词稍稍多于双音节词。

（2）改变辅音的重叠词。例如：

backpack 赞助
boohoo 哭闹
hotch-potch 乱七八糟
boogie-woogie 布吉乐
hocus-pocus 骗术
clap-trap 华而不实
hob-nob 交往密切
nitwit 笨蛋
fuddy-duddy 老顽固
hoity-toity 傲慢

hanky-panky 不老实　　hugger-mugger 混乱
piggy-wiggy 脏　　higgledy-piggledy 杂乱无章

改变辅音的重叠词占绝大多数，收集的语料中有 70 个。辅音变化同样有一定规律，70 个词中 H → X（X 指任何其他字母）的词有 30 个、R → X 的词有 6 个。第一个词的起始字母分别有 B、C、D、F、H、N、R、P、S、T、W 等，但是以 H 开始的词最多，接近同类词的一半。从音节数上看，单音节词 16 个，占 22.8%；三音节以上的词 1 个；其他 53 个为双音节词，占 75.7%，双音节词远远超过单音节词。

☙ 重叠词的构成成分与意义

英语重叠词主要是摩声，重叠的两个成分分开后有的有意义，有的毫无意义。少数词中的成分与词的整体意义有直接关系，如 clever-clever（聪明之极）、papa（爸爸）、bye-bye（再见）、tip-top（顶尖）等。有一部分词的意义取两个成分中的一个，如 super-duper（极好的）、bibble-babble（唠叨不停）、tittle-tattle（聊天）等词中的 super（极好的）、babble（唠叨）、tattle（聊天）等的意义与整体意义相同，另一部分没有意义，重叠仅起加强作用。大多数重叠词都属于此类。有一些词的两个成分分开都有自己的意义，但合并后产生了不同的意义，如 hip-hop（嘻哈舞）就是如此，hip 表示“臀部”，hop 作动词表示“单足跳行”，合并后的意义迥异；hob-nob（社交，交往）亦如此，hob 表示“火巴”“滚刀”，nob 表示“脑袋”，合并后意义毫无关联。不过这样的例子不多。还有的词的重叠成分实际上是作为声音的补充，显示声音错落连续，如 hubble-bubble（沸腾声）、flip-flop（啪嗒啪嗒声）、jibber-jabber（胡说八道）等，尽管各自都有意义，但主要是摩声。

☙ 重叠词的格式

英语重叠词的格式都属 AA 式，不过有两种变体。一种是绝对 AA 式，即同音同形重叠，以单音节为主，如 tom-tom（非洲的长手鼓）、

win-win（双赢的）等。双音节重叠属个别现象，如 goody-goody（伪善者，假正经的）、clever-clever（耍小聪明的）、hubba-hubba（好极了）等。第二种是带变化的 AA 式，在收集的语料中这类词共 106 个，占总数的 72.6%。首辅音不同的重叠词有 airy-fairy（想入非非的，脆弱的）、herky-jerky（颠簸的）等。第一个词不算严格意义上的辅音重叠，因为前一个词的成分首辅音缺项，但仍然归属辅音重叠词。元音不同的重叠词，如 pitter-patter（拍哒声）、dingdong（叮咚）、drip-drop（雨点滴答）等。重叠词的构成成分无论音节多少，其中只能有一个音节的元音可以不同。

☙ 重叠词的语法功能

英语重叠词的词性（part of speech）并不复杂。《牛津高阶英汉双解词典》（第 6 版）收录的 84 个重叠词中，其中名词 60 个、形容词 14 个、动词 6 个、副词 4 个，另有 9 个词身兼两个词类，名词占多数。另外，少数词同时具有多种语法功能，如 hurry-scurry 分别表示“慌忙地”“慌忙的”“慌忙”“慌忙做”，可用作副词、形容词、名词和不及物动词。更有甚者，hugger-mugger 分别表示“秘密”“秘密的”“秘密地”“隐秘”“隐秘行动”，可作名词、形容词、副词、及物动词和不及物动词，具有五种不同的语法功能。意义上没有大变化，从汉译意义可以看出，词的本义（literal meaning）没变，变化的是语法意义（grammatical meaning）。不过，多语法功能的重叠词属罕见现象。

☙ 重叠词的语义及色彩

1. 语体特色

重叠词总体上都是非正式用词，正如 Quirk et al.（1972：1029，1985：1579）指出，大多数重叠词是高度非正式的（highly informal）或熟悉的（familiar），有的甚至来自儿语（from the nursery）。譬如 papa（爸爸）、mama（妈，妈妈）、bye-bye（再见）、din-din（吃饭）、

gee-gee（马马）、pee-pee（尿尿）、so-so（一般般）、wee-wee（尿尿）等，要么是口语词（spoken word / colloquialism），要么是儿语。正式英文中很少使用重叠词。

2. 情感色彩

英语重叠词很多是为了加强语气，如 tip-top（顶尖的）、super-duper（棒极了）等，其实 tip、top、super 三个单词本身的意义与整词的意义基本相同，但重叠后语气更强，感情色彩更浓。不过，元音和辅音交错格式的重叠大多带有贬义色彩，表示“犹豫”“彷徨”“摇摆”“瞎扯”等（Quirk et al.，1985：1580），如 bibble-babble（唠叨不停）、dilly-dally（吊儿郎当）、fiddle-faddle（胡扯）、prattle-prattle（饶舌）、arty-crafty（华而不实）、boohoo（又哭又闹）、fuddy-duddy（老顽固）、harum-scarum（冒失地）等。

3. 重叠词的语义

重叠词重叠的成分绝大多数是非词素或非单词形式，很多是模拟前一个词的音稍加变化补充一个成分，如 ping-pang（乒乓）、flip-flop（啪嗒啪嗒声）、seesaw（跷跷板）等，这些词摩声，同时表示起伏的动作。再如 yo-yo（悠悠球）、pee-pee（小鸡）、pom-pom（绒球）、quack-quack（鸭叫声）、peep-peep（哔哔）、yum-yum（好吃的声音）、splish-splash（溅水声）、tick-tock（嘀嗒声）、ding-dong（叮咚声）等，莫不如此。简言之，重叠词的意义与声音紧密相关，很多情况下，声音就是意义。

因为重叠词主要是摩音，有的学者把重叠词归为拟声词（onomatopoeic word）（汪榕培、王之江，2008：46）是有道理的。但重叠词主要的语体色彩是非正式的，且感情色彩浓厚，使用起来别有韵味。例如：

[1] Don’t *dilly-dally* for too long.
不要**磨蹭**时间太久。（作动词）

[2] The woman was so round and *roly-poly*. I used to wonder how

she could move fast enough to catch hold of a bird.

那女人长得圆滚滚、**胖墩墩的**，我常纳闷她怎么能快得抓住鸟儿。（作形容词）

[3] The speaker was *blah-blah* speaking, hardly conscious of the bored audience.

演讲者**布拉布拉地**说过不停，几乎没留意到厌倦的听众。（作副词）

[4] He probably thinks I'm an old *fuddy-dully*.

他或许认为我是个老**顽固**。（作名词）

[5] A *higgledy-piggledy* mountain of newspapers was seen on the side of his bed.

发现他的床边堆放着一大堆**乱七八糟**的报纸。（作形容词）

从以上例句不难看出，尽管这些重叠词的语法功能不同、语义（sense）各异，如“磨蹭”“胖墩墩”“布拉布拉”“顽固”“乱七八糟”等，但都是口语化的，而且大都带贬义色彩。

参考文献

牛津高阶英汉双解词典（第 6 版）. 1997. 北京：商务印书馆.

汪榕培，王之江. 2008. 英语词汇学. 上海：上海外语教育出版社.

张维友. 2010. 英汉语词汇对比研究. 上海：上海外语教育出版社.

Crystal, D. 1985. *A Dictionary of Linguistics and Phonetics*. Oxford: Basil Blackwell in Association with André Deutsch .

Quirk, R., Greenbaum, S., Leech, G. & Svartvik, J. 1972. *A Grammar of Contemporary English*. London: Longman.

Quirk, R., Greenbaum, S., Leech, G. & Svartvik, J. 1985. *A Comprehensive Grammar of the English Language*. London: Longman.

词 WORD

词是语言中最熟悉、最常用的一个语言单位。所有语言的本族人无论是否会读写，不管会不会使用“词”这个术语，直觉上都是知道词的。然而从语言学（linguistics）的角度要给“词”下一个确切的定义却不容易。因为词有很多属性，每个属性都可能产生不同的定义。

☙ 定义

词是本族人口语和书面语中普遍能感知辨认的表达单位（Crystal，1985：333）。这个定义简单，但是太笼统。表达单位可以是词，也可以是短语等，本族人能感知辨认的单位未必都是词。Richards et al.（2000：510）把词定义为“口语和书面语中独立出现的最小语言单位”，该定义虽然把词限定为最小的语言单位，但并不是所有的词都能独立出现，像冠词 the 之类的功能词（functional word）就不能独立。《新牛津英汉双解大词典》（*The New Oxford English-Chinese Dictionary*，2007）对词给出的定义是“说话或书写中可区别的有意义的单一成分，可与其他同类成分组合成句或独立成句，典型的书写或印刷形式是两边空格”。相比之下，该定义更为全面，看起来更合理，但仍有不尽如人意处，如“独立成句”与“独立出现”意思相同。另外，不少语言中的词书写出来两边并无空格，如汉语。更主要的是，代表不同语法形态的词，如 eat、ate、eaten、eating 等，算一个词还是多个词，这些定义无从解释。

为了避免麻烦，人们干脆从不同的角度分别给出定义，如说出来听得见、有意义、前后有停顿的语音词（phonological word）；写出来前后有空格（有些语言例外，如汉语）的文字词（orthographic word）；表达概念（concept）和形象的外部符号的语义词（semantic word）；硬性组合的独特音义复合体，可储存在记忆中以备交际中提取使用的词汇词（lexical word）；用词素（morpheme）按规则构制的形态词（morphological word）；按一定规律配列成句的句法词（syntactic word）；百姓能感觉到、谈到、每天用到、大于音位（phoneme）而小于句子的社会学词（sociological word）；文字处理器操作中相当于“词”的语言片断的心理语言学词（psycholinguistic word）等（Packard，2000：7–14）。这些定义纷繁杂乱，更让人无所适从。Matthews 在《形态学》（*Morphology*，2000）一书中引入的几个术语颇有道理。词典中列举的词一律看作抽象形式，叫词位（lexeme），采用大写形式书写，如 EAT；出现在话语和篇章中的形式叫引用形式（citation-form）；诸如 eat、ate、eaten、eating 这样的词叫“语法词”（grammatical word）。据此，一个抽象的词位无论是动词还是名词都可以有一个或多个语法词，实际运用当中每种形式都是引用形式（Matthews，2000：24–30）。这样的解释只能存在于学术层面，老百姓无法接受。普通百姓心目中的基本语言实体就是词。如“Mary ate the apple on the table.”（玛丽吃了桌子上的苹果。）这句话，从数量上看，共有 7 个词，书写上每个词前后都有空格，彼此不相连。每个词都有意义，尽管 the 没有词汇意义（lexical meaning），但有功能意义，在句中起限定作用。如果念出来，凭经验和常识，英语本族人能听出有多少个词，因为每个词前后有停顿。无论读得多么快，词与词之间的停顿是可以察觉得到的。英语中单音节实词都重读，功能词一般不重读，但每个词一个重音，超过一个音节的词，每个词只有一个重音。譬如 Mary ate 是两个词，若念成一个词，要么是 /'mærieit/，要么是 /mæri 'eit/，这种区别很容易听出。另外，从意义上讲，把 /'mærieit/ 作为一个词，意义不通（张维友，2007）。归结起来，词有四方面的特点：词是语言中最小的自由单位；词有独特的语音形式；词有特定的意义；词有句法功能，即能与其他词组合成句。所以，词是语言中可以自由运用的最小音义单位。

☙ 词的分类标准

英语中的词按不同的标准可以划分成不同的类型。常用的分类标准有四种（张维友，2015：5）：根据词的形态结构（morphological structure）

可以分出单纯词（simplex word）和复杂词（complex word）；根据词的意义（notion）可以分出实词（content/notional word）和虚词（empty word）；根据词的来源（origin）可以分出本族词（native word）和外来词（foreign word）；根据词的使用频率可以分出基本词汇（basic vocabulary/word stock）和非基本词汇（non-basic vocabulary）。下文将重点讨论前三类词。基本词汇和非基本词汇分别以单独的核心概念和关键术语加以阐述，这里不加赘述。

单纯词和复杂词

单纯词就是单词素词（monomorphemic word），如 sky（天）、land（地）、good（好）、bad（坏）、make（做）、take（拿）等。

复杂词是指多词素词（polymorphemic word），每个词至少含一个以上的词素，包括复合词（compound）和派生词（derivative）。复合词是由两个或两个以上的自由词素（free morpheme）合并构成的词，如 tooth（牙）、ache（疼）、baby（婴儿）、cry（哭）、blue（蓝）、print（印刷）、silk（丝）、worm（虫）等都是自由词素，两个词素合并可构成 toothache（牙疼）、crybaby（爱哭的人）、blueprint（蓝图）、silkworm（蚕）等复合词。派生词一般由一个自由词素和一个或多个黏着词素（bound morpheme）合并构成。如 deglobalization 一词由 de-、globe、-al、-ize、-ation 五个词素构成，其中 globe 是自由词素，de-、-al、-ize、-ation 四个都是黏着词素，所以合并构成的词叫派生词。根据 Dupuy（1974）对 267 000 词族统计，单纯词占 45% 左右，复合词占 25% 左右，派生词占 24% 左右。复合词和派生词都是复杂词，合计占 49%，复杂词与单纯词平分秋色。

实词和虚词

实词是指称事物、品质、状态、动作等的词，具有明确的词汇意义。英语中的实词包括名词、形容词、动词、副词四大类，上述 tooth、 baby、blue、print、silk、worm 等名词，ache、cry、make、take 等动词，good、bad、happy、sad 等形容词和 badly、happily、sadly 等副词都是实词。名词用来指人或物，形容词用来表示状态和性质，副词用来表示程度和状态等。实词属于开放类（open class），该类词可以无限添加和创制。一旦出现新事物、新概念、新科技等，就可以创造出新的语言符号（linguistic sign）加以表述，由此产生新的实词。

虚词没有词汇意义，其作用主要是连词构句，在句中或句间表示语法意义（grammatical meaning）。虚词包括连词、介词、代词、冠词，如 and、but、to、for、a、the、that、when 等。这些词的主要功能是造句，故也称功能词、形式词（form word）、结构词（structural word）、语法词（Richards et al.，2000）。虚词属于封闭类（closed class），英语中的虚词一共 150 多个，数量有限，而且不能随意创制。它们的使用频率很高，据说可以达到英语表达总量的四分之一（Robertson，1957）。譬如，“It is certain that she has forgotten the address.”（可以肯定，她忘了地址。）这句话用了九个词，其中只有 certain，forgotten、address 是实词，其他六个词都是虚词。由此可见一斑。

☙ 本族词与外来词

本族词就是本族语言中固有的词。英语本族词源自盎格鲁–撒克逊语（Anglo-Saxon）。盎格鲁–撒克逊人本是外来民族，来到英伦后将本地的凯尔特人（Celts）赶走定居下来成为本地人，他们的语言最初叫 Anglo-Saxon，后演化成 English，其词汇（vocabulary）也就自然而然地成为本族词。英语本族词数量不大，据统计也就是 50 000—60 000 词，相对于现当代百万之巨（有学者甚至估计超过 200 万）的英语词汇，可谓不值一提。但这些词很多进入英语基本词汇，使用频率很高。下表足以说明本族词的分量，表中列举的都是英国著名作家、戏剧家和诗人在创作中使用的本族词，其使用占比达到 70%—90%（Robertson，1957：17）。

著名作家和诗人等使用本族词和外来词比率

作家	使用本族词占比	使用外来词占比
Spencer	86%	14%
Shakespeare	90%	10%
King James Bible	94%	6%
Milton	81%	19%
Addison	82%	18%
Swift	75%	25%
Pope	80%	20%
Johnson	72%	28%
Hume	73%	27%
Gibbon	70%	30%
Macaulay	75%	25%
Tennyson	88%	12%

外来词俗称借词（loan word / borrowing），在英语词汇中占有举足轻重的地位（见核心概念“借词”）。一般来说，一种自然语言中的绝大多数词应该是本族词，但英语例外。据《美国百科全书》（*Encyclopedia Americana*，1980，Vol.10：423）所说，翻开任何一本词典，其中的借词可达到 80% 左右。根据借词的同化（assimilation）程度和借入方式（manner of borrowing），可以将借词分为四类：同化词（denizen）、非同化词（alien）、译借词（translation loan）、借义词（semantic loan）（张维友，2015：13–14）。

同化词是指早期借自拉丁语（Latin）、希腊语（Greek）、法语（French）和斯堪的纳维亚语（Scandinavian）的词，随着时间的推移和不断的使用，借词的拼写和读音逐渐同化，符合英语本族词的发音和拼写特点，如 port 借自拉丁语 portus（港口）、cup 借自拉丁语 cuppa（杯子）、change 借自法语 changer（变化）、shirt 借自斯堪的纳维亚语 skyrta（衬衫）等。

非同化词是晚期的借词，保持了词原来的拼写和读音，与英语本族词的拼写和读音格格不入，如法语词 décor（装饰）、德语词 blitzkrieg（闪电战）、汉语词 kowtow（磕头）、波斯语词 bazaar（集市）等。

译借词就是通过翻译借入的词，根据翻译方法可进一步分为两类：一类是摩音翻译的词，如 kulak 译自俄语 kyrak（富农）、tofu 译自汉语“豆腐”、wonton 译自汉语“馄饨”等；另一类是按原词的意义翻译而来的词，如 long time no see 译自汉语“好久没见”、one country two systems 译自汉语“一国两制”、surplus value 译自德语 Mehrwert（剩余价值）、black humor 译自法语 humor noir（幽默）等。

借义词顾名思义是为已有的词从其他语言借入意义，如 dream（梦，做梦）一词的原义是 toy（玩具）和 music（音乐），现在的意义是从斯堪的纳维亚语借来的，原义丧失。再如 dumb（哑的，愚蠢的）原来只有“哑的”意义，“愚蠢的”意义后来从德语借来，所以现在该词有两个意义。

参考文献

新牛津英汉双解大词典. 2007. 上海：上海外语教育出版社.

张维友. 2007. WORD 与字的形态结构对比研究. 湖北大学学报（自然科学版），（5）: 83–89.

张维友. 2015. 英语词汇学教程. 武汉：华中师范大学出版社.

Crystal, D. 1985. *A Dictionary of Linguistics and Phonetics*. Oxford: Basil Blackwell in Association with André Deutsch.

The Encyclopedia Americana. 1980. New York: Grolier.

Dupuy, H. J. 1974. *The Rationale, Development and Standardization of a Basic Word Vocabulary Test*. Washington D. C.: US Government Printing Office.

Matthews, P. H. 2000. *Morphology*. Beijing: Foreign Language Teaching and Research Press.

Packard, J. L. 2000. *The Morphology of Chinese: A Linguistic and Cognitive Approach*.

Beijing: Foreign Language Teaching and Research Press.

Richards, J. C., Platt, J. & Platt, H. 2000. *Longman Dictionary of Language Teaching and Applied Linguistics*. Beijing: Foreign Language Teaching and Research Press.

Robertson, S. 1957. *The Development of Modern English*. Upper Saddle River: Prentice Hall.

词化 LEXICALIZATION

词化亦称词汇化，是用一个词（word）来表达原本需要用一个短语或句子表达的复杂语义概念。词化是词汇学（lexicology）的重要概念（concept），也是历史语言学（historical linguistics）的一个重要术语，因为词化是历时意义上的一个过程。

定义

词化并没有统一的定义，学者们对其界定众说纷纭。Leech（1975）认为词化就是将某些语义成分（semantic component）“包合”在一起，使其成为句法中不可分割的整体。比如，我们往往选择使用 philatelist 这个词，而不是 a person who collects stamps 这种更为复杂的语义集合来表达“集邮爱好者”的意思。Hopper & Traugott（1993）认为词化是将多种语义成分演变为词项（lexical item），或者通过吸收不同的语言材料形成词项的过程。Bussmann（1996）认为词化就是语言中一个新词进入词库（lexicon）为语言主体所使用的过程。Blank（2001）持相同看法，认为词化是新的语言实体进入词库成为规约成分的过程。不过，这种定义没有揭示词化的含义。Brinton & Traugott（2005）将词化定义为在特定语言背景下，语言使用者将某种句法结构作为新的实义形式且其语义（sense）不能完全从组成成分中推导出来，经过一定时间的演变而词汇化。许余龙（2001：127–128）认为“一个语言的词化程度与该语言的形态发达程度有密切的关系”，但是某个语言中某种词化表达手段的使用范围较其他语言更有限，不代表该语言的词化程度更低，“严格的词化程度比较（或者任何一种程度比较）应该以统计分析为依据”。概言之，词化是指原来的非词语言表达在历时发展过程中演变为词的过程，尤指词组或短语演变成词的过程。

☙ 词化的类型

语言中存在两种表达法，即综合型表达（synthetic expression）和分析型表达（analytic expression）。对于一个语义上较复杂的概念，如果可用一个词来表达，那么就属前者；如果用短语或句子表达，那么就属后者（Bańczerowski，1980：336）。由此可见，综合型表达就是词化了的表达。某个特定语言的词化程度与其形态复杂程度紧密相关。大多数综合型表达都是复合词（compound）或派生词（derivative），当然也有一定数量的单纯词（simplex word）和借词（loan word / borrowing）。

1. 复合词

英语中的复合词是一种重要的词化形式，如 hearsay（道听途说）、make ready（做好准备）、readout（宇宙飞船发回地球的资料）、live-in（住在雇主家的保姆 / 司机 / 厨师）、moonshot（把宇宙飞船发射到月球）、litterbug（在公共场合乱扔杂物的人）、smellfeast（专门在吃饭的时候来串门的人）、Nannygate（雇佣非法移民做保姆的丑闻）、cywood-pindar（因穿高跟鞋引起的脚踝扭伤）、wish burger（素食三明治）、dot gone（不成功的互联网公司）、Internet babe（互联网或网络社区都缺乏经验的网络新手）等，一个复合词就包含了复杂的概念，在汉语中必须使用多个词才能表达同样的意义。

2. 派生词

英语是形态语言，存在大量的词缀（affix）和黏着词根（bound root）。这些词缀和词根（root）使英语词化程度较高，在分析型语言中需要用不同词表达的复杂概念，在英语中只需添加词缀就能完成。比如，英语中通过前缀（prefix）un-、dis-、de- 和后缀（suffix）-ify、-ize、-en 等派生出许多具有复杂语义的动词，如 broaden（将……加宽）、decentralize（去中心化）、disqualify（取消……资格）、decompose（将……分解）、uncover（揭开……盖子）、purify（将……净化）等。又如 overgrow（长得太大而不适合）、ecofreak（关注生态保护的怪人）、nonaddict（尚未染上吸毒瘾者）、engineerese（工程技术人员行话）、lander（宇宙飞行着陆舱）等，仅仅是在某单纯词上添加词缀就表达出如此丰富的信息。一个词可以多次派生，每增加一个词缀就增添一点信息，如 globe（地球）、global（地球的）、globalize（全球化）、deglobalize（去全球化）等，仍然是一个词，随着词素（morpheme）增多，信息量也随之增加。

3. 单纯词

英语是拼音文字，单纯词虽然只有一个词素，但词素成词的时候可以随意赋予其意义，如 cupple（快艇赛爱好者）、atoll（环状珊瑚岛）、Edam（荷兰球形干酪）、wheelie（后轮平衡特技）、buddy（帮助艾滋病患者的志愿者）、streak（为使某事件引起注意或轰动而在街上裸跑者）、nudge（用肘轻推）、afflict（使遭受极大痛苦）、water（给……浇水）、nutria（河狸鼠毛皮）等（蔡基刚，2008：340）。还有如 prefer（比……更喜欢）、junior（大三学生）、surgeon（外科医生）、tag（贴标签于……）、mutter（咕哝地说）、manage（设法完成）等。

认知语言学家 Talmy（1985，2000）对语言词化模式进行了深入研究，发现英语语言中表达移动概念的单纯动词有三种词化模式类型：“移动 + 方式 / 原因”，如 run（跑）、walk（行走）等表示移动和移动的方式；“移动 + 路径”，如 enter（进入）、exit（退出）、descend（下降）、ascend（上升）等表示移动和移动的路径；“移动 + 移动主体”，如 rain

（下雨）、snow（下雪）等表示移动和移动的主体，主体是“雨”和“雪”。英语中很多单纯移动动词表达的意义在汉语中必须要用不同的词项才能完成，如 stride（大步走）、strut（趾高气昂地走）、stroll（慢慢地走）、saunter（悠闲地走）、amble（从容地走），每个英语单纯词都含有走路的方式。更多的例子如下：

表示摇摇晃晃地走（蹒跚而行）：lurch、shamble、stagger、stumble、totter 等；
表示跛脚走（一瘸一拐）：hobble、limp 等；
表示重踏地走：clomp、stomp、stamp 等；
表示沉重而缓慢地走：lumber、plod、trudge、trundle 等；
表示轻轻地走：creep、pad、patter、tiptoe、tread 等。

此外，还有 sidle（侧身而行）、wade（蹚水而行，尤指较浅的水）、prowl（潜行，悄悄踱步）、trek（长途跋涉，尤指跋山涉水）等。当然，除了 WALK（走）这一语义范畴以外，还有 CRY（哭）、CLIMB（爬）、FLY（飞）、JUMP（跳）、LAUGH（笑）、RUN（跑）、SPEAK（说）等其他语义范畴，它们也各自拥有不同的方式动词。比如，LAUGH（笑）这个语义范畴下不同的方式动词有 chortle（欢笑）、chuckle（轻声地笑）、grin（露齿笑）、giggle（咯咯地笑，傻笑）、simper（痴笑）、smile（微笑）、smirk（得意地笑）、snicker（窃笑）、titter（尴尬偷笑）等。

英语中还有许多将路径词化于词的动词，除上述 enter（进）、exit（出）、ascend（上升）、descend（下降）之外，还有 advance（向前）、retreat（后退）、arrive（到达）、leave（离开）、return（返回）、circle（环绕……移动）、loop（环行）、pass（经过）、overtake（超过）、cross（穿过）、traverse（穿过）等。

4. 借词

借词是从另一种语言中借用的词，一般分音译和意译两种形式。英语中借词都是通过音译借词。比如，来自德语的 blitz（闪电战）、delicatessen（熟食店）、waltz（华尔兹）、Gesundheit（祝你健康）；来自日语的 ninja（忍者）、sushi（寿司）、wasabi（芥末）；来自汉语的 dim sum（点心）、tofu（豆腐）、kungfu（功夫）、wonton（馄饨）、

yum cha（饮茶）；来自法语的 ballet（芭蕾）、croissant（羊角面包）、rendezvous（约会）、genre（类型）、essay（随笔）、mascot（吉祥物）；来自意大利语的 mafia（黑手党）、paparazzi（狗仔队）、spaghetti（意大利面）；来自西班牙语的 macho（男子气概）、plaza（露天广场）、siesta（午睡）；来自希腊语的 acrobat（杂技演员）、galaxy（银河）、hermaphrodite（雌雄同体）、marathon（马拉松）；来自希伯来语的 camel（骆驼）；来自拉丁语的 educate（教育）、electricity（电）、enemy（敌人）等。当然还有来自其他许多语言的借词，如来自依地语的 glitch（小故障）、klutz（笨手笨脚、不灵巧的人）；来自马来语的 kapok（木棉）；来自俄语的 babushka（头巾）；来自梵语的 karma（因果报应）；来自葡萄牙语的 bossa nova（一种音乐形式）；来自阿拉伯语的 sheikh（教长）、elixir（长生不老药）；来自土耳其语的 kaftan（阿拉伯长袖）、kebab（烤肉串）；来自夏威夷语的 kahuna（负责人）；来自韩语的 taekwondo（跆拳道）；来自新西兰毛利语的 kai（食物）等。可见音译借词的词义（word meaning）与其形式或构成成分（constituent）之间并没有语义联系，这种词是完全词化的词。

☙ 词化的特点

词化具有四个特点：（1）词化是将语义成分整合为词的动态过程；（2）词化源自语言使用，是一种造词过程；（3）词化前的形式和意义松散，一旦词化则具备词的所有特征；（4）词化的结果是词，而非其他语言单位。词化形成的词的意义已经固定，在句子中可以独立承担各种功能。例如，名词有 big potato（大人物）、fat head（呆子）、hot line（热线）、nursing home（养老院）、red tape（繁文缛节）、redcoat（英国士兵）、table talk（席间漫谈）、whistle blower（吹哨者）；形容词有 air dry（风干的）、bittersweet（苦乐参半的）、chickenhearted（胆怯的）、epoch making（划时代的）、far reaching（意义深远的）、handmade（手工的）、heartsick（沮丧的）、lip service（口头上敷衍的）、telltale（泄露内情的）；动词有 blue pencil（编辑、删改）、kick start（开启）、sunburn（晒伤）、window shop（只逛不买）、uplift（举起）等。词化词的意义是整体性的，而不是构成成分意义的简单相加；其结构是固定的，只能做整体处理，名词加 -s 可以变复数，动词加 -ed 可以变成过去式，但内部结构不能变，不能随意更换成分，如 redcoat 不能变成 bluecoat，blue pencil 不能变成 black pencil，fat head 不能变成 slim head 或 big head，其中的形容词不能变成比较级和最高级，因此不能将 big potato、hot line 和 red tape 变成 bigger potato、hottest line、redder tape。

参考文献

蔡基刚. 2008. 英汉词汇对比研究. 上海：复旦大学出版社.

许余龙. 2001. 对比语言学. 上海：上海外语教育出版社.

Bańczerowski, J. 1980. Some contrastive considerations about semantics in the communication process. In J. Fisiak (Ed.), *Theoretical Issues in Contrastive Linguistics*. Amsterdam: John Benjamins, 325–345.

Blank, A. 2001. Pathways of lexicalization. In H. Martin, K. Ekkehard, O. Wulf & R. Wolfgang (Eds.), *Language Typology and Language Universals* (Vol. II). Berlin & New York: Walter de Gruyter.

Brinton, L. J. & Traugott, E. C. 2005. *Lexicalization and Language Change*. Cambridge: Cambridge University Press.

Bussmann, H. 1996. *Routledge Dictionary of Language and Linguistics*. G. Trauth & K. Kazzazi (trans.). London & New York: Routledge.

Hopper, P. J. & Traugott, E. C. 1993. *Grammaticalization*. Cambridge: Cambridge University Press.

Leech, G. 1975. *Semantics*. London: Penguin Books.

Richards, J. C., Patt, J. & Patt, H. 2000. *Longman Dictionary of Language Teaching and Applied Linguistics*. Beijing: Foreign Language Teaching and Research Press.

Talmy, L. 1985. Lexicalization patterns: Semantic structure in lexical forms. In T. Shopen (Ed.), *Language Typology and Syntactic Description (Vol.3): Grammatical Categories and the Lexicon*. Cambridge: Cambridge University Press.

Talmy, L. 2000. *Toward a Cognitive Semantics* (Vols.1 & 2). Cambridge: Cambridge University Press.

词汇 VOCABULARY

语言的三大要素是语音（phonetics）、语法（grammar）和词汇，其中，词汇是词汇学（lexicology）、词典学（lexicography）等的主要研究对象。词汇是一个集合概念，指词（word）的总汇。其实，对词汇的理解并非如此简单，因为词汇涵盖着丰富的内容。

定义

词汇就是词的总汇，但词汇有不同的含义。词汇是用来指一种语言中词的总和，如英语词汇、汉语词汇等；词汇也可指一种方言（dialect）词的总汇，如英式英语（British English）词汇、美式英语（American English）词汇、澳大利亚英语（Australian English）词汇等。从使用语域（register）的角度来看，词汇可指特定专业领域词的总汇（terminology），如计算机词汇、航空航天词汇等；词汇可指某行业（industry）词的总汇，如烹饪（cuisine）词汇、商业（business）词汇等；词汇还可指某作品词的总汇，如莎士比亚戏剧词汇、狄更斯作品词汇等。从语言的发展角度来看，每个历史阶段都有自己的词汇，如古英语（Old English）词汇、中古英语（Middle English）词汇、现代英语（Modern English）词汇。从使用的角度来看，有口语词汇（spoken vocabulary）和书面语词汇（written vocabulary）。一个人掌握的词的总量叫个人词汇。在词典编纂中，为了降低定义词汇的难度，有的词典选用 2 000—3 000 个常用词，称作词典定义词汇。就一个人掌握的词汇来说，有主动词汇（active vocabulary）和被动词汇（passive vocabulary）。此外，英语词汇还包括英语习语（idiom），因为习语是词的等价物（lexical equivalent），尽管每个习语至少由两个或两个以上单词组合，但使用上是一个整体，相当于一个词（Crystal，1985；Richards et al.，1998；黄长著等，1981）。

☙ 英语词汇的演变

英语词汇的发展可以分为三个时期：古英语时期（450—1150）、中古英语时期（1150—1500）、现代英语时期（1500—现在）。现代英语还可以进一步分为早期现代英语（1500—1700）、后期现代英语（1700—第二次世界大战）、当代英语（contemporary English）（第二次世界大战之后）。三个时期的英语词汇发生了根本的变化。从词汇总量来看，古英语词汇只有 50 000—60 000 个词，而当代英语词汇远远超过一百万，究竟多少，没有定论。

古英语时期，随着北方的日耳曼部落盎格鲁人（Angles）、撒克逊人（Saxons）、弗里斯兰人（Frisians）和朱特人（Jutes）的到来并成为英伦的统治者，他们当初使用的语言演变成现代英语。古英语亦称盎格鲁 – 撒克逊语（Anglo-Saxon），有 50 000—60 000 个词。古英语词汇基本是纯日耳曼语，借词（loan word / borrowing）不多。少数借词主要是 6 世纪晚期随罗马传教士引入到英国的宗教词汇和 9 世纪挪威和丹麦海盗入侵带来的斯堪的纳维亚语（Scandinavian）词汇。古英语属综合型语言（synthetic language），词尾变化丰富。

中古英语是从 1066 年“诺曼征服”开始的。诺曼人来自欧洲大陆的法国诺曼底，是操法语的民族，随着他们统治地位的确立，学校、政府都使用法语，教堂使用拉丁语。所以，大量的法语词汇涌入英语。与古英语词汇相比，中古英语词汇数量剧增，借词主要来自法语和拉丁语。更主要的是词尾变化，许多词尾都扁平化（leveled ending）了。

现代英语早期，欧洲掀起了学习古希腊和古罗马经典的高潮，史称文艺复兴（Renaissance）。翻译家和学者们从资料中大量借用拉丁语和希腊语词汇。17 世纪中期以来，英国经历了资产阶级革命，接踵而来的是工业革命，英国一跃成为世界经济强国。随着殖民地的扩张，英国的触角延伸到世界的每一个角落，使得英语能够吸收世界上所有主要语言的词汇。据说英语借用词汇的语言高达 120 种之多（汪榕培，2002）。20 世纪以来，特别是第二次世界大战之后，科学技术飞跃发展，成千上万的新词被创造出来，用以表达新的思想、新的发明和科学成就。

英语词汇发展三个时期的词汇变化特点可归纳为：（1）词汇总量增加；（2）借词量逐渐增大；（3）借词来源越来越多；（4）词尾变化显著。古英语的词尾显著（full ending），中古英语词尾扁平化，现代英语的词尾消失（lost ending）。试比较以下单词（见表1）（张维友，2015：22）：

表1　英语词汇发展三个时期的词尾变化比较

古英语	中古英语	现代英语
leorn-**ian**	lern-**en**	learn
mon-**a**	mone-**e**	moon
stan-**as**	ston-**es**	stone
sun-**ne**	sun-**ne**	sun
sun-**u**	sun-**e**	sun

从表1可以看出，古英语时期，词尾要么是 -a，要么是 -u；到了中古英语，-a 和 -u 全部变成了 -e，这就是所谓的扁平化；再到现代英语，词尾都消失了。

☙ 口语词汇与书面语词汇

根据词的文体特征（stylistic feature），英语词汇可分为口语词汇和书面语词汇。口语词汇就是口语中通常使用的词汇，这些词汇的文体特征是随意的（casual）、亲昵的（intimate）、口语化的（colloquial），包括儿语和俚语（slang）等。书面语词汇是指仅在较为正式的场合中使用的词汇，这些词正式（formal），具有书面语的（literary）、学术体的（learned/academic）、诗体的（poetic）、圣经体的（biblical）等特点。比较下述两个句子：

[1] He mounted his steed.
[2] He got on his gee-gee.

句 [1] 和句 [2] 都表示"他骑上了马"，但句 [1] 用了 mount（使骑马）和 steed（马）两个正式词汇，具有文学色彩。句 [2] 用了 get on

（骑上）和 gee-gee（马）两个口语词汇，特别是 gee-gee 属于儿语，非常口语化。就马而言，英语中有多个词可以表示这个概念（concept），如 steed [literary/poetic（书卷 / 诗体）]、charger [old（古老）]、horse [neutral（中性）]、palfrey [archaic（古旧）]、nag [informal（非正式）]，只有 horse 和 nag 能在口语中用，而且 nag 也属于过时（old-fashioned）语言。下面列举部分常用的口语和书面语对应词汇（见表 2）。

表 2　口语用词与书面语用词比较

口语 / 中性语	中性语 / 书面语
about	concerning, regarding
answer	reply
ask	question, interrogate
awfully	very
begin	commence
buy	purchase
bye/bye-bye	good bye
cheap	inexpensive
cute	lovely
drink	beverage
end	terminate
enough	sufficient, adequate
finish	complete
fix	repair
fix	predicament
get	obtain
help	assist, aid, assistance
home	residence
lots of	a lot of, many, a great deal of
mad	angry
OK/Okay	yes, That's right.
plenty	a lot

（续表）

口语 / 中性语	中性语 / 书面语
party	person
right away	immediately
show	demonstrate
so	therefore
sort of	type of
sure	certainly
sweat	perspire
tell	inform
try	attempt

表 2 看起来很矛盾，其实不然。口语词（spoken word / colloquialism）和书面语词（written/literary word）的界限是比较模糊的，口语为非正式词汇，书面语为正式词汇，但是正式与非正式之间只是个程度问题，不少词汇不能绝对划入口语词汇或书面语词汇之列。中性词汇属于大众化词汇，口语中都可使用，一般写作中也可用。《朗文当代高级英语辞典（英英·英汉双解）》（*Longman Dictionary of Contemporary English*，2009）第 4 版在词条后标注 3 000 个口语词汇和 3 000 个书面语词汇。口语和书面语词汇是交叉的，如 accurate（准确）一词标注 S2W3（S 代表 spoken，W 代表 written），标识表明该词在 2 000 个口语词汇之列，也属于 3 000 个书面语词汇。《柯林斯 COBUILD 高级英汉双解词典》（*Collins COBUILD Advanced Dictionary of English*，2009）在词典后别出心裁地列举了 560 个学术词汇，其中有 adult、affect、area、fee、job、link 等词，学术词汇应该是比较正式的，但这些词都是中性词汇，可用于口语体。所以，口语词和中性词是分不开的。同样，中性词和书面语词很多也不能绝对分开。所以，列举在口语 / 中性语下的词，如 answer、buy、ask、show、sweat、tell、help、finish 等，在写作中也是可以使用的。相反，列在中性语 / 书面语下的有些词汇，如 certainly、a lot of、yes、person、very 等，在口语中同样可以使用，而且使用频率很高。但是在表达同样的意思时，后者都比前者更正式。

☙ 英式英语词汇与美式英语词汇

英式英语（简称“英语”）和美式英语（简称“美语”）是最大的两个地域性方言。英语和美语总体上大同小异，但在语音、句法和词汇上却有明显的差异。句法上的差异不在我们考虑之列，基于侯维瑞（1992）、陆国强（1999）、汪榕培（2002）等，这里举例阐释词汇在用词、发音、拼写上的差异。

1. 用词上的区别

同样的事物在英美语中选用不同的词汇，如表 3 中列举的词。

表 3　英式英语与美式英语词汇对照

英式英语词汇	美式英语词汇	词义
angry	mad	生气
autumn	fall	秋季
bill	check	账单
biscuit	cracker	饼干
booking	reservation	预订
booking-office	ticket-office	售票处
carpark	parking-lot	停车处
carriage	car	客车厢
chap	guy	伙计，朋友
chemist	druggist	药剂师
Christian name	given name	教名
dust-bin	ash-can	垃圾箱
flat	apartment	公寓
film	movie	电影
full stop	period	句号
ground floor	first floor	一楼
holiday	vacation	假期
ill	sick	有病的

（续表）

英式英语词汇	美式英语词汇	词义
lavatory	toilet	厕所
letter-box	mail-box	邮箱
lift	elevator	电梯
lorry	truck	卡车
luggage	baggage	行李
maize	corn	玉米
motorway	expressway	高速公路
notice board	bulletin board	公告栏
pail	bucket	提桶
pants	drawers	短裤
pavement	sidewalk	人行道
passage	hallway	走廊
petrol	gasoline	汽油
post	mail	邮件
post code	zip code	邮政编码
pub	bar	酒吧
railway	railroad	铁路
return ticket	round ticket	来回票
seaside	beach	海滨
shop	store	商店
single ticket	oneway ticket	单程票
sitting-room	living-room	起居室
staff	faculty	全体教员
stick	cane	手杖
stupid	dumb	愚蠢的
sweet	candy	糖果
timber	lumber	木材
tie	necktie	领带

（续表）

英式英语词汇	美式英语词汇	词义
timetable	schedule	时刻表
tin	can	罐头
torch	flashlight	手电筒
underground	subway	地铁
vest	undershirt	汗衫
wharf	dock	码头
wireless	radio	无线电

例词显示，表达同样的意义时英美语两种变体中使用不同词汇，这是英美语词汇上的一大区别。还有一种情况，同一个词在英美语中意义迥异，如美语中 public school（公立学校）在英语中正好是“私立学校”；英语的 subway（马路地下通道）在美语中表示“地铁”（underground）；pants 在英语中指“内裤”“短裤”，在美语中就是“裤子”；billion 在美语中是“10 亿”，在英语中的旧用法指“10 000 亿”，差距惊人。这样的例子还有不少。不过，现在我们往往两种变体杂用，大多情况下不影响交际，但是在正式场合，用词就要特别谨慎，以防引起误解，或贻笑大方。

2. 拼写上的区别

有一定数量的同根词在英美语中拼写各异，尽管差别不大，但在教学上很有帮助。例如，用 Windows 软件打印材料时，只要违反美语拼写的词下就会出现红线，表示拼写错误，但其实这些词在英语中是通用的。试比较表 4 中的词：

表 4　英式英语与美式英语词汇拼写对照

英式英语词汇	美式英语词汇	词义
anapaest	anapest	抑扬顿挫
aesthetics	esthetics	美学
catalogue	catalog	（图情）目录
centre	center	中心

（续表）

英式英语词汇	美式英语词汇	词义
connexion	connection	连接
counsellor	counselor	顾问
defence	defense	防卫
dialogue	dialog	对话
draught	draft	草稿
encyclopoedia	encyclopedia	百科全书
gaol	jail	监狱
honour	honor	荣誉
inflecxion	inflection	屈折变化
judgement	judgment	判断
kerb	curb	路缘
kilogramme	kilogram	公斤
labour	labor	劳动
manoeuvre	maneuver	演习
mould	mold	模具
moustache	mustache	胡须
offence	offense	冒犯
onomatopoeia	onomatopeia	拟声
organise	organize	组织
pedlar	pedler	小贩
pyjamas	pajamas	睡衣
plough	plow	犁
programme	program	计划
rhyme	rime	韵
smoulder	smolder	使窒息
tyre	tire	轮胎

相比之下，美语的拼写更接近读音。英语中不发音的字母在美语中大多被去掉了，使拼写与读音趋于一致，更为简洁，便于记忆。

3. 发音上的区别

表 5　词汇英式发音与美式发音对照

英式英语	美式英语	例词
/ɑː/	/æ/	after、pass、bath、laugh、dance、rather
/əː/	/ər/	first、fur、centre/center、labour/labor、never
/ail/	/əl/ /il/	fragile、futile、tactile、missile、virile
/ɔ/	/ɑ/	cot、hot、bog、lot
/ɔː/	/ɔ/	caught、taught、source、course
/əʊ/	/oʊ/	home、comb、no、so
/ə/	/e/	dictionary、stationery
/e/	/ɑi/	leisure、neither、either
/w/	/wh/	what、when、where

还有不规则的发音差异，如 epoch 中的“e”发音为 /iː/ 与 /e/、erasure 中的“sure”发音为 /ʒə/ 与 /ʃər/、excursion 中的“sion”发音为 /ʃn/ 与 /ʒn/、lieutenant 中的“lieu”发音为 /lef/ 与 /luː/、testimony 中的“o”发音为 /ə/ 与 /əʊ/ 等，前一个是英语发音，后一个是美语发音。还有重音方面的不同，如 laboratory 的 /lə'bɔrətri/ 与 /'læbrətɔri/ 等。总之，英美语词汇不仅有用词的区别，而且拼写和发音也有很多不同。作为英语学习者或教师，在学习或教学中应该引起注意。

习语也是词汇的重要组成部分，尽管每个习语至少由两个单词组成，但在语义（sense）和使用上相当于一个词，是词的等价物（lexical equivalent）。因为有独立的核心概念专门论述（参见核心概念【习语】)，这里就不赘述了。

参考文献

侯维瑞. 1992. 英国英语与美国英语. 上海：上海外语教育出版社.

黄长者，林书武，卫志强，周绍珩译 . 1981. 语言与语言学词典. 上海：上海辞书出版社.

柯林斯 COBUILD 高级英汉双解词典. 2009. 北京：高等教育出版社.

朗文当代高级英语辞典（英英・英汉双解）. 2009. 北京：外语教学与研究出版社.

陆国强. 1999. 现代英语词汇学. 上海：上海外语教育出版社.

汪榕培. 2002. 英语词汇学高级教程. 上海：上海外语教育出版社.

张维友. 2015. 英语词汇学教程. 武汉：华中师范大学出版社.

Crystal, D. 1985. *A Dictionary of Linguistics and Phonetics*. Oxford: Basil Blackwell in Association with André Deutsch.

Packard, J. L. 2001. *The Morphology of Chinese: A Linguistic and Cognitive Approach*. Beijing: Foreign Language Teaching and Research Press.

Richards, J. C., Platt, J. & Platt, H. 2000. *Longman Dictionary of Language Teaching and Applied Linguistics*. Beijing: Foreign Language Teaching and Research Press.

词素 MORPHEME

词素也称语素，是语言中的最底层单位，是词汇学（lexicology）的核心概念之一。语言中最小的能自由运用的是词（word），而词却是由词素构成的。所以，词素在语言学（linguistics）、形态学（morphology）、词汇学，甚至句法学（syntax）等学科研究和结构分析中至关重要。

定义

学者们从不同的角度对词素下过定义，概括起来有四点：（1）意义的最小单位；（2）语法（grammar）的最基本单位；（3）音义的独特单位；（4）构词的要素（Bloomfield，1967：161；Bolinger & Sears，1981：43；Crystal，1985：198；Fromkin & Rodman，1983：113–114；Richards et al.，2000：296；《辞海》，1998：1116）；《现代汉语词典（汉英双语版）》

[*The Contemporary Chinese Dictionary (Chinese-English Edition)*]，2002：316。定义（1）是从语义（sense）层面界定的，定义（2）是从语法角度说的，定义（3）是从语音（phonetics）角度出发的，定义（4）是从构词角度讲的。迄今为止，最广为接受的定义是"词素是语言中最小的意义单位"。现代英语（Modern English）词汇（vocabulary）浩如烟海，没有定数，但都是基于词素创造和发展起来的。

☙ 词素的类型

根据词素是否能单独成词，可以将词素分为自由词素（free morpheme）和黏着词素（bound morpheme）。自由词素是可以独立成词的词素，而黏着词素必须同至少一个其他自由词素或黏着词素合并才能成词。譬如 internationalization（国际化）一词由五个词素构成，即 inter-、nation、-al、-ize、-ation，其中 nation 是自由词素，可以独立成词；inter-、-al、-ize、-ation 四个词素为黏着词素，因为它们无法独立成词。两个自由词素合并产生的词为复合词（compound），如 nationwide（全国的）；一个自由词素和一个或多个黏着词素合并产生的词叫派生词（derivative），两个或两个以上的黏着词素合并的词也称作派生词。例如，-dict-、pre-、-ion 是三个黏着词素，-dict- 为词根（root），pre- 和 -ion 是词缀（affix），dict- 与 pre- 合并构成动词 predict（预测），与 -ion 合并构成名词 diction（措辞），三个词素合并构成名词 prediction（预测），这三个词都是派生词。

根据词素的功能可以将词素分为派生词素（derivational morpheme）和屈折词素（inflectional morpheme）。能够用来构成新词的词素是派生词素，如上述的 inter-、nation、-al、-ize、-ation、-dict-、pre-、-ion 等都是派生词素，因为每个词素，无论是自由词素还是黏着词素，都可以用来构词。屈折词素是指表示语法意义（grammatical meaning）的词素，这些词素添加在词尾改变原词形态，但新形式词的词性（part of speech）不变，意义也不变。英语中屈折词素不多，有表示名词复数和动词单数第三人称形式 -s、名词所有格形式 -'s、动词的时态标志

和分词形式 -ed/-ing、形容词和副词的比较级和最高级形式 -er/-est 等（参见关键术语【词缀】），它们都是后缀（suffix），所以又称作屈折后缀（inflectional suffix）。譬如 happy（高兴的）后添加 -er 和 -est 变成 happier 和 happiest，其词汇意义（lexical meaning）和词性都没变，两个词的主要区别是语法意义。

☙ 词素的数量和来源

英语词素的数量难以统计。现代英语中单词素词（monomorphemic word）绝大多数都是可以与其他词素合并构成新词的，这类自由词素的数量难以统计。但是，黏着词素数量非常有限，而且在词汇发展中的功用是自由词素无法相比的。黏着词素说到底就是英语中的词根和词缀。Zeiger 所编的《英语百科》（*Encyclopedia of English*，1978）中列举的词根和词缀共计 545 个，其中词根 359 个，词缀 186 个，其中来自拉丁语和希腊语成分的有 467 个，占总数的 85.6%。尤其是词根，除 15 个来自其他语言成分外，拉丁语和希腊语成分占比高达 96%。词缀中的拉丁语和希腊语词缀共 123 个，占词缀总数的 43%；盎格鲁 – 撒克逊语词缀，即本族语词缀 59 个，占 21%。可见，英语的黏着词素绝大多数都是外来的（张维友，2006）。当然，不同的辞书根据不同的标准收录的黏着词素数量并不统一，如 Sinclair et al. 的《构词法》（*Word Formation*，1991）收录的前后缀就有 300 个左右，且相当一部分与 Zeiger 收录的不同。这就是说，黏着词素的实际数量是大于 300 的（参见关键术语【词缀】）。意见没有分歧的一点是黏着词素的来源，即词根和词缀绝大多数来自拉丁语和希腊语。

☙ 词素的长度和读音

自由词素为单音节的是大多数，双音节的也不少，这里不加赘述。黏着词素由一个或一个以上的音节组成。组成一个音节的可以是一个元音字母，如 a-/ə/ 是前缀（prefix），一个音节，表示“在……点上”“在……内”“在……上”，如 aground（地上）、ahead（在……前头）等；由元音字母与辅音字母组合的词素，如 -ment 和 -ance 等名词后缀（noun suffix），其发音分别是 /mənt/ 和 /əns/，各为一个音节，分别加在动词后构成名词，如 development（发展）和 assistance（帮助）等。还有两个或两个以上音节的词素，如 poly-/'pɔli/（多）和 -logy/'lədʒi/（学科名称的后缀），可构成 polysyllable（多音节的）和 lexicology（词汇学）等词。《英语百科》中列出的 545 个词素中，双音节的词素 180 个、三个音节的 6 个，两个音节以上的词素占词素总量的 34.3%，单音节词素占 64%，这些都是派生词素。英语中的屈折词素都是单音节。

☙ 词素的形式和意义

词素的形式和意义看似是简单的一对一关系，实际要复杂得多。自由词素自不必说，黏着词素也并非只有一个意义。如前所述，黏着词素可分为词根和词缀，词根的意义大多是单义的，《英语百科》中列举的 359 个词根，其中 238 个是单义的，其他为双义，超过双义的极少。双义词根中有一部分给出两个意义，其实是同义的，如 acm：top（顶），summit（顶点）；aesth：perceive（察觉），feel（感觉）；dict：speak（说），say（讲）；anism：soul（心灵），mind（头脑），spirit（精神）等。不难看出，词素的两个义项或三个义项都是近似义。英语前缀都有明确的词汇意义，单义者极少。后缀的主要功能是改变词性，意义比较虚，但基本上是多义的。

词素的形式与意义不是一一对应的，形式有时不易辨别和确认。同一个形式可能属于不同的词素，意义自然也不同，如 -er 在 teacher、cleaner、eraser 中同形，但意义各异。teacher（教师）和 eraser（橡皮）中的 -er 是派生后缀（derivational suffix），添加在 teach 和 erase 词根上构成了两个词汇意义不同的词，前者表示“人”而后者表示“物”；形容词 cleaner 中的 -er 是屈折后缀，不改变原词的词汇意义，构成词的比较级，表示语法意义“更”“比较”。又如 helpful（有帮助的）和 mouthful（一口）中的 -ful、learned（有学问的）和 learned（动词过去式）及 lion-hearted（勇猛的）中的 -ed、building（建筑）和 building（动词进行体）中的 -ing 等，都是形式相同，功能和意义有别。用于构词的是派生词素，表示时态的是屈折词素，离开了词和语境（context），它们的功能无法确定，其意义无从解释。例如，cranberry（蔓越莓）中的 cran- 和 huckleberry（越橘）中的 huckle- 等，尽管是派生词素，但意义却不明确。与此相反，词汇中有些形式有意义，却不是词素，如 flash（闪光）、flame（火焰）中的 fl-（闪动的光），glow（发白热光）、glare（发刺眼的光）中的 gl-（静止的光），sniff（用鼻子吸气）、snore（大鼾）中的 sn-（鼻子出气），snake（蛇）、snail（蜗牛）中的 sn-（爬行），bump（撞）、chump（笨蛋）中的 -ump（拙笨的）等形式都是有意义的，布氏把它们称为词根构形词素（root-forming morpheme）（布龙菲尔德，2002：307–308），但不是构词词素。因为把这些成分从原来的词中去掉，剩余成分是无意义的，不能作为构词成分（formative）（张维友，2006）。

☙ 词素的构词和构形

汉语词汇研究中有构词和构形的说法（张寿康，1981）。所谓构形是指研究词的形态变化，即同一个词通过加词缀表示不同的语法意义的形态变化（许威汉，2000：412）。英语是形态语，无论构词还是构形都涉及形态变化，所以只说构词，不提构形。构形属于语法范畴，加屈折词缀（inflectional affix）属于构形。如前面提到的表示名词复数和动词第三人称的 -s（-es）、表示名词所有格的 -'s、表示少数名词复数形式的 -en、表示动词进行体的 -ing、表示过去式和过去分词的 -ed、表示部分形容词和副词比较级的 -er 和最高级的 -est 等，都是用于构形的词素。例如，love—loves（爱）、ox—oxen（牛）、work—working（工作）、study—studied（学习）、early—earlier—earliest（早）等，后加成分只改变词的语法意义，词汇意义没有变化，这些新的形式都不看作新词。如果借用构形的说法，这些都属于常规的构形。构形也有很多不规范的例子。不规则动词的过去式和过去分词不能在动词后加 -ed，大多是通过改变元音完成，如 sing—sang—sung（唱歌）、teach—taught—taught

（教）、feel—felt—felt（感觉）等，它们的屈折词缀是不能独立出来的。还有像 cut—cut—cut（割，切）这样的动词，三种形式完全一样，其过去式和过去分词是通过加零词缀（zero-affix）构成的。这种现象在名词中也存在，如 man—men（男人）、foot—feet（脚）、sheep—sheep（羊）、fish—fish（鱼）等，每对词中前者是单数，后者是复数，前两对词是通过变音完成的，而后两对词是通过加零词缀实现的。还有些词的语法形态要用完全不同的形式，如 go—went—gone（走）、bad—worse—worst（坏）、good—better—best（好）、little—less—least（少）等，其比较级和最高级形式仍不看作新词，这种现象叫异干互补（suppletion）（Matthews，2000：139–140）。不管是变音还是补形，按汉语的说法，它们都属于构形。当然，英语中有一些偶合形式，即同一形式有两种身份，如 -er、-ing、-ed 等可以构形也可以构词，如 teacher 和 clearer 中的 -er、working class（工人阶级）和"He is working."（他在工作。）中的 -ing、a learned person（有学问的人）和"He has learned the tense."（他学了时态。）中的 -ed 等，每对词的前者是构词，后者为构形。在这种情况下，鉴别的标准就只能是语义。

参考文献

布龙菲尔德. 2002. 语言论. 袁家骅等译. 北京：商务印书馆.

辞海. 1999. 上海：上海辞书出版社.

现代汉语词典（汉英双语版）. 2002. 北京：外语教学与研究出版社.

许威汉. 2000. 二十世纪的汉语词汇学. 太原：书海出版社.

张寿康. 1981. 构词法和构形法. 武汉：湖北人民出版社.

张维友. 2006. 英汉语对比研究中的词素比较. 四川外语学院学报（1）: 121–125.

Bloomfield, L. 1967. *Language*. London: George Allen & Unwin.

Bolinger, D. & Sears, D. A. 1981. *Aspects of Language* (3rd ed.). New York: Harcourt Brace Jovanovich.

Crystal, D. 1985. *A Dictionary of Linguistics and Phonetics*. Oxford: Basil Blackwell in

Association with André Deutsch.

Fromkin, V. & Rodman, R. 1983. *An Introduction to Language* (3rd ed.). New York: Holt, Rinehart & Winston.

Matthews, P. H. 1997. *Oxford Concise Dictionary of Linguistics*. Oxford: Oxford University Press.

Matthews, P. H. 2000. *Morphology* (2nd ed.). Beijing: Foreign Language Teaching and Research Press.

Richards, J. C., Platt, J. & Platt, H. 2000. *Longman Dictionary of Language Teaching and Applied Linguistics*. Beijing: Foreign Language Teaching and Research Press.

Sinclair, J. M. 1991. *Word Formation*. London: HarperCollins.

Zeiger, A. 1978. *Encyclopedia of English* (Rev. ed.). New York: Arco Publishing Company.

词素化 MORPHEMIZATION

词素（morpheme）也称语素，是最小的音义结合体，是语言词汇（vocabulary）系统中最小的结构单位。一般认为，词素是词汇的最底层，是固定的、不可再生的，但事实并非如此。词素跟词（word）一样也是可以创制的，这种现象在汉语中非常普遍。汉语是孤立语，汉语的词素就是传统的单音节字，外来语借词（loan word / borrowing）基本都是拼音文字，翻译成汉语必须借用汉字摩音，用的是汉语词素字，却非词素义。由于这些借音字在汉语中不断使用，逐渐固化，人们又往往把借词的某一部分析出，代替原来的词使用，后来该截取形式又与其他词素合并构成新词，所以演变成汉语中的新词素。故而，汉语中探讨词素化的文献较多，如周洪波（1995）、苏新春（2003）、周有斌（2005）、孙道功（2007）、陈练军（2010）、曹起（2012）等。英语中的词素，特别是黏着词素（bound morpheme）大多是借来的（参见核心概念【词素】），但词素化并不包括直接借来的词素。词素化过程比构词过程要复杂得多，词素也不像新词那样能轻易产生。那么，词素化究竟是一个什么样的过程，产生新词素有什么意义，这些都值得探究。

☙ 定义

词素化的定义很简单，就是“把词或词的某个部分用作词素的过程”（Wikipedia，维基百科）。有意思的是，词素化这一术语在英语辞书中罕见，往往作为语法化（grammaticalization）的一个方面论及（Brinton & Traugott，2005），研究多聚焦于词缀化（affixization）（Booij，2005；Hamawand，2007；Nishikawa，1997；Trips，2009）。简而言之，词素化就是把非词素形式，即原来是词或词的一个部分，变成词素的过程。其实，词素化在英语中并不少见，且由来已久。

☙ 词素化过程

词素化是把词或词的一个部分用作词的过程。看似简单，但其过程比想象的要复杂得多。在弄清词素化过程之前必须要知道词化（lexicalization）过程，因为词素化是词化的相反过程。根据认知语言学（cognitive linguistics）观点，语言表达是通过人类的认知建构和识解反映客观世界。人类通过对客观世界进行认知加工，在大脑中进行范畴化（categorization），在此基础上形成概念（concept），该过程叫概念化（conceptualization）。概念再经过认知加工进行符号化（symbolization）而形成词汇。该过程可以图式化为图 1（张维友，2015）：

范畴化　概念化　符号化

客观世界 ⟶ 范畴 ⟶ 概念 ⟶ 词汇

认知加工　认知加工　认知加工

图 1　词汇生成过程

词素化是与词汇化相反的过程，即从词汇开始进行去范畴化（decategorization），变成无意义的形式，然后将这些无意义的形式重新范畴化（recategorization），固化为音义结合体而形成新词素，这一过程可以图式化为图 2（张维友，2015）：

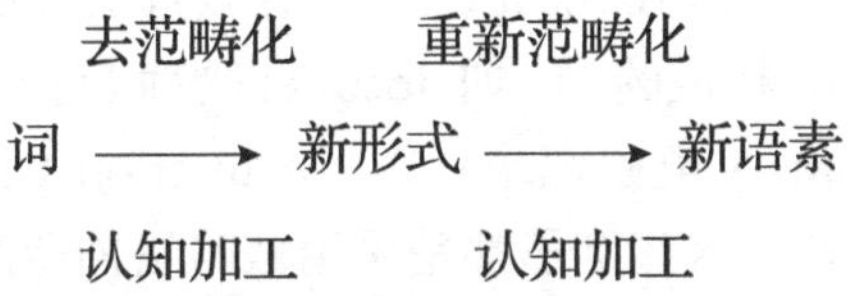

去范畴化　　重新范畴化

词 ——→ 新形式 ——→ 新语素

认知加工　　认知加工

图 2　新语素生成的过程

譬如，英语中的 quake 和 bus 分别截取于 earth**quake** 和 omni**bus**，新形式是非词也无意义，也就是去范畴化。范畴化和去范畴化就像一个硬币的两面，二者共同构成一个有机的整体、一个完整的过程（刘正光，2006：61–63）。但是一旦人们用这两个新形式取代原词使用，便把这两个形式重新范畴化了，其结果就产生了两个新词素。因为两个新词素可以独立运用，已成为英语词汇中的成员。

↺ 词素化方式

创制新词素的词素化方式主要有两种：截略法（clipping）和借形（form-borrowing）。

1. 截略法

词素化最常见的方法是截略法（参见核心概念【截略法】）。截略法主要有三种：截词头（front clipping）、截词尾（back clipping）和截词头尾（front and back clipping），还有极少数的截词腰（middle clipping）。通过截略法而生成的新词素都是成词词素，如 quake 和 bus 就是截词头生成的，fan（fanatic）和 gent（gentleman）是截词尾产生的，flu（influenza）是截词的头尾生成的。这些词素由来已久，因为都是成词词素，人们长期使用而习以为常，淡忘了它们的产生过程，也没有想到它们的词素身份。另一些新词素是黏着词素，由于它们不能独立成词，又是新近产生的，更引人注目。例如，info- 和 docu- 分别截取于 information（信息）和 document（文件），现在已用作前缀（prefix）构成新词。用 info- 构成的词，如 infonet（信息网络）、infowar（信息战）、infocenter（信息中心）、infonaut（信息用户）、infoware（信息件）、info-education（信息教育）、info-highway（信息高速公路）；用 docu- 构成的词，如 docunet（文献网）、docu-express（文献快车）、docudrama（电视纪录片）、docufiction（纪实小说）、docu-film（纪实电影）等。这些例子都是采用截略法创造的新词素，即从原词截取一个或两个及以上音节，经过重新范畴化，把原来无意义的语音形式固化为有意义的词素。

2. 借形

借形顾名思义是指借用现有的词语形式，改变或修饰其意义而固化为实词素。之所以称为借形，是因为新词素与源词并存。譬如，in 原本是介词和副词，表示“在……里面”之意，作为词缀（affix）最早见于 1937 年，表示“示威”（周启强、白解红，2006），演变成词素后构成的词有 teach-in（宣讲会）、eat-in（聚餐会）、feed-in（施食集会）、gay-in（同性恋示威）、sleep-in（静卧示威）、wed in（集体婚礼）、talk-in（演讲示威）、camp-in（露营示威）、love-in（性爱示威）、sign-in（签名抗议）等。20 世纪 60 年代，因为美国对黑人实行种族隔离，导致人们常涌入某一场所表示抗议。后来很多示威和抗议的活动都可以在表示相关意义的动词后加 -in 来体现。单词 speak 是常用的高频动词，现在已词素化，更确切地说是词缀化，置于名词后构成新的名词，如 cyberspeak（网络语言）、lawyer-speak（律师用语）、sportspeak（体育用语）、teacherspeak（教师用语）、marketing-speak（营销用语）、bureauspeak（官话）、college-speak（校园语言）等。英语中还有不少由独立的实义词转化的词素用作前缀或后缀（suffix），如前缀 over-、out-、under-、counter-、pseudo-（Quirk at al.，1985：1542–1544）等，后缀如 -ful（来自 full）、-dom（来自 doom）、-like、-free、-able 等，已被广泛接受，都有很强的构词力，是词缀化的结果，但一般被纳入语法化范畴。

☙ 词素化与意义拓展

词素化产生的新词素最初基本都是沿用源词的意义。但是在使用过程中，新词素会不断拓展新义而变成多义，甚至发生意义转化。新词素的意义拓展会遵循一定的规律，有的词义扩大（meaning extension/generalization/broadening），有的词义缩小（meaning narrowing/specialization），有的词义升华（meaning elevation/amelioration），有的词义贬降（meaning degradation/pejoration），还有的词义转移（meaning transfer/transference/shift）。但最为常见的是词义扩大、词义贬降和词义转移，都是通过隐喻（metaphor）或转喻（metonymy）实现的（参见核心概念【词义变化】）。

1. 词义的扩大

新词素义会根据社会的需求和变化而发生变化。例如，-quake 是从 earthquake 中截取的，最初仅表示“地震”，后扩大表示任何物体的“震颤”“摇抖”，如 moonquake（月震）、marsquake（火星震）、venusquake（金星震）、planetquake（行星震）、sunquake（太阳震）、starquake（星震）等，具有地震相关的语义特征（semantic feature），都带有“剧烈震动”之意；footquake（脚颤）、heartquake（心颤）、fleshquake（肉颤）、bodyquake（体抖）等却含有“轻微震颤”之意，词义泛化和词义弱化（meaning weakening）。不仅如此，现在又产生了比喻意义（figurative meaning），如 youthquake（青年震）把原物理“震动”隐喻为“精神震荡”，指迎合青年人的价值观、嗜好等所产生的社会文化变革。再如，marathon 最初的意义是“长距离的越野跑”，后从该词截取 -(a)thon 成为新词素，其意义逐渐演变成任何“长时间的活动”，如 blogathon（写微博赛）、napathon（长时间的午睡）、bikathon（自行车马拉松）、workathon（长时间不停的工作）、readathon（连续不断的阅读）、partyathon（多日连续的聚会）等。

2. 词义的升降

意义的升降主要是指词素的色彩义变化。由于新词素随着使用意义不断扩大，慢慢泛化，原来的色彩也随之发生变化，如贬义变中性义、褒义变中性义或中性义变贬义。英语前缀 Mc- 截取于商标名 McDonald（麦当劳）表示“方便的，标准化的”，隐喻“麦当劳式的”工作方式，意义是中性的。但随着该前缀的普及使用，构成的词逐渐染上贬义色彩，如 McJob 表示“收入低的、低技能的、地位低的、水平低的工作”等，McPaper 表示“缺乏深度 / 以嬉笑取乐为目的报纸”。再以 -gate 为例，截取于美国华盛顿的地名 Watergate，起初表示“政治丑闻”之意，后来扩大到任何丑闻，再后来泛指任何事件，如 antennagate（天线门）、bloodgate（流血门，足球场假伤事件）、chalkgate（粉笔门，冤枉学生在墙上写粉笔字）、Hot Coffeegate（热咖啡游戏门）、pedalgate（[汽车]加速器门）等。由此可见，-gate 的政治色彩逐步淡化，已慢慢中性化。

3. 词义的转移

所谓词义转移就是新词素形式原本指 A 事物，后来借其形式指 B 事物，两种事物可能风马牛不相及。譬如英语的 -holic 截取于 alcoholic（酒精的，酒鬼），最初的意义就是原义，作名词表示“酒鬼”，作形容词表示“酒精的”“酗酒的”。后来用该词素构成一系列新词，意义发生巨变，如 bookaholic（书虫）、workaholic（工作狂）、chocoholic（巧克力迷）、aquaholic（饮水狂）、blogaholic（沉迷微博）、cardoholic（刷卡消费狂）等，从“酗酒”隐喻为“迷”或“狂”等，意义完全转移。

参考文献

曹起. 2012. 新时期汉语新语素考察与分析. 语言文字应用，（4）：10–19.

陈练军. 2010. 论“壁”的语素化. 语言科学，（4）：354–363.

刘正光. 2006. 语言非范畴化——语言范畴化理论的重要组成部分. 上海：上海外语教育出版社.

苏新春. 2003. 当代汉语外来单音语素的形成于提取. 中国语文，（6）：549–558.

孙道功. 2007. 新词语外来音译词带来的新语素考察. 云南师范大学学报，(4): 67–70.

张维友. 2015. 语素化与范畴化——新语素生成的认知识解. 外国语文研究，(2): 12–19

周洪波. 1995. 外来词译音成分的语素化. 语言文字应用，(4): 63–65.

周启强，白解红. 2006. 英语拼缀构词的认知机制. 外语教学与研究，(3): 178–183.

周有斌. 2005. "秀" 的组合及其语素化. 语言文字应用，(4): 61–65.

Booij, G. 2005. *Construction Morphology*. Oxford: Oxford University Press.

Brinton, E. K. & Traugott, E. C. 2005. *Lexicalization and Language Change*. Cambridge: Cambridge University Press.

Hamawand, Z. 2007. *Suffixal Rivalry in Adjective Formation: A Cognitive-Corpus Analysis*. London: Equinox Pub.

Nishikawa, M. 1997. Morphologization and combining forms. *Memoirs of the Faculty of Education, Kumanoto University*, (46): 207–223.

Quirk, R., Greenbaum, S., Leech, G. & Svartvik, J. 1985. *A Comprehensive Grammar of the English Language*. London: Longman.

Trips, C. 2009. *Lexical Semantics and Diachronic Morphology: The Development of -Hood, -Dom and -Ship in the History of English*. Tubingen: Max Niemeyer Verlag.

词义 WORD MEANING

词（word）是形式与内容的联合体。形式指语音（phonetics）和拼写，是词的物质外壳，内容就是词的意义，简称词义。形式是意义的载体，没有形式就没有词的存在；内容是词存在的原因，没有内容的语音形式不可能成为语言中的词汇（vocabulary）。构词法（word formation/building）研究的是词汇的形态结构（morphological structure），而词义属于语义范畴，研究的是词所要表达的思想。所以，词义研究是十分重要的。何为词义、意义与词义有何种关系、词义有哪些类型、各有何特点等，都是值得讨论的议题。

☙ 意义与词义

词义简单来说就是词要表达的意义。那么，意义究竟是指什么？在讨论词义时，一般会提及几个术语：所指关系（reference）、外延（denotation）、概念（concept）、语义（sense）。它们之间是何关系？与词义又是什么关系呢？

所指关系亦称所指意义（referential/designative meaning），是指语言与外在世界的关系。词是语言中能自由运用的最小语言单位（参见核心概念【词】）。词的意义是建立在语言符号（linguistic sign）与客观世界联系之上的。譬如，dog（狗）和 tree（树）是语言符号，只有把这两个语言符号与客观世界上的“狗”这种动物和“树”这种植物联系起来，那么dog 和 tree 才有意义。所指关系就是语言符号 dog 和 tree 所指的动物和植物之间的联系。

外延亦称外延意义（denotative meaning），一般与所指意义不加区别使用。然而，Lyon 认为两个术语虽有内在联系，也有区别。尽管两个术语都建立在语言与客观世界关系之上，但是外延意义一般是不变的，是独立于话语的（utterance-independent）。词典中的词称为词位（lexeme），其意义就是外延意义或本义（literal meaning），所指（signified）是概括的；词典中词的意义是独立于话语的，因此是不变的。然而，一旦这个词用于话语之中，其含义就会发生一定变化，所指就具体化了。英语 dog 和 tree 在词典中是泛指，一旦使用在语境（context）中就是特指，故所指意义是依存话语的（utterance-dependent）（Lyon, 2000：78–79）。

概念是一个哲学术语，不属于语言范畴。但是概念与词义紧密相关。概念是认知加工的结果。客观外界中的万事万物通过人类的感知会反映到大脑中形成概念，变成抽象的思想，人们在此基础上才创制出各种各样的语言符号来表示这些概念。语言符号表示的概念就是词义。当然，概念不等于词义。概念建立在客观现实的所指物（referent）之上，是通过认知获得的。但是词义还可以表示不存在的关系，如英语中介词、冠词等没有所指物但都有意义，这种意义非概念。词义属语义体系，与层层叠叠的语义场（semantic field）相关，但概念不是；词义有色彩而概念无色彩；词义呈多义性（polysemy），而概念总是单义的（葛本仪，2003：260–265）。

语义也称意义、词义或含义（陈慰，1998），属于语言内（intralingual）词与词之间（interlexical）的关系（Crystal，1985：276；Lyon，2000：80；Richards et al.，2000：413–414），是语言词汇系统内部的语义关系（sense relation）（Saeed，2000：12）。"所指意义"与客观现实相关联，而与"语义"无联系。实词（content/notional word）有"所指意义"而虚词（empty word）没有，但是所有词语都有"语义"。语义与外延意义有相似之处，彼此相互依存，但是关系相反（inversely related）。外延意义越大，语义越小（the larger the denotation, the smaller the sense）。譬如"动物"和"狗"，"动物"的外延意义大于"狗"，因为"动物"包含"狗"，但是"动物"的语义不如"狗"的语义精细，"狗"的语义含有 [+动物]（Lyon，2000：81）。

☙ 词义类型

词义本身是复合体，含有不同种类。有的种类是每个词具有的，有的种类只有部分词具有，有的种类稳定不变，有的种类只有在语境中才能突显出来。词义是一个有层级的体系：第一层级是词义；第二层级是词汇意义（lexical meaning）和语法意义（grammatical meaning）；第三层级是概念意义（conceptual meaning）和联想意义（associative meaning）；第四层级是内涵意义（connotative meaning）、文体意义（stylistic meaning）、情感意义（affective/emotive meaning）和搭配意义（collocative meaning）（Leech，1981：23），总结如下（张维友，2015：110–116）：

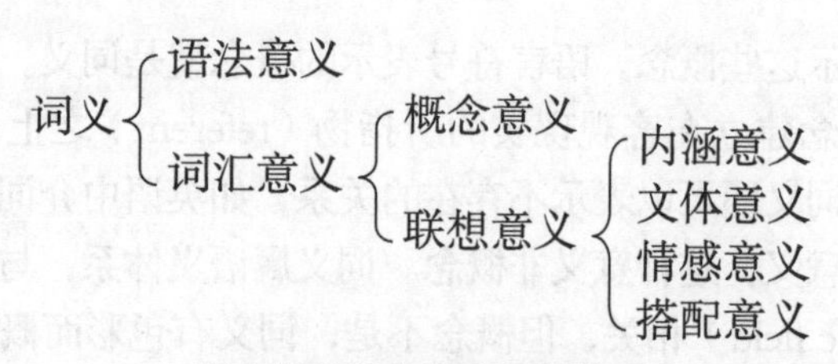

词义涵盖的种类及逻辑关系

1. 语法意义

从上图可以清楚看出，词义由两大部分构成，即语法意义和词汇意义。语法意义是指表示语法（grammar）概念和关系的意义，如词类（名词、动词、形容词、副词、代词等），名词的单复数、可数不可数等，动词的时态和屈折变化形式，形容词和副词的级等。语法意义只有在词语使用当中才能突显出来，如"The dog is chasing a ball."（狗在追球。）这句话，dog 是名词作主语，is chasing 是动词进行式作谓语，ball 是名词作宾语，the 和 a 是冠词，分别表示特指和名词单数。不同的词可以具有同样的语法意义，如 desks（书桌）、cats（猫）、vegetables（蔬菜）、bananas（香蕉）四个词都是可数名词，复数全部是在词尾添加屈折后缀（inflectional suffix）-s；worked（工作）、brought（带来）、began（开始）、surprised（惊奇）四个词都是动词的过去式。与此相反，forget、forgot、forgotten、forgetting（忘记）四个形式属于同一个词位，却具有不同的语法意义，forget 是现在式，forgot 是过去式，forgotten 是过去分词，forgetting 是现在分词。一般来说，实词既有词汇意义又有语法意义，但是虚词只有语法意义。

2. 词汇意义

词义除去语法意义其余的就是词汇意义。词汇意义本身是个复合体，也由两大部分构成，即概念意义和联想意义。

1）概念意义

概念意义是词的本义，是词典中列出的意义。概念意义也称认知意义（cognitive meaning）、外延意义或指称意义（referential/designative meaning)，是词义的核心，故概念意义具有全民性（all national character)、稳固性（stability）和持久性。同一社团的人在语言交际中之所以能使用同样的词表达相同的思想，正是这些特点所致。譬如，提到sun（太阳)，所有讲英语的人都知道指的是“宇宙中能发热发光有能量的天体”，这个意义是长久不变的。

2）联想意义

联想意义是依托概念意义而存在的，是附加的次要意义（secondary meaning)。之所以称之为联想意义是因为该意义是通过联想产生的。联想受到主体、时空、社会、文化、环境、教育、地位等因素制约，因此是开放的、不定的、变化的。仍以“狗”为例，提到狗有人怕，有人爱，有的养狗为宠物，有的养狗为食肉，有的养狗为伴侣，有的养狗为看门护院等。所以，狗除了其本义外，还会产生各种联想意义。联想意义本身也是一个复合体，它由四部分组成：内涵意义、文体意义、情感意义、搭配意义。

（1）内涵意义

内涵意义与外延意义相对应，指的是由概念意义产生的言外之意和联想，英语中俗称connotation。这种意义非词的本义，往往随人和环境而变，所以词典上一般查不到。譬如mother一词，其概念意义是“母亲”，读者见到该词往往会产生“母爱”“体贴”“亲切”“温柔”“宽容”等隐含意义。再如home（家）的字面意义（literal meaning）是一个人出生、成长、生活的地方，见到该词人们会不自觉地想到“家庭”“朋友”“温暖”“友爱”“亲情”“便利”等隐含意义。英语中有“East or west, *home* is best.”（东南西北方，最好的是家乡。）谚语（proverb)，表现的就是home的内涵意义。如前所述，内涵意义随人或环境而变，假如一个孩子在家得不到温暖，甚至常挨打挨骂、吃不饱穿不暖，那么home在这个孩子的心目中就会产生“厌恶”“冷漠”“无情”等联想意义。即使像son of a bitch（狗娘养的）这样明显具有贬义色彩的表达，用在特定的场合（如好久没见的老朋友突然会面）也会产生亲切友好的含义（Nida，1993：41)，听者不仅不会反感，还会感到非常亲近贴心。

（2）文体意义

文体意义指的是词语的文体色彩。我们在查阅词典时，不仅能看到单词的各种定义，有时还会发现 formal（正式）、informal（非正式）、literary（文）、archaic（古旧）、slang（俚语）等标签，这些就是指词的文体色彩。譬如表示“家”概念的一组同义词（synonym）：domicile（very formal）、residence（formal）、abode（poetic）、home（general），四个词的概念意义相同，但文体色彩迥异。再如表示“小”概念的同义词：diminutive（very formal）、tiny（colloquial）、wee（colloquial，dialectal），三个词文体色彩巨大（Leech，1981：14–15）。Martin Joos 在《五只钟》（*The Five Clocks*，1962）里用了五个词表示不同程度的文体色彩，即 frozen（冰冻体）、formal（正式体）、consultative（谈话体）、casual（随便体）、intimate（亲密体）。如果用一组表示“马”概念的同义词，分别贴上文体特征（stylistic feature）标签，依次顺序应该是 charger、steed、horse、nag、plug。在写作中，不同的语境中要使用文体色彩与之相同的词语。下面两个英语句子表示的意思基本相同：他们向警察扔了块石头，带着赃物逃走了。

[1] They *chucked* a stone at the *cops*, and then *did a bunk* with the *loot*.（口语体）

[2] After *casting* a stone at the *police*, they *absconded* with the *money*.（正式体）

句 [1] 是两个小偷作案后闲谈，用词是口语化的俚语（如 chuck、cop、did a bunk、loot），而句 [2] 是检察长在写警务报告中使用的语言，用词正式（如 cast、police、abscond、money）（Leech，1981：15）。可见，词的文体意义也很重要，不了解词的文体意义就不能保证用词得体。

（3）情感意义

情感意义是指词义中表示态度和情感（emotion）的意义，等同于态度意义（attitudinal meaning），英语中可写成 emotive meaning（Crystal，1985：10）。词汇表示情感意义有两种途径：一是选择字面义表示情感的词，如 happy（幸福）、sad（悲伤）、vicious（恶毒）、love（爱）、like

（喜欢）、shocked（诧异）、hate（憎）、anger（生气）、grief（悲痛）、pleasure（高兴）等，这些词的字面意义就是情感意义；二是选择带有褒贬色彩的词。英语中同义词丰富，有成对的（couplet）、三词组的（triplet）、多词组的，每对或每组同义词可表示相同或相似的概念意义，但是褒贬色彩不尽相同。譬如，表示“有名的”有famous—notorious、表示“态度不变的”有determined—pigheaded、表示“瘦的”有slim/slender—skinny/skeletal、表示“黑人”的有black—nigger等，每组词中前者是褒义词（commendatory term），后者是贬义词（pejorative term），选用前者表示赞许褒奖的看法，选用后者表示鄙视否定的态度。试比较：

[3] Churchill was a world *famous* statesman, but Hitler was a *notorious* war criminal.
丘吉尔是**举世闻名**的政治家，希特勒却是**臭名昭彰**的战犯。

[4] The father is *determined* but his son is *pigheaded*.
父亲**坚定不移**，儿子却**倔强固执**。

[5] The fashion model is *slender* but the girl following fad is *skinny*.
服装模特**身材苗条**，追求时髦的姑娘**骨瘦如柴**。

[6] The colored people call themselves *blacks* but the racists call them *niggers*.
有色人称自己为**黑人**，种族主义者却叫他们**黑鬼**。

英语中有些词语可表示正面意义，也可表示负面意义，褒贬色彩完全取决于语境。以ambitious和ambition为例：

[7] Smith is bright and *ambitious*.
斯密斯不仅聪明且有**抱负**。

[8] Knowledge of social inequality has stimulated envy, *ambition* and greed.
对社会不平等的了解刺激了嫉妒、**野心**和贪婪。

[9] The conspirator's chief *ambition* is to become the president of the state.
那阴谋家的主要**野心**就是要当国家总统。

[10] Those who are successful are usually full of *ambition*.
成功人士一般是充满**雄心壮志**的。

（4）搭配意义

搭配意义是指词与词搭配时获得的联想意义，即词与词搭配同现而突显的意义。Leech（1981：17）为了阐明这一观点，以 pretty 和 handsome 为例，两个词都表示“美丽”，但是搭配（collocation）不尽相同。与 pretty 搭配的词有 girl（女孩）、boy（男孩）、woman（妇女）、flower（花）、garden（花园）、colour（颜色）、village（村庄）等，而与 handsome 搭配的词是 boy（男孩）、man（男人）、car（小汽车）、woman（妇女）、overcoat（大衣）、airline（飞机）、typewriter（打字机）等。两个词的搭配都出现了 boy 和 woman，显然这两个词表示“美”的内涵是不尽相同的，pretty 强调的是视觉上的漂亮好看，而 handsome 强调的是潇洒、体态举止优美等。再如 tremble 和 quiver 都表示“发抖”，但是害怕得发抖用 tremble，而激动得发抖用 quiver。再以 green 搭配的一组词语为例：

green on the job 新手　　green fruit 未成熟的水果
green with envy 嫉妒　　green-eyed monster 绿眼怪

正如 Nida（1993：41）所言，通常要知道一个人干什么工作，看他衣服上的污迹就可猜到。同样，要知道一个词的联想意义，留意其使用语境就会明白。

参考文献

陈慰. 1998. 英汉语言学词汇. 北京：商务印书馆.

葛本仪. 2003. 汉语词汇学. 济南：山东大学出版社.

张维友. 2015. 英语词汇学教程. 武汉：华中师范大学出版社.

Crystal, D. 1985. *A Dictionary of Linguistics and Phonetics*. Oxford: Basil Blackwell in Association with André Deutsch.

Leech, G. 1981. *Semantics: The Study of Meaning* (2nd ed.). London: Penguin Books.

Lyon, J. 2000. *Linguistic Semantics: An Introduction*. Beijing: Foreign Language Teaching and Research Press.

Joos, M. 1962. *The Five Clocks*. New York: Harcourt, Brace & Word.

Nida, E. A. 1993. *Language, Culture and Translating*. Shanghai: Shanghai Foreign Language Education Press.

Richards, J. C., Platt, J. & Platt, H. 2000. *Longman Dictionary of Language Teaching and Applied Linguistics*. Beijing: Foreign Language Teaching and Research Press.

Saeed, J. I. 2000. *Semantics*. Beijing: Foreign Language Teaching and Research Press.

词义变化 CHANGE IN WORD MEANING

时代在变，社会在变，语言也随之变化。不过语言的变化幅度不大，速度不快，因此往往不易被人察觉。语言的三大要素，即语音（phonetics）、语法（grammar）、词汇（vocabulary），都在变，但是变化最快的莫过于词汇。词汇的形式和内容都在变，而内容变化远远快于形式。词义变化就是探究词汇内容的变化。Quirk（1978：130）曾说过："我们今天使用的每一个词（word），其意义与一个世纪前都会有所不同，而一个世纪前其意义又与前一个世纪不尽相同。"譬如，今天的读者阅读莎士比亚戏剧比阅读现当代作品要困难得多，因为莎翁使用的很多词与当代词典上的意义有所不同。以莎士比亚的戏剧《哈姆雷特》（*Hamlet*，1599–1602）为例（见表 1）（张维友，2015：159）：

表 1 《哈姆雷特》中几个词今昔意义比较

例词	今义	莎剧义	出处
rival	对手	同伴	the *rivals* of my watch, bid them make haste
jump	跳跃	恰好	Thus twice before, and *jump* at this dead hour
vulgar	下流	普通	as common as any the most *vulgar* thing to sense
fond	喜欢	愚蠢	I'll wipe away all trivial *fond* records
pregnant	怀孕	有意义	How *pregnant* sometimes his replies are

从这些例词不难看出，词的形式没有变，但意义全部变了。莎剧中使用的意义现在已基本消失。

☙ 分类与定义

中外学者对词义变化有多种分类。外国学者有的粗分为两类，即词义扩大（meaning extension/generalization/broadening）与词义缩小（meaning narrowing/specialization）（Yule，2000：222）。有的粗分为三类，即词义扩大、词义缩小和词义转移（meaning transfer/transference/shift）（Fromkin & Rodman，1983：296–297）。Trask（2000：42–44）将词义细分为六类，除词义扩大、词义缩小、词义升华（meaning elevation/amelioration）、词义贬降（meaning degradation/pejoration），还有隐喻（metaphor）和转喻（metonymy），包括提喻（synecdoche）。Algeo（1991：210–217）分类最为科学详细，除了词义扩大、词义缩小、词义升华、词义贬降外，增加了词义转移和委婉语（euphemism）两类，其词义转移又涵盖隐喻、转喻和提喻，包括主客观义转移和通感（synesthesia）。中国学者分类比较细致，但提法不尽相同，有分四类的，即词义扩大、词义缩小、词义升华和词义贬降（张韵斐、周锡卿，1986：280–295）。她们也提到隐喻、转喻和提喻，但仅作为比喻使用而导致词义变化的因素，没有明确类别。汪榕培、卢小娟（1997）和汪榕培、王之江（2008）的分类与Algeo相似，特别是2008年版与Algeo大同小异。陆国强（1999：93–109）将词义分为七大类，前四类与其他学者的分类相同，增加了抽象意义（abstract meaning）和具体意义（concrete meaning）相互转化、专有名词转化为普通名词、词义转移（meaning transfer/transference/shift）三类。从这些分类看，有的太粗，有的太细，有的类别交叉，有的把词义变化机制（mechanism of semantic change）混同于类别，如隐喻、转喻和提喻应该属于变化机制而不是类别。我们以为分为五大类为好，分别定义如下：

词义扩大：词从过去特指义变为泛指义，使用范围扩大。

词义缩小：词从过去泛指义变为特指义，使用范围缩小。

词义升华：词从过去贬义或中性义变为中性义或褒义，使用色彩升格。

词义贬降：词从过去褒义或中性义变为中性义或贬义，使用色彩降格。

词义转移：词过去表示 A 义变为表示 B 义，使用范围转移。

此外，还有把词义强化（meaning strengthening）和词义弱化（meaning weakening）也作为词义变化的类型，如 gale（大风）过去曾表示“微风”、disgust（厌恶）过去曾表示“不喜欢”、vice（邪恶）过去曾表示“瑕疵”，相比之下现在的语义（sense）要强得多。词义弱化的词如 awful、dreadful、horrid、terrible（糟糕的，可怕的）等和对应的副词在口语中经常使用，表示“出人意料的”“惊奇的”等，过去这些词的意义要强得多（张维友，2015：167）。

词义变化例释

1. 词义扩大

词义扩大是表示特指的词现在的使用范围扩大表示泛指。如 manuscript（手稿）过去仅表示用手书写的文稿，现在可以用来指称任何文稿，无论是手写还是用其他方法产生的；又如 barn（仓库）过去仅指储存大麦的地方；再如 picture（图，画，照片等）过去仅指油画。更多的例子见表 2：

表 2　词义扩大例词列举

例词	旧义	新义	例词	旧义	新义
journal	日报	期刊	companion	分享面包者	陪伴，陪同
bonfire	骨头烧的火	篝火	alibi	不在犯罪现场辩解	借口
mill	磨坊	作坊	feedback	（计算机）反馈	回应，反馈
butcher	宰杀山羊的人	屠夫	alcohol	酒精	酒

专业术语（technical term）都是特指词，转化为普通词后范围扩大，如表中的alibi原是法律用语，现在可以用于各种场合；feedback原是计算机术语，现在已泛化。人名、地名、书名、商标名等专有名词普通化后使用范围也扩大了，如makintosh（雨衣）来自发明家Makintoshi；sandwich（三明治）来自英国地名Sandwich，与桑德威奇伯爵四世（the fourth Earl of Sandwich）有关。英语中还有些词过去都表示特定义，如thing曾指"公开集会"或"会议"，现在泛化到可以指称任何事物。这样的例子还有business、concern、condition、matter、article、circumstance等，这些词曾一度都是特指，现在泛化可指多种事物。

2. 词义缩小

词义缩小是过去的泛指词现在范围缩小表示特指。例如，deer（鹿）过去泛指"动物"；又如girl（女孩）过去表示"青年"，包括"男孩"；再如corn（玉米）过去表示"谷物"。更多的例子见表3：

表3　词义缩小例词列举

例词	旧义	新义	例词	旧义	新义
garage	储藏地	车库	poison	饮料	毒药
liquor	液体	酒	meat	食物	肉
wife	妇女	妻子	disease	不适	疾病

普通名词变为专用名词后范围缩小表特指，如the City（城市）特指"伦敦的商业中心"，the Prophet（先知先觉者）特指"穆罕默德"，the Peninsula（半岛）特指"伊比利亚半岛"（Iberian Peninsula）等。一般词汇变为专业术语后，词义范围缩小表特指，如memory（记忆）作为计算机术语表示"储存器"。材料用来指产品缩小了范围，如silver（白银）指"银元"、glass（玻璃）指"玻璃杯""镜子"、iron（铁）指"熨斗"、gold（金）指"金牌"等。有些形容词，如private（私人的，秘密的）和general（一般，普通）转类成名词后表特指，分别表示"列兵"（private soldier）和"将军"（general officer），词义范围缩小。

3. 词义升华

词义升华是指原来表示渺小、不重要、被人蔑视的人或物的词现在表示重要、受人尊重的人或物，情感色彩上升。典型的例子是marshal和constable，过去都表示“饲马人”，现在分别表示“元帅”和“警察”，色彩明显升华。有些词过去带有明显贬义，现在变成褒义词（commendatory term），如nice（美好的）过去表示“无知”“愚蠢”。更多例子见表4：

表4　词义升华例词列举

例词	旧义	新义	例词	旧义	新义
governor	导航员	总督，州长	angel	信使	天使
minister	仆人	大臣	success	结果	成功
earl	男子	伯爵	shrewd	邪恶的	精明的
knight	仆从	爵士	nimble	小偷小摸的	敏捷的

4. 词义贬降

词义贬降是指原来表示重要的、受人尊重的人或物现在表示渺小、不重要、被人蔑视的人或物，情感色彩贬降。譬如boor原表示“农民”，现在表示“举止粗鲁的人”；又如churl原指“农民”“自由人”，现在表示“没教养的卑鄙人”；再如wench原指“乡村姑娘”，现在指“妓女”。更多的例子见表5：

表5　词义贬降例词列举

例词	旧义	新义	例词	旧义	新义
hussy	家庭妇女	轻荡女子	criticize	评价	批评
villain	别墅佣人	恶棍	silly	高兴的	愚蠢的
knave	男孩	无赖，流氓	vulgar	普通的	粗俗的，庸俗的
lust	快乐	性欲	cunning	有技巧的	狡猾的

与词义升华相比，词义贬降的现象更为普遍，很多过去与普通老百姓相关的职业、工作，包括从事这些职业和工作的人在上层阶级和统治者眼里都是无知的、没教养的、粗俗的，甚至是恶棍、坏蛋等，这恐怕

是主要原因。女性长期以来遭歧视，与女性相关的词比与男性相关的词意义更易贬降，如 mister（先生）—mistress（情妇）、sir（先生）—madam（鸨母）、governor（总督）—governess（女家教）、bachelor（单身男）—spinster（剩女）、courtier（朝臣）—courtesan（高等妓女）等，女性往往与“性”相关联（Trask，2000：43）。

5. 词义转移

词义转移是指过去用来指称 A 事物的词后来转指 B 事物，词的形式没变，但是意义转移了。词义转移比较复杂，包括五种不同的转移（参见核心概念【词义转移】）：（1）联想转移（associated transfer / transference）。联想转移主要是指词的比喻用法，如 lip（唇）、tongue（舌）、tooth（齿）等是人类或动物的器官，可以用来指物品，如 the *lip* of the wound（伤口边）、the *tongue* of a bell（铃舌）、the *teeth* of a saw（锯齿）。这些词义转移是通过联想两者之间的相似性完成的。（2）具体抽象意义转移（concrete-abstract meaning transfer）。以 room 为例，在“There is much *room* for improvement.”（还有很大改进空间。）这个句子中，room 是抽象意义，但在“There are three *rooms* in the flat.”（那套公寓有三间房。）中，room 表示具体意义。（3）主客观意义转移（subjective-objective meaning transfer）。如“The aggressive congressman is *hateful*.”（那个好斗的议员可恶。）这句话中，hateful 的意义是客观的，就是说实施 hate 动作的是其他人，congressman 是 hate 动作的接受者。如果动作的实施者是主语，那么就是主观意义（subjective meaning），如“The on-lookers looked *suspicious* as the peddler was hawking his medicine.”（围观的人面露疑惑看着货郎叫卖药物。）句中，suspicious 表示主观意义，言下之意是说围观人怀疑货郎叫卖的药物。（4）通感。通感是指表示感觉的词相互换用导致词义转移，如 loud colours（响亮的色彩）中含有听觉向视觉转移、sweet music（甜蜜的音乐）中包括味觉向听觉转移。（5）委婉语（euphemism）。委婉表达是用美好的词语表达难以启齿的事物，生老病死、吃喝拉撒等是人之常情，但老、病、死、拉、撒等往往不便直陈，多采取委婉方式表述出来，如用 restroom（休息室）、bathroom（浴室）、

lounge（休息室）等表示“厕所”，用 eternal sleep（长眠）、go west（西去）、pass away（走了）表示“死”，用 the disadvantaged（去优势的）、the underprivileged（无优待的）等表示“穷人”，意义都被转移了。

词义变化原因

促使词义变化的原因很多，概括起来有两大方面：非语言因素（non-linguistic factor）和语言因素（linguistic factor）。

1. 非语言因素

如前所述，随着时代变迁，社会在变，生活方式在变，人们的观念在变，人类的认知在变，导致新思想、新观念、新产品、新科技等不断涌现，这些都会反映到语言中来。而语言不可能一事一词、一物一词地记录，而是尽可能少创造语言符号（linguistic sign），所以往往启用已有的词语，改变其意义，从而导致词义变化。非语言因素包括三个方面。

第一，历史和认知原因。Ullmann（1977：198）曾说过：“语言比精神文明和物质文明要保守。随着时间的推移，物品变了，机构变了，思想变了，科学观念变了，但是很多情况下原名称却保留下来，这样一定意义上确保传统性和延续性。”譬如 pen 原义为“羽毛”，是古时西方人用来写字的羽毛笔，现在各式各样的书写工具很多，但仍然叫 pen。又如 car 过去指打仗用的“两轮马车”，现在用来指“汽车”。再如 computer 过去指“计算人”，现在指“计算机”。人类认知在不断进步，同样的事物尽管认知起了变化，但名称却被保留。如 sun（太阳）古时人们认为是“围绕地球旋转的天体”，现在都知道是“地球围绕旋转的天体”，认知倒过来了，但 sun 仍然是 sun。再如 atom（原子）字面意义（literal meaning）是“不可再分的颗粒”，现在科学已证明比原子小得多的颗粒存在，但 atom 这一原名没有变。

第二，社会文化原因。人们往往把语言比作镜子，反映社会上发生的一切变化。语言是人类用于交际的工具，词义是人们赋予语言符号的内容，所以无不打上使用者的烙印。而有话语权的人都是受教育的上流阶层，许多带贬义的词语往往反映了他们的主观态度。例如，churl、hussy、wench、villain 等起初都是中性意义的词，由于这些词所指的是劳动阶层，后来全部被赋予贬义色彩。英语中很多词，如 democracy（民主）、revolution（革命）、liberalism（自由化）、human rights（人权）、socialism（社会主义）等，在不同的社会、不同的政治体制下使用，就会产生不同的含义。

第三，心理原因。很多词义变化反映了人们的心理活动。委婉语就是心理反应的结果。现在人们喜用褒义词指代收入低、被人看不起的职业，如 garbage collector（垃圾工）叫 sanitation engineer（卫生工程师）、barber（理发师）叫 beautician（美容师）、janitor（看门人）叫 guard（门警）等，都是心理活动的反映。再如美国内战期间，北方有人向南方告密，人们希望用一个恶毒名字指称他们，开始选用 rattlesnake（响尾蛇），但告密者都是不声不响地秘密活动，因此觉得不妥，于是又换用 copperhead（铜头蛇），该蛇毒性大却没有声响，更为形象。澳大利亚监狱内把告密者叫作 frog（青蛙）、dog（狗）、chocolate（巧克力）等（Bernard & Delbridge，1980：192，195），前两个词带有蔑视意味，后一个词暗示告密人为了一点蝇头小利不惜出卖朋友，鄙视的态度溢于言表。

2. 语言因素

语言因素包括三个方面：缩短（shortening）、外借（borrowing）、类比（analogy）。

第一，缩短引起变义。有些词语原含有两个成分，后缩短保留其中一个成分代替原词使用，导致该词的意义变化，如 gold medal → gold（金牌）、coal gas → gas（煤气）、light bulb → bulb（灯泡）、private soldier → private（列兵）等。

第二，外借引起变义。譬如 deer 原义为“动物”，后从拉丁语借来 animal（动物）促使 deer 词义缩小。又如 pig—pork、sheep—mutton、cattle—beef 等词，前者是本族词（native word），曾表示活着的动物和屠宰后的肉；后者是法语借词，进入英语后只表示动物屠宰后食用的肉，导致前者范围缩小，仅表示活的动物。另外，同义竞争也会导致其中一个词变义，如 bird（鸟）—fowl（家禽）、dog（狗）—hound（猎犬）、boy（男孩）—knave（无赖）、chair（椅子）—stool（凳）曾一度是同义词（synonym），后来分化，各表示不同的意义。

第三，类比引起变义。譬如 fortuitous 原来表示“偶然的”“意外的”，后来获得“幸运的”（fortunate）意义，也许是从词形类比衍生，因两者拼写有相似处。再如 fruition 一词，乍看起来好像与 fruit 有关，其实毫无关系，其现在的意义“结果实”有可能是受 fruit（水果）的影响（Algeo，1991：247）。

Traugott 提出了意义变化的三大趋势：（1）对现实的外部描写转化为内在的感知和评价描写，如 boor 原指“农夫”，后变为“白痴”，feel 原仅表示“触摸”，现在又增加“感觉”义；（2）外部和内部描写转化为文本意义，如 while 原表示“一段时间”（“Wait for a *while.*”等一会。），现在变成连词引导时间状语从句（“*While* my wife was away, I lived only on pizza.”妻子离开这段时间，我仅靠吃披萨过活。），现在还获得“尽管”之意（“*While* she is very talented, she’s somewhat careless.”尽管她很有才华，却有点粗心马虎。）等；（3）意义变得越来越基于言语者的主观信念和态度，如 probably 原表示“似真地”“可信地”，现在表示言语者对事实的评价（“She is *probably* going to be promoted.”她有可能升职。）等（转引自 Trask，2000：46–47）。

总之，促动词义变化既有外因也有内因，比较而言，外因是主要的。外因包括历史遗留、认知进步、社会文化影响和心理因素。内因有词语缩短、借用外来词（foreign word）和类比等，虽然也起作用，但产生的影响微乎其微。

参考文献

陆国强. 1999. 现代英语词汇学. 上海：上海外语教育出版社.

汪榕培，卢晓娟. 1997. 英语词汇学教程. 上海：上海外语教育出版社.

汪榕培，王之江. 2008. 英语词汇学. 上海：上海外语教育出版社.

张维友. 2015. 英语词汇学教程. 武汉：华中师范大学出版社.

张韵斐，周锡卿. 1986. 现代英语词汇学概论. 北京：北京师范大学出版社.

Algeo, J. 1991. *The Origins and Development of the English Language*. Boston: Cengage Learning.

Bernard, J. & Delbridge, A. 1980. *Introduction to Linguistics: An Australian Perspective*. Brisbane: Prentice-Hall Australian Pty Ltd.

Fromkin, V. & Rodman, R. 1983. *An Introduction to Language* (3rd ed.). New York: Holt, Rinehart & Winston.

Quirk, R. 1978. *The Use of English*. London: Cambridge University Press.

Trask, R. L. 2000. *Historical Linguistics*. Beijing: Foreign Language Teaching and Research Press.

Ullmann, S. 1977. *Semantics: An Introduction to the Science of Meaning*. Oxford: Blackwell.

Yule, G. 2000. *The Study of Language* (2nd ed.). Beijing: Foreign Language Teaching and Research Press.

词义变化机制

MECHANISM OF SEMANTIC CHANGE

词义变化模式多种多样（参见核心概念【词义变化】），有词义扩大（meaning extension/generalization/broadening）、词义缩小（meaning narrowing/specialization）、词义升华（meaning elevation/amelioration）、词义贬降（meaning degradation/pejoration），还有词义转移（meaning transfer/transference/shift）等。但是经常会发现，不少多义词（polysemic word / polysemant）的义项不仅多，而且有些义项相互之间似乎关联不

大，甚至存在天壤之别。辐射型（radiation）和连锁型（concatenation）（参见核心概念【多义】）是词义变化模式，仅能显示义项之间的联系。那么，变化是如何产生的、义项是如何拓展的、有何内在促动机制，这些问题需要进行探讨。

☙ 定义

何为机制？根据《现代汉语词典（汉英双语版）》[*The Contemporary Chinese Dictionary (Chinese-English Edition)*，2002：892]，机制是指“一个工作系统的组织或部分之间相互作用的过程和方式”。机制首先是“一个工作系统”，一个工作系统一定由多个下位部分组织在一起，下位各部分相互作用就是系统的运作。在多义词从单义向多义拓展的过程中，为何 A 义项可以发展成 B 义项、C 义项、D 义项等，是有规律可循的。即使看起来风马牛毫不相干的义项也是有走向和脉络的。促使系统内各下位单位相互运作的是概念隐喻（conceptual metaphor）和概念转喻（conceptual metonymy）。概念隐喻通过靶域（target domain）或本体（tenor）向源域（source domain）或喻体（vehicle）投射（mapping）完成词义变化（change in word meaning），这是基于两域之间的相似性（similarity）。概念转喻是通过母域（parent domain）内的两个邻近的概念域之间的投射完成词义转变，是基于两个子域间的邻近性（contiguity）（Lakoff & Jognson，1980；Ungerer & Schmid，2008：115–116）。变化机制旨在揭示词义变化的规律和脉络，能够诠释词义变化的来龙去脉。

☙ 词义变化机制的构造及运作

根据 Bernard & Delbridge（1980）的理论，每个词（word）都会有联想意义（associative meaning），一个词所有联想意义的总和构成其联想场（associative field）。这个联想场涵盖了该词可能激发的所有概念（concept）。通常，该词各个词义（word meaning）与联想场内的各词之间都会有某种联系，无论这种联系是多么的怪诞。产生联想的因素至少有四个方面（张维友，2015：168–170）：（1）符号形式之间存在相似性；（2）符号内容或概念之间存在相似性；（3）符号形式之间有关联；（4）符号内容或概念之间有关联，通常是因为所指物（referent）之间的连续统。

首先，以 teacher（教师）为例。一旦大脑受 teacher 一词刺激，最早闪现在脑海中的可能会是 creature（生物）、feature（特色）、teaching（教学）、teachable（可教）、beater（捶打器具）、fitter（装配工，裁缝）、singer（歌手）等词，因为这些词的符号形式与 teacher 一词有着不同程度的相似性。其次，诸如 instructor（教员）、lecturer（讲师）、tutor（导师）、governess（私人女教师）等词也可能会出现在头脑中，因为这些词所表示的内容或概念与 teacher 的词义存在相似性。再次，通常与 teacher 共现或搭配的词，如 training（训练）、college（大学）、federation（协会）、union（工会）等，也会进入联想场，因为它们的符号形式与 teacher 常有关联。最后，联想场还包括在物质上或者精神上与 teacher 有关的所有事物的概念，如 chalk（粉笔）、blackboard（黑板）、playing fields（球场）、audiovisuals（视听材料）、boredom（厌倦）、encouragement（激励）等。总结如下（见表 1）：

表 1　teacher 一词的联想场

teacher			
1	2	3	4
creature feature teaching singer etc.	instructor lecturer tutor governess etc.	training college federation union etc.	chalk boredom blackboard encouragement etc.

一个词在进行多义拓展的过程中，任何新义都将是该词联想场中的概念之一。例如，dumb 一词获得了“愚蠢的”的意思，很有可能是受到了德语词 dumm（愚蠢的）的影响，因为英语 dumb 和德语 dumm 的符号形式很相似。bikini 是太平洋中马绍尔群岛中的一个珊瑚岛，1946

年美国原子弹实验地就是比基尼岛（Bikini），现在该词的意思是“女式比基尼泳装”。之所以会有这样的词义演变，很可能是由于概念联想造成的。也就是说，一位身着比基尼的女性对男人的刺激感就好比原子弹爆炸的威力（Foster，1981）。现在我们用 private（列兵）来代替 private soldier、general（将军）代替 general officer，是词义通过第三渠道改变的结果，即符号形式的联系。

通过隐喻（metaphor）、转喻（metonymy）和提喻（synecdoche）导致词义变化的例子俯拾即是。譬如，precocious 原指水果“早熟的”，现在比喻儿童“早熟”；govern 作动词原指为船“掌舵”，现在表示“治理”国家等；field 本来只指“田野”，现在可以表示抽象的“领域”，如 a specialist in the *field* of linguistics（语言学专家）等；不讲卫生的人可以叫 pig（猪）、狡猾的人叫 fox（狐狸）、贪婪的人叫 wolf（狼）、变化无常的人叫 butterfly（蝴蝶）、胆小的人叫 mouse（鼠）等都是通过隐喻实现的（Trask，2000：43–44）。

通过转喻实现的词义变化同样不胜枚举，如把国王叫作 crown（皇冠）、把美国政府称作 the White House（白宫）、用人名指作品 Shakespeare（莎剧）、用容器指装的东西 bottle（酒）、dish（菜肴）等；用菜名指点菜的人，如“Which table is the *hamburger?*”（点汉堡包的人坐哪张桌子？）；用人的器官表示该器官的功能 turn a deaf *ear* to somebody（对某人的话置若罔闻）等。

通过提喻实现词义变化主要是部分指整体或整体指部分，如用人身体的部分指人，如“Two *heads* are better than one.”（人多智慧广。）、eloquent *mouth*（名嘴）、“*Hands* are needed.”（需要人手。）、the *Chinese* beat the *Americans* in women’s volleyball（女子排球赛中国队击败美国队）、grey *hairs*（老人）、the *bread* earner of the family（养家糊口的人）等。

为了展示隐喻、转喻和提喻是如何促动词的联想场中各下位单位的运作，我们从《新牛津英汉双解大词典》（*The New Oxford English-Chinese Dictionary*，2007）选取单词 head（头）及其释义进行阐释。从功能上说，head 可作名词、形容词和动词使用，每种词性都有多个义项。这里选取的是作名词用的义项。有的义项含1—4个子义项，为了展示方便大多省掉，同时对个别英语释义稍作简化，但不影响原定义的整体意义（见表2）。

表2 head的名词义一览表

	head	头
1	the upper part of the human body or animal... containing the brain, mouth and sense organs	头，头部
2	a thing having the appearance of a head either in form or in relation to the whole...	（物体外形、部位）头
3	the front, forward, or upper part or end of something, in particular	（事物）端头，顶部
4	a person in charge of something; a director or leader	头儿，首领，领袖
5	(*Grammar*) the word that governs all the other words in a phrase...	（语法）中心词
6	a person considered as a numerical unit; a number of cattle or game specified	（数量单位）人头，（牲畜计量）头
7	a component in an audio, video, or information system to transfer information from an electrical signal to the recording medium	（电子设备）磁头
8	a body of water kept at a particular height in order to provide a supply at sufficient pressure	蓄水高度，水头
9	(*Nautical slang*) a toilet on a ship	（【海俚】船上）厕所
10	(*Geology*) a superficial deposit of rock fragments, formed at the edge of an ice sheet...	（【地质】冰川边）岩礁

单词head的第1个义项是原始意义（primary meaning），也是本义（literal meaning），其他为派生意义（derived meaning）。从义项发展的轨迹推测，第2、3、7、8、10义都是借助物体相似性联想通过转喻产生的；第9义“厕所”应该是根据其在船上的位置通过转喻引申的；第4义“头儿，首领，领袖”是通过隐喻生成的；第5义也是一

种转喻引申，因为一个短语中，最重要的词往往在短语尾端，譬如在 a beautiful red woolen *scarf*（一条漂亮的红丝巾）这个短语中，scarf 是中心词，处在短语的端头，从这个意义上讲也是“头”；第 6 义是通过提喻演变的，即部分带整体，“头”指一个人，也指动物一头。由此可以看出隐喻、转喻和提喻在词义变化中的促动作用。

词义演变过程

词义的演变并非一蹴而就，而是经历了一个较为缓慢的过程。以 holiday 一词为例。该词的意义发展过程分为四个阶段（见表 3）：

表 3　holiday 意义变化的四个阶段及语义特征

A 阶段	B 阶段	C 阶段	D 阶段
1. 一段时间（period）	1. 一段时间	1. 一段时间	1. 一段时间
2. 一天（of a day）	2.（一天）	2.（一天）	2. …
3. 神圣（holy）	3.（神圣）	3. …	3. …
4. [不工作（no work）]	4. 不工作	4. 不工作	4. 不工作

A 阶段，holiday 语义特征（semantic feature）有三个必要项：“一段时间”“一天”“圣日”（朝拜神圣的日子），是否工作（work）则不是必须的；到 B 阶段，“不工作”成为必要项，holiday 的时长是否“一天”、是否“朝圣”则是次要项；到 C 阶段，“朝圣”的特征完全消失，时长“一天”尽管保留下来，但属于次要特征；到 D 阶段，holiday 只保留了两个区别性特征：“不工作”和“一段时间”，这就是 holiday 的今义。holiday 的语义演变具有普遍意义。一个词要获得新义是需要经历一个缓慢且漫长的过程，因为社会是否接受该词的新义需要时间检验。

参考文献

现代汉语词典（汉英双语版）. 2002. 北京：外语教学与研究出版社.

新牛津英汉双解大词典. 2007. 上海：上海外语教育出版社.

张维友. 2015. 英语词汇学教程. 武汉：华中师范大学出版社.

Bernard, J. & Delbridge, A. 1980. *Introduction to Linguistics: An Australian Perspective*. Brisbane: Prentice-Hall Australian Pty Ltd.

Lakoff, G. & Johnson, M. 1980. *Metaphors We Live By*. Chicago: University of Chicago Press.

Trask, R. L. 2000. *Historical Linguistics*. Beijing: Foreign Language Teaching and Research Press.

Ungerer, F. & Schmid, H. J. 2000. *An Introduction to Cognitive Linguistics* (2nd ed.). Beijing: Foreign Language Teaching and Research Press.

Foster, B. 1981. *The Changing English Language*. London: Macmillan.

词义转移

MEANING TRANSFER/TRANSFERENCE/SHIFT

词义转移在词义变化（chang in word meaning）中简单提过（参见核心概念【词义变化】)。因为词义转移方式复杂，涉及多个方面，词义变化中仅蜻蜓点水式提及，没有展开。了解词义转移的内容和知识对词汇（vocabulary）学习大有裨益，故独立进行阐释。

分类与定义

词义转移是指过去用来指称 A 事物的词（word）后来转指 B 事物，词的拼写和读音没变，但是意义转移了。中外学者对词义转移有不同理解，譬如 Fromkin & Rodman（1983：297）把词义（word meaning）的褒贬升降都作为词义转移。汪榕培、卢晓娟（1997：234–244）讨论词义转移仅限于隐喻（metaphor)、转喻（metonymy）和提喻

（synecdoche），其实这些属于词义变化机制（mechanism of semantic change）（参见核心概念【词义变化机制】）。张韵斐、周锡卿（1986：296–301）没有提及词义转移，同样提过隐喻、转喻和提喻，但仅作为词义变化的一种方式。陆国强（1999：104–109）专门讨论了词义转移，分了四类：（1）主观意义（subjective meaning）向客观意义（objective meaning）转移，仅保留客观意义；（2）客观意义向主观意义转移，主客观义并存；（3）带有人类特征的词向无生命词转移；（4）介词和名词格的使用反映的是主客观意义。不难看出，陆国强的词义转移仅限于主客观义转移。相反，他把抽象意义和具体意义相互转化、专有名词向普通名词转化都排除在词义转移范围之外。另外，外国学者提到的词义变化的一个重要方面——委婉语（euphemism）（Trask，2000：39–40）都没有提及。综合国内外研究，我们认为词义转移应该涵盖下述五个方面（张维友，2015：164–167）：

（1）联想转移（associated transfer/transference）。联想转移指词的比喻用法引起词义转移。

（2）抽象具体义转移（abstract-concrete meaning transfer）。一是词的原义是抽象的，后来转为具体的；二是词的原义是具体的，后来转为抽象的。很多情况下两种意义并存。

（3）主客观义转移（subjective-objective meaning transfer）。一是词的原义是主观的，后来转为客观的；二是词的原义是客观的，后来转为主观的。有些词的两种意义并存。

（4）通感（synesthesia）。通感转移与人的感官相关，即描述一种感官的词用于描述另一种感官，导致词义转移。

（5）委婉语。委婉表达是用美好悦耳的词语表达难以启齿的事物，其结果是用指称 A 事物的词指称 B 事物，导致词义转移。

五类转移是如何实现的，各有什么特点，下面将举例详述。

☙ 词义转移例释

词义是如何转移的？以 paper（纸）为例。该词源自一种非洲植物

papyrus，因这种植物是造纸原料，后用来表示“纸”。现在造纸原料包括树木、秸秆、竹子、草、旧布等，但造出的纸仍然叫 paper。又如 penknife（削笔刀）顾名思义是用来削 pen 的刀子。pen 原义为“羽毛”，古时西方用羽毛做笔，写坏了要用刀削尖，如今削笔刀主要是用来削铅笔的，可名称沿用下来。再如 pulps，该词是 wood-pulp（木浆）的缩写，因为用 wood-pulp 造出的纸质量低劣，故人们用这种纸印刷低劣的内容，后来人们用 pulps 戏谑指称所有品质低劣的杂志，与纸张好坏无关了。可见 pulps 的意义经过几次转移：木浆→低劣纸→低劣印刷品→品质低劣的杂志。

1. 联想转移

联想转移是通过词的字面意义（literal meaning）联想引申，是词的比喻用法。词义变化中提到的 lip（唇）、tongue（舌）、tooth（齿）等，分别用来指伤口的“边”（the *lip* of the wound）、铃的“铛簧”（the *tongue* of a bell）、锯子的“齿”（the *teeth* of a saw）等。这些词的意义转移是通过联想所指物（referent）之间的相似性完成的。又如 nose（鼻）和 eye（眼），前者可以指“机头”（the *nose* of a plane）、“船头”（the *nose* of a ship），后者可以表示“针眼”（the *eye* of a needle）和“靶心”（the *eye* of a target）。这样的例子比比皆是，如 the *foot* of a mountain（山脚）、the *heart* of the city（城市的中心）、the *window* of soul（心灵的窗户）、the *arm* of the crane（起重机的手臂）、the *brain* of the machine（机器的大脑）等。另一种联想转移是通过词语转类（conversion）实现的，如动物名转为动词，使用的都是其比喻意义（figurative meaning）。例如：

[1] Don't *monkey* with that lock!
别**糊弄**那座钟！

[2] The girl is being *dogged* by a pickpocket.
那个女孩被一个扒手**尾随**。

[3] The amateur singer is good at *aping* pop stars.
那个业余歌手擅长**模仿**明星唱歌。

[4] It's no good just to *parrot* others' words.
鹦鹉学舌般重复别人的话是不好的。

多义词（polysemic word / polysemant）从单义发展到多义都是通过联想转移实现的。以 neck 为例，本义（literal meaning）是人或动物的“脖子”，后来引申指“瓶颈”“衣领”“海峡”“颈肉”等，事实上只要是两部分之间起连接作用的狭窄部分基本上都可叫 neck。可见，词义拓展大多是通过隐喻、转喻等完成的（参见核心概念【多义关系】和【词义变化机制】）。

2. 抽象具体义转移

抽象具体义转移一是单向转移，即原来的抽象意义（abstract meaning）转化为具体意义（concrete meaning），抽象意义丧失；或原来的具体意义转化为抽象意义，具体意义丧失；二是抽象意义和具体意义相互转化，且两种意义并存。具体意义转抽象意义的例子，如 pain，原义为“罚款”，是具体意义，后来转为抽象意义“痛苦”，原义丧失。又如 threat 原来指“军队”“人群”，是具体意义，后来变为抽象意义“威胁”；aftermath 原义是具体意义，指草割后重新长出的“二茬草”，后来转化为抽象意义“后果”“创伤”，原义仍然存在，但现在少用。此类例子很多，如 a good *grasp* of English（**掌握**好英语，抓→掌握）、a star of the *stage*（**戏剧**明星，舞台→戏剧）、the *nerve* to explore the cave（探险山洞的**胆量**，神经→胆量）等，不过两种意义都广泛使用。单词 room 是抽象转具体的例子，该词原来表示“空间”，如“There is no *room* in the car.”（车内没**空间**了。），现在转化为具体的“房间”，如“That flat has two large *rooms*.”（那套公寓有两个大**房间**。），两个意义并存且都广泛使用。此类例子同样很多，如 sleeping *beauty*（睡**美人**，美丽→美人）、the *envy* of the class（全班**羡慕的人**，羡慕→羡慕的人）、the *hope* of the family（全家的**希望**，希望→肩负希望的人）、the *pride* of teenagers（青少年的**骄傲**，骄傲→引以为豪的人）等。尽管 envy、hope、pride 三个词的汉语译文似乎是抽象意义，但其实含义都是具体的。很多动词本义是具体的，用作比喻后变成抽象意义。例如：

[5] Can you *see* the word far away?

你能**看清**远处的字吗？（具体）

[6] I can't *see* what you mean.

我不**明白**你的意思。（抽象）

[7] *Taste* the dish I prepared.

尝尝我做的菜。（具体）

[8] He had *tasted* freedom only to loose it again.

他刚**尝**到自由的甜头却又失去了。（抽象）

3. 主客观义转移

何为主观意义或客观意义？回答这个问题前先看一个句子："The ex-convict is *hateful*."，该句中 hateful 派生于动词 hate（恨，憎），弄清楚"恨谁""谁恨"才能决定该形容词是主观意义还是客观意义。主语恨别人是主观意义，主语遭别人恨是客观意义。该句意思是后者，即"有前科的那个人讨人恨"，是客观意义。hateful 原义"充满仇恨的"是主观意义，现在只能用客观意义，主观意义丧失。又如 pitiful 一词，原义"同情的，富有同情心的"，是主观意义，现在转化成客观意义，表示"可怜的，令人同情的"，主观意义丧失。再如 dreadful 原义"害怕的"是主观意义，现在转为客观意义，表示"可怕的，令人害怕的"，主观意义消失。比较而言，主观意义转客观意义较多。下表这些词只有一种意义：

表　表示主客观意义的部分形容词

主观意义	客观意义
considerate 体贴的	painful 痛苦的
respectful 有礼貌的	harmful 有害的
courageous 勇敢的	honorable 可敬的
forgetful 健忘的	dangerous 危险的
imaginative 富于想象的	shameful 可耻的
inexpressive 缺乏表情的	inexpressible 不可言喻的

现在分词和过去分词都可用作形容词，但是现在分词表客观意义而过去分词表主观意义。试比较：

[9] Mary's behavior is *surprising*.
玛丽的行为令人吃惊。(客观意义)

[10] Mary is *surprised*.
玛丽很吃惊。(主观意义)

[11] The speaker is *boring*.
发言人让人厌倦。(客观意义)

[12] The speaker is *bored*.
发言人感到厌倦。(主观意义)

英语中不少形容词既可用作主观意义，也可用作客观意义，视语境(context)而定。这些词有 helpful(有帮助的，有益的)、suspicious(怀疑的，可疑的)、doubtful(怀疑的，可疑的)、dubious(怀疑的，可疑的)、fearful(害怕的，可怕的)、hopeful(有希望的，有前途的)等。试比较：

[13] The man looks *suspicious* as his behavior is unusual.(客观意义)
那个人看起来**很可疑**，因为他行为怪异。

[14] The neighbors are *suspicious* of the man as his behavior is unusual.(主观意义)
邻居们都**怀疑**那个人，因为他行为怪异。

[15] The children are so *fearful*$_1$ that they screamed when the *fearful*$_2$ monster appeared on the screen.(主观意义$_1$，客观意义$_2$)
看到**可怕的**$_2$怪物出现在屏幕上，孩子们**害怕**$_1$得惊叫起来。

4. 通感

通感与人的感官“听、嗅、看、触、尝”等紧密相关，当表示一种感官的词语用来描述另一个感官，达到感觉的沟通，这种修辞就是通感。词义变化中举了两个例子，即 loud colors(响亮的色彩)和 sweet music(甜蜜的音乐)，前者是听觉转视觉，后者是味觉转听觉。更多的例子如下：

sweet sorrow 甜蜜的悲伤(味觉转内觉)
heavy perfume 浓厚的香水味(触觉转嗅觉)

sour look 酸溜溜的样子（味觉转视觉）

noisy colors 闹腾的色彩（听觉转视觉）

icy voice 冰冷的声音（触觉转听觉）

happy tears 幸福的眼泪（内觉转视觉）

5. 委婉

委婉表达是用美好悦耳的词语表达难以启齿的事物，即用指称 A 事物的词转指称 B 事物，导致词义转移。例如，人类的老、病、死、拉、撒、性等往往不便直陈，甚至是禁忌（taboo），人们多采用委婉方式表达（注：括号内是字面意义）。例如：

厕所：restroom（休息室）、bathroom（浴室）、lounge（休息室）、WC（水箱，是 water closet 的缩写）、comfort room（安逸室）、powder room（化妆室）等；

死：eternal sleep（长眠）、go west（西去）、pass away（走了）、join the majority（加入大多数）、be with god（与上帝在一起）等；

病：heart condition（心脏状况）、sidney condition（肾状况）、social disease（社会病 = venereal disease 性病）、the old man's friend（老人的朋友 = pneumonia 肺病）等；

性交：make love（做爱）、intercourse（交流）、sleep together（一起睡觉）等；

老人：senior citizen（资深公民）、elders（年长者）等；

穷人：the disadvantaged（去优势的人）、the underprivileged（无优待者）、the low income group（低收入人群）等；

下等职业：extermination engineer（灭害工程师 = rat-catcher 捕鼠人）、landscape architect（园林建筑师 = gardener 园丁）、funeral director（殡仪师 = undertaker 送葬人）、custodian（管理员 = janitor 守门人）、beautician（美容师 = hair-dresser = barber 理发员）、sanitation engineer（环卫工程师 = garbage collector 垃圾工）等。

委婉表达遍及社会的方方面面，如 slum（贫民窟）称作 culturally deprived environment（文化匮乏环境）、firing staff（解雇员工）称作

declaring staff redundant（宣布剩余员工）、second-hand shop（旧物店）称作 budget shop（预算店）或 economy shop（经济店）、fat people（肥胖人）称 weight watcher（体重关注者）等，比比皆是，不胜枚举。委婉语的字面意义和真正含义大相径庭，可谓是张冠李戴，指鹿言马，导致词义转移。

参考文献

陆国强. 1999. 现代英语词汇学. 上海：上海外语教育出版社.

汪榕培，卢晓娟. 1997. 英语词汇学教程. 上海：上海外语教育出版社.

张维友. 2015. 英语词汇学教程. 武汉：华中师范大学出版社.

张韵斐，周锡卿. 1986. 现代英语词汇学概论. 北京：北京师范大学出版社.

Fromkin, V. & Rodman, R. 1983. *An Introduction to Language* (3rd ed.). New York: Holt, Rinehart & Winston.

Trask, R. L. 2000. *Historical Linguistics*. Beijing: Foreign Language Teaching and Research Press.

搭配 COLLOCATION

词语搭配是词汇（vocabulary）使用的普遍现象。词汇的使用有两条重要规则，即纵聚合关系（paradigmatic relation）和横组合关系（syntagmatic relation）。搭配是指词语的横组合关系。横组合关系就是连词（word）成短语或连词成句。许多短语句法上看似没有问题，但不能一起搭配使用，如 **crowded* traffic（拥挤的交通）、**cheap* price（便宜的价格）、**create* a fortune（赚大钱）、**make* a favor（帮忙）等，应该分别改成 *heavy* traffic、*low* price、*make* a fortune、*do* a favor。可见搭配与语法（grammar）和语义（sense）都有紧密关系，语言使用的正误和得体往往与搭配正确与否密不可分。

☙ 定义

何为搭配？语言结构是围绕纵聚合轴（paradigmatic axis）和横组合轴（syntagmatic axis）组织起来的（Leech，1981：10–11），搭配是词基于横组合轴的组合关系。搭配是语言中单个词项（lexical item）的习惯共现（habitual co-occurence）（Crystal，1985：55），是两个词的常规共现（regular co-occurence），是围绕动词、形容词或名词与特定介词的联想，如 rely on（依靠）、afraid of（害怕）、fondness for（喜爱……）（Jackson，2007：63）。根据 Halliday（1976）的观点，搭配是一种线性共现（linear co-occurence），具有一定程度的邻近性（contiguity），是词语之间的相互期盼（mutual expectancy）。譬如，提到 steal（偷），人们立即会联想到 thief（窃贼），反过来亦然；提及 auspicious（吉利的）则会联想到 occasion（场合）、event（事件）、sign（征兆）等词。《牛津英汉双解大词典》（*The New Oxford English-Chinese Dictionary*，2007）将搭配定义为“某个词同其他某个词或多个词通常习惯并置”（habitual juxtaposition）或“一对词或一组词习惯并置”。根据这些定义，我们可以将搭配归纳为两种，即狭义搭配（narrow collocation）和广义搭配（broad collocation）。狭义搭配是指我们常说的固定短语（set phrase）、习惯用法（idiomatic usage）和习语（idiom），这些搭配的结构是稳固的，不能随意变动。广义搭配包括两个方面：一是根据语法规则或词语特征组合的词组，如 auspicious occasion/event/sign 等；二是在语篇中围绕一个中心概念而共现的各种词项（陆国强，1999：150），如围绕汽车的概念（concept），可能会出现 car（汽车）、tire（轮胎）、wheel（轮子）、steering wheel（方向盘）、klaxon（喇叭）、headlight（前照灯）、engine（发动机）、battery（电池）等。这些词在篇章中形成词汇链（lexical chain），尽管这种搭配是松散的，但也属于搭配范畴。本核心概念讨论的是狭义搭配和广义搭配的第一种现象。

☙ 搭配原则

搭配不是词语的胡乱组合，而是有规矩和原则的。概括起来有三条原则：

1. 语法原则

横组合必须遵循一定结构法则，就是语法规则（grammatical principle）。词语搭配基本上是围绕核心词语根据语法规则共现的。不同的词典对搭配有不同的分类，如戴炜栋（2003）把搭配分为六种类型：（1）动名型：solve a problem（解决问题）；（2）动副型：listen attentively（聚精会神地听）；（3）形名型：professional training（职业培训）；（4）名动型：paint chips（油漆碎片）；（5）副形型：highly satisfactory（非常满意）；（6）名介型：by means of（凭借）。尽管中心词都是实词（content/notional word），但是搭配是基于语法规则完成的。《牛津英语搭配词典》（*Oxford Collocations Dictionary*，2015）基于名词、动词、形容词为中心词将搭配分为三大类型：（1）名词类有 7 种类型，即形 + 名：harsh light（刺眼的光）；量 + 名：a ray of light（一道光线）；动 + 名：shed light（阐明）；名 + 动：light gleams（闪光）；名 + 名：a light source（光源）；介 + 名：by the light of the moon（在月光下）；名 + 介：the speed of light（光速）。（2）动词类有 3 种类型，即动 + 副：choose carefully（仔细挑选）；形 + 动：be free to choose（自由选择）；动 + 介：choose between two things（在两件事中做出选择）。（3）形容词类有 3 种类型，即形 + 介：safe from attack（不会受到攻击）；动 + 形：keep something safe（保护某物安全）；副 + 形：entirely safe（绝对安全）。

举例显示，无论中心词是名词、动词，还是形容词，搭配都是按语法规则进行的。

2. 语义原则

搭配尽管遵循语法规则，但同时要受制于语义原则（semantic principle）。就是说，搭配也受到语义韵（semantic prosody）的制约。如果一个搭配既符合语法规则又符合语义原则就是理想搭配。但是，倘若一个搭配符合语法规则，但语义上相互排斥就不是正确搭配。以动词 enjoy（享受）和 suffer（遭受）为例。与 enjoy 搭配的词一般是积极意义（positive meaning）的词，而与 suffer 搭配的词往往是消极意义（negative meaning）的词，如 enjoy prosperity（繁荣）/salary rise（涨工资）/advantages（优势）/support（支持）等是正确的，但不能说 enjoy torture（折磨）/shock（震惊）/discrimination（歧视）等；相反 suffer 后接 torture/shock/discrimination 这些消极意义的词是正确搭配，但是不能接 prosperity/salary rise/advantages/support 这样积极意义的名词。然而，习语和习惯用法很多违反语法规则和逻辑原则，因已约定俗成（convention），不能随意变动其成分。如 how do you do（你好）、rain cats and dogs（下倾盆大雨）、go great guns（全力以赴）、diamond cut diamond（棋逢对手）、wear ones heart upon one's sleeves（情感外露）等就是如此，要么不符合语法，要么违反逻辑，却是英语的习惯表达（idiomatic expression）。

3. 语用原则

搭配还要受制于语用原则（pragmatic principle）。不同的情景和场合有各自不同的表达法，已经约定俗成，被广为接受。以标识语为例，如 No Smoking（不准吸烟）、No Parking（不准停车）、No Bills（不准招贴）、Dead End（此路不同）、No Visitors（谢绝参观）、Wet Paint（油漆未干）、No Thoroughfare（此路不通）、Full House（满座）、Hands off（请勿动手）、Business Hours（营业时间）等，言简意赅，不宜变动。又如高速公路、机场、旅馆、影院等公共场所的独特用语，如 Toll gate（收费站）、Keep space（保持距离）、Road closed（封路）、Buckle up（系上安全带）、Security check（安全检查）、Check in/out（入住 / 退房）、Staff only（员工通道）、Way in（由此进）、Way out（由此出）等，都是固定的表达法（汪榕培、王之江，2008：225）。

☙ 搭配类型

词汇学（lexicology）讨论的是词汇搭配。根据不同的标准可以将搭配分为不同类型。根据搭配限制（collocational restriction）可以分为自由词组、限制性搭配和固定搭配（fixed collocation），根据中心词的词性（part of speech）可以分为名词搭配、动词搭配和形容词搭配，根据搭配的成分数量可以分为简单搭配和复合搭配。相比之下，搭配聚焦于中心词更好操作。中心词以实词为佳，即名词、动词、形容词。尽管副词也属实词，但副词附属于动词，所以没必要单列。

1. 以动词为中心的搭配

（1）动词 + 名词：make an impression（留印象）、set a record（创纪录）；

（2）动词 + 副词：appreciate sincerely（诚心感谢）、agree unanimously（一致同意）；

（3）动词 + 介词：cope with（对付）、focus on（集中）、hold to（坚守）；

（4）动词 + 副词 + 介词：put up with（容忍）、cash in on（利用）；

（5）动词 + 形容词：see red（突然发怒）、stand still（站着不动）、prove true（证实）；

（6）动词 + a + 名词：give a hand（帮助）、have a try（试一试）、make a guess（猜一猜）、take a shower（冲澡）、play a joke（讲笑话）。

英语中有些动词意义笼统，必须与其他词搭配才有具体意义（concrete meaning），诸如 have、do、make、take、get、give 等词就是如此，搭配能力非常强（蔡基刚，2008：202）。此类动词的常见搭配范式是“动词 + a + 名词”，表示一次性动作或短暂的动作，如第（6）类。动词是比较复杂的词类，有及物动词和不及物动词，有单宾动词和双宾动词，有系动词（copula）等，及物动词后直接加宾语，如第（1）类，而不及物动词必须与介词连用才能带宾语，如第（3）类。及物动词后还可以跟不定式、动名词、that 小句等，因为已超出词汇搭配范围，不在考虑之列。第（2）类“动词 + 副词”的举例中副词都紧跟动词，然而“副词 + 动词”，如 absolutely agree（绝对同义）也属此类，因为突出动词中心，故没有单列。第（5）类中的动词起着系动词的作用，所以后接成分都是形容词。

2. 以名词为中心的搭配

（1）动词 + 名词：attain/earn/gain/reach/win/achieve success（取得成功）、approach/solve/handle/unravel/undo/work out a problem（解决问题）；

（2）形容词 + 名词：alternative（另一）/wise（明智）/concrete（具体）/daring（大胆）/detailed（详细）/effective（有效）/feasible（可行）/practical（切实）/provincial（临时）plan（计划，方案）；

（3）名词 + 名词：air pollution（空气污染）、business trust（商业信托）、income tax（所得税）、marriage law（婚姻法）；

（4）介词 + 名词：by the way（顺便）、in the way（阻挡）、on the way（在途中）、out of the way（偏离路线）。

第（1）类以名词为中心的动词词组在表示同样意义时，中心词名词可以不变，动词可用同义词（synonym）替换。第（2）类“形容词 + 名词”范式中，名词不变而用于搭配的形容词可替换以表示不同的意义。第（3）类“名词 + 名词”的搭配主要限于专业术语（technical term）。第（4）类“介词 + 名词”范式中，根据不同的名词，其搭配的介词也有所差异。即使是同样的名词，搭配不同的介词所表示的意义也完全不同。第（4）类还包括“名词 + 介词”范式，如 affection for（对……感情）、impression of（对……印象）、concern about/for/over（对……关心）、sympathy for（对……同情）、contribution to/towards（对……贡献）等，有的名词后只能接一个介词，有的后可接不同介词，意义不变。

英语中表示数量可以用不定冠词或数词，在表示“群”概念时，根据不同的对象要选用不同的量词（classifier），如 a crowd/group of people（一群人）、a throng of pedestrians（一群行路人）、a flock of sheep（一群羊）、a troop of children（一群孩子）、a herd of cattle（一群牛）、a pride of lions（一群狮子）、a school of whales（一群鲸鱼）、a cast of hawks（一群鹰）、a swarm of bees（一群蜜蜂）、a cloud of birds（一大群鸟）、a team of ducks（一群鸭）、a pack of wolves（一群狼）等，与汉语习惯迥异。

3. 以形容词为中心的搭配

1）形容词 + 名词

strong feeling/tea/stick/muscles/candidate/price/personality/will/mind 对应的汉语意思分别是：强烈的感情、浓茶、结实的拐杖、强健的肌肉、强劲的候选人、坚挺的价格、很强的个性、坚强的意志、健全的大脑。

light reading/work/manner/shoes/tap/shower/mist/supper/sleeper/wine/heart 对应的汉语意思分别是：易懂的读物、轻松的工作、轻浮的举止、轻便的鞋、轻拍、小阵雨、薄雾、小吃的晚餐、不能沉睡的人、淡酒、轻松的心情。

例词显示，同一个形容词可以与不同的名词搭配表示不同的意义。

2）形容词 + 介词

（1）普通形容词：free of/from（免于……）、free with（随意）、angry about（因……生气）、angry with（与……生气）、famous for（因……闻名）、famous among（在……中有名）、famous at（是……高手）、different from/to/than（与……不同）。

形容词与介词搭配有的比较严格，如 free，不能与其他介词搭配；有的根据要表达的意义可以比较自由地选择，如 famous；还有的词，如 different，可与不同的介词搭配表达同样的意思，但接受度和使用频率不一样，如 different from 在英美语中通用，使用最为广泛，different than 只用于美语，different to 不常使用。很多形容词只能与一个介词搭配，如 afraid（害怕）、born（出生）、aware（留意）、capable（能够）、conscious（有意识）、characteristic（特点）、sure（确信）、suspicious（怀疑）等只能与介词 of 搭配使用。

（2）分词形容词：used/accustomed to（习惯于）、ascribed/attributed/to（归结于）、dedicated to（献身于）、appointed to（任命为）、surprised/

appalled/startled at（为……吃惊）、interested in（对……感兴趣）、absorbed in（专注于）、ashamed of（以……为耻）。

分词形容词要与 be/get/become 等系动词连用，如 *be/get/become* used/accustomed to（习惯于 / 变得习惯于）等。

英语中的介词搭配力非常强，同样的介词可以分别与名词、动词、形容词搭配。因为本分类原则是按实词为中心词处理的，所以没有单列介词。其实，动词搭配、名词搭配和形容词搭配三部分都涉及介词。尤其要指出的是，不及物动词和形容词与介词的搭配非常重要，最容易出错，学习中要特别注意。

参考文献

蔡基刚. 2008. 英汉词汇对比研究. 上海：复旦大学出版社.

戴炜栋. 2003. 新世纪英汉多功能词典. 上海：上海外语教育出版社.

陆国强. 1998. 现代英语词汇学. 上海：上海外语教育出版社.

牛津英语搭配词典. 2015. 北京：外语教学与研究出版社.

汪榕培，王之江. 2008. 英语词汇学. 上海：上海外语教育出版社.

新牛津英语双解大词典. 2007. 上海：上海外语教育出版社.

Crystal, D. 1985. *A Dictionary of Linguistics and Phonetics*. Oxford: Basil Blackwell in Association with André Deutsch.

Halliday, M. A. K. 1976. *Lexical Relations: System and Function in Language*. Oxford: Oxford University Press.

Jackson, H. 2007. 语言学核心术语. 北京：外语教学与研究出版社.

Jackson, H. 2016. *Key Terms in Linguistics*. Beijing: Foreign Language Teaching and Research Press.

Leech, G. 1981. *Semantics*. London: Penguin Books.

多义关系 POLYSEMY

一词多义研究在语言哲学（linguistic philosophy）、语言学（linguistics）、心理学（psychology）以及文学中都有悠久的历史。最早注意到意义和词语之间复杂关系的应是斯多葛学派（the Stoics）（Robinson，1967）。他们观察到一个概念（concept）可以用几个不同的词（word）来表达，也就是同义词（synonym）。反过来，一个词也能表达多个不同的意思，也就是多义词（polysemic word / polysemant）。多义关系或一词多义在任何语言中都是普遍的现象。除术语以外，大部分英语单词都是多义的。根据 Byrd et al.（1987）的统计，《韦伯新大学英语词典》（第七版）（*Webster's Seventh New Collegiate Dictionary*，2010）共计大概六万条目中，约有 40% 的词条具有两个或两个以上的义项。一个词的使用频率越高，那么该词为多义的可能性则越大，其义项也越多。在词汇学（lexicology）研究中，多义关系是一个非常重要的概念。

定义

何为多义或一词多义呢？Bussmann（1996）认为一词多义指的是一个词已获得两个或两个以上由一个基本意义派生出来的义项。根据 Crystal（1995）的观点，一词多义是指具有一系列不同含义的词项（lexical item）。Richards et al.（2000）认为如果一个词具有两个或两个以上紧密相关的意义，那么这个词就是多义词。概言之，多义词指的是具有几个甚至多个相互关联含义的词位（lexeme）。我们可以从共时和历时的角度来理解多义概念。从共时的角度（synchronic approach）看，多义词必须具有两个或两个以上的义项；从历时的角度（diachronic approach）观察，多义词各义项之间必须具有某种历史渊源。Ravin & Leacock（2000）认为多义词的不同义项是相关联的，它们相互派生，是有规律可循的。

☙ 多义词的形成过程

在词义（word meaning）的演变过程中，原来的词义被新的词义取代，旧词义可能消失，也可能继续保留而形成一词多义。历时来看，一词多义体现了词汇意义（lexical meaning）的增加、发展或变化。多义词的形成过程就是词语从单义到多义的变化过程。词义变化过程有两种，即辐射型（radiation）和连锁型（concatenation）（汪榕培，2002；张维友，2010；张韵斐、周锡卿，2004）。辐射型指的是一个词最初的义项是原始意义（primary meaning）或中心意义，后来发展的义项都直接派生于原始意义，它们的发展过程就像射线一样从中心意义向四周辐射、延展。我们试以英语单词 neck 为例，该词有以下义项（见表 1）：

表 1　neck 义项分析

1	part of man or animal joining the head to the body	脖子
2	part of the garment	领
3	the neck of animal used as food, e.g. the neck of lamb	颈肉
4	a narrow part between the head and body or base of any object	［物体头体相接的］狭窄部分
5	the narrowest part of anything: bottle, land, strait or channel	［瓶、陆地、海峡、海底隧道等］最狭窄部

第 1 义是 neck 的原始意义，第 2、3、4、5 义都是由第 1 义衍生出来的。虽然各义项的所指对象不相同，但都与第 1 个义项直接相关。这样的多义形成过程就是辐射型。

连锁型发展则指的是一个词的原义派生出新义，新义又派生出其他新义。不同于辐射型的是，连锁型发展是单线连锁派生，即一生二、二生三、三生四等，后派生的意义与前一个意义直接相关，但是最后生成的意义与原始意义看不出有任何关系。假如一个词的意义派生四次，第四义仅与第三义相关，而与第二、第一义无直接关系。这种发展模式称之为连锁型模式。譬如 treacle 一词，初始意义是“野兽”，从该义衍生出“毒兽咬伤药”，接下来衍生出“疗毒药”，再后来衍生出“有效药”，最后生成“糖蜜”，而其他意义都已消失。“糖蜜”与“野兽”可谓天壤之别，看不出有丝毫的联系，却是一步步衍生出来的。

辐射型和连锁型两种模式是多义词产生的普遍模式。一个多义词的形成往往涉及两种模式，它们相辅相成，共同为词义拓展发挥作用。

☙ 多义词的义项关系

多义词的形成可以说是人们认知的结果和产物，具体的认知机制可以是隐喻（metaphor）、转喻（metonymy）或提喻（synecdoche）等。通过对多义词各义项的观察和分析，可以找到词义间的某些联系。汪榕培、王之江（2008）提出了以下几种主要的词义联系，即原始意义与引申意义（extended meaning）、普遍意义与特殊意义、抽象意义（abstract meaning）与具体意义（concrete meaning），以及字面意义（literal meaning）与比喻意义（figurative meaning）等。

1. 原始意义与引申意义

一个词语的原始意义就是该词最先产生的意义，其他都是引申意义。在语言使用及变化过程中，词的原始意义有时会完全消失。比如，alcohol 的原始意义是古代中东妇女用来画眼影的锑粉。阿拉伯妇女喜欢用锑粉画出浓重的眼影，这种用来画眼影的锑粉在阿拉伯语中叫作 al kuhul，英语单词 alcohol 就源自 al kuhul，原本表示“粉末状的化妆品”。随着语言的变化，该词的词义在 17 世纪扩大为“物品的精华”“精炼提纯结果”。到 18 世纪，人们用 alcohol of wine（酒的精华）来表示酒精，后来直接用 alcohol 一词来表示酒精。又如在“I'm a child of these matters.”（我对这些事情没有经验。）这句话中，child 被引申为“对某种事情没有经验”的意思。再看英语 exchange，该词源自古法语 eschangier，意为“交换”“以物易物”。试看以下例句：

[1] A prisoner *exchange* is a deal between opposing sides in a conflict to release prisoners.

俘虏**交换**是冲突之中敌对双方为释放俘虏而达成的协议。

[2] They *exchange* traveller's cheques at a different rate from notes.

他们**兑换**旅行支票时使用的汇率与兑换现钞时不同。

[3] I will go on an *exchange* visit to Vancouver.

我将赴温哥华**交流**参观。

[4] This could intensify the risk of a nuclear *exchange*.

这有可能会加剧爆发核**战争**的危险。

以上四句话中，除句 [1] 使用了 exchange 的原始意义“交换”之外，其他例句都采用了 exchange 的引申意义。句 [2] 中 exchange 意为“兑换”“汇兑”，句 [3] 中 exchange 意为“交流”，句 [4] 中 exchange 则指的是“交火”。

2. 普通意义与特殊意义

在长期的历史演变过程中，词义范围可能扩大或缩小，有些词语既可泛指某一类事物，又可具体指这类事物中的一种。比如，globe 的意思是“圆形物体”，可以指各类球体，但 globe 也可以特指“地球”。又如 fire 泛指各类火，但在“There is a *fire* in the grate.”（壁炉里有火。）中，fire 具体指的是壁炉里的“炉火”。再如，cap 既可以泛指各种事物的盖或各种帽子，又可以具体地指钢笔、瓶子等的盖、帽，如 a lens cap 就是“镜头盖”。

3. 抽象意义与具体意义

多义词的抽象意义和具体意义也是词义范围扩大或缩小的结果。例如：

[5] She buried her *face* in hands.

她双手掩**面**。

[6] The changing *face* of the continent of Europe.

欧洲大陆不断变换的**面貌**。

句 [5] 使用的是 face 的具体意义“脸”“面”，句 [6] 用的则是 face 的抽象意义，既“特征”“方面”。当然，英语里还有很多词语都具有抽象意义与具体意义（见表 2）。

表 2　抽象意义与具体意义

例词	抽象意义	具体意义
government	治理国家 e.g. the art of government（治国之术）	政府 e.g. the local government（当地政府）
grasp	理解、掌握 e.g. grasp the meaning of the essay（理解文章的意义）	抓住、握住 e.g. grasp the pen and begin writing（握笔开始写字）
green	赞成环境保护的 e.g. green politics（主张环境保护的政见）	绿色的 e.g. the green apple（青苹果）
low	低落的 e.g. a low frame of mind（心情低落）	低矮的 e.g. a low wall（一面低矮的墙）
room	空间 e.g. Who can make some room for this old lady?（谁能为这位老太太挪点位置？）	房间 e.g. an empty room（空房）
wing	派别 e.g. the radical wing of this party（这个政党的激进派）	翅膀 e.g. The bird flapped its wings.（鸟儿拍打翅膀。）

4. 字面意义与比喻意义

英语中有大量含有比喻意义的词汇（vocabulary）。词汇的比喻意义基于字面意义设喻而来，包括隐喻、转喻、提喻等，如 mouse（老鼠→鼠标）、chair（椅子→主席）、hawk（鹰→鹰派）、dove（鸽子→鸽派）。再如 reflect 在 "The windows *reflected* the bright morning sunlight."（窗户反射着早上明媚的阳光。）和 "Your newspaper should *reflect* the views of the local community."（你们的报纸应该表达当地人民的心声。）两句中就分别使用了字面意义"反射"和比喻意义"反映"。又如：

[7] Some books are to be *tasted*, other *swallowed*, and some few to be *chewed* and *digested*.

有些书需要**品尝**，有些书需要**吞咽**，有些书则需要**咀嚼**和**消化**。

[8] The *room* sat silent.

房间里**静悄悄的**。

[9] He recruited about 50 *hands* to work in his new factory.

他招募了大约 50 名**工人**到他的新工厂工作。

句 [7] 采用的是 taste、swallow、chew、digest 的隐喻意义。句 [8] 采用的是 room 的转喻意义，由房间转喻房间里的人。句 [9] 是 hand 的提喻用法，以部分代替整体，用手来喻人。

参考文献

汪榕培. 2002. 英语词汇学高级教程. 上海：上海外语教育出版社.

汪榕培、王之江. 2008. 英语词汇学. 上海：上海外语教育出版社.

韦氏新大学英语词典. 2010. 北京：中国大百科全书出版社.

张维友. 2010. 英汉语词汇对比研究. 上海：上海外语教育出版社.

张维友. 2015. 英语词汇学教程. 武汉：华中师范大学出版社.

张韵斐，周锡卿. 2004. 现代英语词汇学概论. 北京：北京师范大学出版社.

Bussmann, H. 1996. *Routledge Dictionary of Language and Linguistics*. London: Routledge.

Byrd, R., Calzolari, N., Chodow, M., Neff, M. & Rizk, O. 1987. Tools and methods for computational lexicology. *Computational Linguistics*, *13*: 219–240.

Crystal, D. 1995. *The Cambridge Encyclopedia of the English Language*. Cambridge: Cambridge University Press.

Merriam. 1963. *Webster's Seventh New Collegiate Dictionary*. Springfield: G. & C. Merriam Co.

Ravin, Y. & Leacock, C. 2000. *Polysemy: Theoretical and Computational Approaches*. Oxford: Oxford University Press.

Richards, J. C., Platt, J. & Platt, H. 2000. *Longman Dictionary of Language Teaching and Applied Linguistics*. Beijing: Foreign Language Teaching and Research Press.

Robinson, R. H. 1967. *A Short History of Linguistics*. Bloomington: Indiana University Press.

反义关系 ANTONYMY

反义关系是语言中的一种普遍现象，也是一种典型的词汇（vocabulary）语义关系（sense relation）。反义关系指的就是词汇之间相互对立的关系，构成这种对立关系的一组词（word）就是反义词（antonym）。简单来说，反义词就是与另一个意义相对立的词。

定义

英语中 antonym 一词源自希腊语 antonumia，意思是对立名称（counter name）。反义关系这个术语最早由 C. J. Smith 在其著作《同义词与反义词》（*Synonyms and Antonyms*，1867）中提出，用来表达与同义词（synonym）相对立的概念（concept），描述词义（word meaning）之间的对立现象。前人对于反义词定义往往聚焦于意义相互对立（opposite）的词（Leech，1981；Lyons，1968，1977；Palmer，1981；Pyles & Algeo，1970；Watson，1976）。综合来讲，反义词就是意义相互对立的一对词或一组词，反义关系就是它们之间相互对立的语义关系。

反义词的分类

学界对于反义词的分类大致相同，但仍存在分歧。有些学者将反义词分为三类，即互补反义词（complementary）、等级反义词（gradable antonym/opposite）和关系反义词（relational antonym/opposite）或逆反反义词（converse）（Cruse，1986；Lyons，1968，1977；Palmer，1981；胡壮麟，2003；束定芳，2005；张维友，2010）。另外一些学者认为除上述三类反义词外，还应包括多项不相容反义词，因此他们将反义词分为四类（Hurford & Heasley，1989；Leech，1981；Saeed，2000；汪榕培、王之江，2008；王文斌，2004）。此外，学者们使用的术语也各不相同，比如 Lyons（1968）、Palmer（1981）和 Cruse（1986）认为 antonymy 仅指等级反义词；其他学者则将 antonymy 作为上义词（superordinate/hypernym），统辖反义词的各种不同类型。学者们对于关系对立的词是否要进一步分类、采用何种名称见解各异。关于层级结构中的下位词是否构成反义关系也存在争议，赞同此种划分的学者将不相容关系（incompatibility）纳入反义关系之列。结合前人的分类研究，为了便于理解，我们将反义词分为三类，即互补反义词、等级反义词和关系反义词。下面对这三种类型的反义词一一举例说明。

1. 互补反义词

这类反义词也被称为绝对反义词（absolute antonym）、矛盾词（contradictory term）或二分反义词（binary antonym）等，指的是意义完全相反、互相排斥的一对词语，它们彼此独立存在，否定其中一个即肯定另一个。例如，true（对的）—false（错的）、dead（死的）—alive（活的）、male（男性的，公的）—female（女性的，母的）、on（开）—off（关）及 yes（是）—no（否）等。这类反义词的一种常见构词形式是使用表示否定意义的前缀（prefix）dis-、il-、im-、in-、ir-、un 等，如 agree（同意）—disagree（不同意）、appear（出现）—disappear（消失）、honest（诚实的）— dishonest（不诚实的）、legal（合法的）— illegal（非法的）、movable（可移动的）— immovable（不可移动的）、correct（正确的）—incorrect（错误的）、regular（规则的）—irregular（不规则的）、happy（开心的）—unhappy（不开心的）等。当然，并非所有通过否定前缀（negative prefix）构成的反义词都是互补反义词。

2. 等级反义词

等级反义词也称为极性反义词（polar antonym），指的是两个对立词之间有变化的词，其中的变化可按照程度等级进行划分，两个对立的词项（lexical item）之间存在中间地带（Cruse，2001；Leech，1987）。比如 happy（高兴）—sad（悲伤），高兴的程度从低到高可以是 happy、pleased、joyful、ecstatic，而悲伤难过的程度从低到高则是 sad、gloomy、dejected、miserable。诸如此类的还有 big（大）—small（小）、smart（聪明）—stupid（愚笨）、healthy（健康）—sick（生病）等。不同语义程度的词各有不同的反义词。例如，hot/warm 表示“热”，cold/cool 表示“冷”，但冷热程度不同。hot（热）—cold（冷）、warm（温）—cool（凉）这两对反义词的位置是不能变换的。另外还有表示穷富的反义词，如 poor（穷）—rich（富）、destitute（穷困）—opulent（富裕）等，位置也是不能变换的。

3. 关系反义词

关系反义词表示两个实体之间的关系是相反的。这类反义词还可进一步分为空间关系（spacial relation），如 above（上）—below（下）、in front of（前）—behind（后）、right（右）—left（左）等；方向关系（directional relation），如 up（上）—down（下）、backward（后退）—forward（前进）等；时间关系（temporal relation），如 before（前）—after（后）、past（过去）—future（将来）等；亲属关系（kinship relation），如 parent（父母）—child（孩子）、husband（丈夫）—wife（妻子）等；社会关系（social relation），如 predecessor（前任）—successor（后任）、employer（雇主）—employee（雇员）等；逆动关系（reversive relation），如 rise（升）—fall（降）、sell（卖）—buy（买）、give（给）—receive（收）、borrow（借入）—lend（借出）等。

ⅽ⅓ 反义词的特点

英语反义词的第一个主要特点就是其标记性（markedness）。标记性是一种语言学理论，即一种语言中基本的、常规的部分是无标记的（unmarked），而特殊的、反常的则是有标记的（marked）。一对反义词中，一个词往往是无标记的，而另一个词则是有标记的，标记的形式常以某些前缀或后缀（suffix）来表示。比如在like—dislike、certain—uncertain、lion—lioness 三对反义词中，like（喜欢）、certain（确定的）、lion（狮子）是无标记的，dislike（讨厌）、uncertain（不确定的）、lioness（母狮）则是有标记的，它们是由前述无标记词通过屈折变化衍生来的。有些反义词有形式标记，如 hopeful（有希望的）—hopeless（无希望的）的标记形式是后缀；有些反义词无形式标记，如 wide（宽）—narrow（窄）、deep（深）—shallow（浅）、long（长）—short（短）等，但是每对词的后一个词仍然看作有标记项（marked term）。无标记项（unmarked term）一般具有中性意义。比如，long 和 short 这对反义词，long 是无标记词，因为除了"长的"意思之外，它还可以用于表示各种"长度"。因此，在"How long is the rope?"中，rope（绳子）既可以长也可以短，但如果在"How short is the rope?"中，则表示这条绳子就是短的，问的是短的程度。无标记词往往能通过曲折变化形成相应的名词，如 long—length（长度）、wide—width（宽度）、deep—depth（深度）等。

反义词的第二个特点是词汇之间并非简单的一对一对应关系。首先，许多多义词（polysemic word / polysemant）往往可以与不同的词构成反义关系。《韦伯大学英语词典》（第 11 版）（*Merriam-Webster's Collegiate Dictionary*，2014）收录的 cold 有五个义项。当 cold 表示"冷"的意思时，它的反义词是 hot（热的）、burning（发热的）、boiling（沸腾的）、ardent（燃烧般的）等；表示"冷淡"的意思时，反义词是 cordial（热情友好的）、friendly（友好的）、genial（亲切的）、warm-hearted（热心肠的）等；表示"冷漠"的意思时，反义词是 cordial（热情友好的）、friendly（友好的）、social（社交的）、sociable（合群的、友善的）等；表示"失去知觉"的意思时，反义词是 conscious（有意识的、神志清醒的）；表示"扫兴"的意思时，反义词是 bright（欢快的）、cheerful（高兴的）、cheering（令人高兴的）、sunshiny（使人愉悦的）等；表示"死亡"的意思时，反义词是 alive（活着的）、breathing（呼吸的）、animate（有生命的）、living（活着的）等。其次，同一个词也可以有不同类别的反义词，如 popular（受欢迎的）有两个等级反义词，即 unpopular（不受欢迎的）和 nonpopular（并非受欢迎的）; confident（自信的）有 diffident（缺乏自信的）和 self-doubting（自我怀疑的）两个不同的反义词。最后，同一个词与不同的词语搭配也会产生不同的反义词。

☙ 反义词的应用

反义词的语义（sense）丰富，用反义词并举能形成鲜明的语言效果，如 day and night（日日夜夜）、fire and water（水火不容）、first and last（总的来说）、in and out（进进出出）、now yes, now no（出尔反尔）、rain or shine（无论晴雨）、play fast and loose（反复无常）、up and down（上上下下）等。

反义连用是人们喜闻乐见的一种修辞手法，受到许多文学家们的喜爱。下例选自 Charles Dickens 的《双城记》(*A Tale of Two Cities*，1859)：

> It was the *best* of times, it was the *worst* of times, it was the age of *wisdom*, it was the age of *foolishness*, it was the epoch of *belief*, it was the epoch of *incredulity*, it was the season of *Light*, it was the season of *Darkness*, it was the *spring of hope*, it was the *winter of despair*...
>
> 那是**最美好的**时代，那是**最糟糕的**时代；那是个**睿智**的年月，那是个**蒙昧**的年月；那是**信心**百倍的时期，那是**疑虑**重重的时期；那是**阳光**普照的季节，那是**黑暗**笼罩的季节；那是充满**希望的春天**，那是让人**绝望的冬天**……

此例中，Dickens 连用了六对反义词，除了 spring—winter 是不兼容反义词外，其他五对 best—worst、wisdom—foolishness、belief—incredulity、light—darkness、hope—despair 都是等级反义词，产生了非常强烈的修辞效果。

此外，英语中还有另一种反义词灵活运用的现象，即矛盾修饰（oxymoron），即将两个互相矛盾、不可调和的词放在一个短语中，看似不合逻辑，实际上能产生特殊、深刻的含义。例如，a clever fool（聪明的傻瓜）、a victorious defeat（胜利的失败）、expressionless expression（面无表情的表情）、painful pleasure（悲喜交加）、sick health（憔悴的健康）。矛盾修饰言简意赅，可以表达含蓄深刻的哲理。譬如 Shakespeare 的名言："Better a witty fool than a foolish wit."（与其做愚蠢的智人，不如做聪明的愚人。）。文学作品中此种用例很多，如 Theodore Dreiser 的《嘉丽妹妹》（*Sister Carrie*，1900）中就有这样例子："There was an *audible stillness*, in which the common voice sounded strange."（这是一片听得见的寂静，连人声听起来都是异样的。），Dreiser 用 audible（可以听到的）来修饰 stillness（寂静），独具匠心，从反面烘托了环境，令人阅之难忘。

参考文献

胡壮麟. 2003. 语言学教程. 北京：北京大学出版社.

束定芳. 2005. 现代语义学. 上海：上海外语教育出版社.

王文斌. 2004. 英语词汇语义学. 杭州：浙江教育出版社.

汪榕培，王之江. 2008. 英语词汇学. 上海：上海外语教育出版社.

韦伯大学英语词典（第 11 版）. 2014. 北京：中国大百科全书出版社.

张维友. 2010. 英汉语词汇对比研究. 上海：上海外语教育出版社.

Cruse, D. A.1986. *Lexical Semantics*. Cambridge: Cambridge University Press.

Cruse, D. A. 2001. *Lexical Semantics*. Cambridge: Cambridge University Press.

Hurford, J. R. & Heasley, B. 1989. *Semantics: A Course Book*. Cambridge: Cambridge University Press.

Leech, G. N. 1975. *Semantics*. London: Penguin Books.

Leech, G. N. 1981. *Semantics* (2nd ed.). Harmondsworth: Penguin Books.

Leech, G. N. 1987. *Meaning and the English Verb* (2nd ed.). London: Longman.

Lyons, J. 1968. *Introduction to Theoretical Linguistics*. London & New York: Cambridge University Press.

Lyons, J. 1977. *Semantics* (Vol. 1). Cambridge: Cambridge University Press.

Palmer, F. R. 1981. *Semantics*. Cambridge: Cambridge University Press.

Pyles, T. & Algeo, J. 1970. *English: An Introduction to Language*. New York: Harcourt, Brace & World.

Saeed, J. I. 2000. *Semantics*. Beijing: Foreign Language Teaching and Research Press.

Watson, O. 1976. *Longman Modern English Dictionary*. London: Longman.

Yule, G. 2000. *The Study of Language* (2nd ed.). Beijing: Foreign Language Teaching and Research Press.

复合法 COMPOUNDING/COMPOSITION

复合法是现当代英语（contemporary English）词汇（vocabulary）发展的最重要手段之一。英语传统的三大构词方式是缀合法（affixation）、复合法和转类法（conversion）。根据 Pyles & Algeo（1982）的观点，运用缀合法构成的词（word）占新词总数的 30%—40%，而复合法构成的词占 28%—30%，排名第二。但是，Algeo & Algeo（1991）对 1941—1991 年间出现的新词进行统计发现，缀合构词只占 28%，而复合构成的新词达到 40%，上升为第一位。由此可见，复合构词能力正在不断上升，成为英语最重要的构词方式。

定义

复合词（compound）有不少定义，如“由两个或多个自由词素

（free morpheme）构成的词”（Crystal，1985：63）；“由两个分离的词构成的单词”（Yule，2000：65）；“由两个或两个以上的词合并，功能上起一个单词作用的词”（Richards et al.，2000：89）；“由一个以上的词基（base）构成，功能和意义上起着单词作用的词”（Quirk et al.，1985：1567）；“由两个或两个以上的更简单的词位（lexeme）派生的词”（Matthews，2000：82）等。尽管这些定义针对的都是复合词，但都说明了复合词的构成方式。不过，这些定义中对复合词的构成成分（constituent）说法不一，术语有别，如“自由词素”“词基”“词位”“词”等。自由词素就是单纯词（simplex word），词位是不带屈折变化的词，如名词的数、动词的时体态、形容词的级等，不过都有例外。构成复合词的成分不一定都是自由词素，如 sociolinguistic（社会语言学）、Franco-British（英法）这两个复合词，前一个成分就是非自由词素，当然也不可能是词位或词。反过来说，复合词是“由两个或两个以上的词合并的词”的说法也有瑕疵，因为 socio 和 Franco 不能算是独立的词，更不可能是词位。相比之下，用“词基”更为合适，因为词基既可以是自由的，也可以是非自由的；既可以是词，也可以是词素（morpheme）；既可以是单纯词，也可以是复杂词（complex word）。所以在构词方式中，我们普遍采用词基这一术语，即复合法是“由两个或两个以上的词基构词的方法”。

ଓ 复合词的鉴别

复合词是由两个或两个以上的词基合成的词。每个词至少由两个词基合成，书写却有三种形式，即连写（solid）、分写（open）和连字符连接（hyphenated），如 silkworm（蚕）、tear gas（催泪弹）、honey-bee（蜜蜂）等。连写的复合词和连字符连接的复合词一看就是词，如 stay-at-home（留守者）、forget-me-not（勿忘草）等。但是，像 tear gas、green room（演员休息室）、flower pot（花盆）等，究竟是词还是短语，很难确定。因为，它们的形式与自由词组，如 good friend（好朋友）和 brick house（砖房），形态一样。那么，如何才能分辨复合词和自由词组呢？有没有鉴别标准呢？下文将进行详细的讨论。

英语复合词的鉴别标准有三个：（1）重音标准。两个成分构成的复合词的重音一般在前一个成分，而自由词组的重音往往落在后一个成分，如 green hand 和 hot line，重音在前，即 '——，是词；重音在后一个词上，即—'—，则是词组。（2）意义标准。复合词的意义很多不是构成成分的字面意义（literal meaning）的简单相加，如 green hand 和 hot line 分别表示“新手”和“热线”（指“畅通无阻的专线”）。如果用作自由词组，其意义就是“绿色的手”和“炙热的线”。（3）功能标准。复合词功能上具有“单词性”（one-wordness）（Bolinger & Sears，1981：61），是一个最小的句法单位，内部不能随意更改，如 green hand 和 hot line 不能变成 greener hand 和 hottest line 形式。复合词同其他单纯词一样，可以在词尾添加屈折词缀（inflectional affix）表示语法意义（grammatical meaning）。以 badmouth 为例，作动词可在其后加屈折词缀 -ed 表示过去式，添加 -ing 变成现在分词，如“Mary badmouthed Jill.”（玛丽说了吉尔的坏话。）。当然，这三个标准都有例外，但适用于大多数复合词。

☙ 复合词内部形式分析

1. 复合名词

1）复合名词构词格式

复合名词有 20 种构成格式（见表 1）（张维友，2015：75–77；万惠洲，1989：127–166）。

表 1　复合名词构词格式

序号	格式	英语	意义
1	n. + n.	moon walk	月上行走
2	v. + v.*	hearsay	传闻
3	a. + a.*	newrich	新富
4	n. + v.	toothache	牙疼

（续表）

序号	格式	英语	意义
5	n. + a.*	secretary-general	秘书长
6	v. + n.	tell-tale	告密人
7	v. + a.*	makeready	准备就绪
8	a. + n.	deadline	截止时间
9	a. + v.*	whitewash	粉刷
10	n. + v.-ing	brainwashing	洗脑
11	v.-ing + n.	wading bird	涉水鸟
12	adv. + v.	outbreak	爆发
13	n. + v-er	crime reporter	犯罪报道记者
14	v. + adv.	have-not	穷人
15	v.-ing + adv.	going-over	彻底审查
16	adv. + v.-ing	upbringing	养育
17	pron. + n.*	he-goat	公山羊
18	modal + v.	mustsee	必看
19	v. er + adv.	looker-on	旁观者
20	n. + prep. + n.	father-in-law	岳父

（注：标记“*”格式构词力不强）

这些格式中第2、3、5、7、9、17式构词力不强，尤其是第3、7、9式，构成的词极少。从表1可以看出，格式的主流是“根词（root word）+ 根词”，其次是“根词 + 根词 + 派生词缀（derivational affix）”，再次是“根词 + 派生词缀 + 根词”等。当然，三素合成的词并非从左到右呈线性的，而是有层级的，即先派生后合并。以brainwashing（洗脑）和crime reporter（报道犯罪的记者）为例，它们的构词过程分别是[brain+[wash+ing]]和[crime+[report+er]]，每个词的构成主体都是词基。

2）复合名词的内部结构关系

复合词的构成成分都是词，既然是词，就有词性（part of speech），两个词都有句法关系。概括起来有四大关系：主谓关系、动宾关系、偏正关系、并列关系。

第一，主谓关系。复合名词涉及施事名词（agentive noun）和动词，按顺序应该是 n.+v. 格式，但是英语复合名词的内部结构实际有三种格式，分别是：n.+v.，如 sunrise（日出）、heartbeat（心跳）；v.+n.，如 glowworm（萤火虫）、watchdog（看门狗）；v.-ing+n.，如 working class（工人阶级）、washing machine（洗衣机）等。第三种格式中，working 和 washing 尽管有 -ing 词尾，但功能上起动词作用。

第二，动宾关系。构成复合名词的两个词是动宾关系的词有很多，构词格式有四种：v.+n.，如 pushbutton（按钮）、knitwear（针织品）；n.+v.，如 bookreview（书评）、handshake（握手）；n.+v.-ing，如 sightseeing（观光）、story-telling（讲故事）；v.-ing+n.，如 drinking-water（饮水）、chewing-gun（口香糖）等。这些词的内部关系只能通过意义才能判断。

第三，偏正关系。构成复合名词的两个词是偏正关系的词众多，构词格式有 18 种，分别是：v.+n.，如 springboard（跳板）、grindstone（磨石）；n.+v.，如 telephone call（电话）、gunfight（炮战）；v.-ing+n.，如 drinking cup（饮水杯）、living room（起居室）；n.+v.-ing，如 shadow-boxing（太极拳）、sleepwalking（梦游）；n.+n.，如 water snake（水蛇）、goldfish（金鱼）；a.+n.，如 madman（疯子）、highland（高原）；n.+a.，如 feesimple（土地绝对所有权）、shoeblack（擦鞋人）；a.+v.，如 highjump（跳高）、short fall（亏空）；v.+v.，如 make-believe（假装）、helpmeet（伴侣）；a.+a.，如 longgreen（钞票）；v.+a.，如 standstill（搁浅）、diehard（死硬派）等格式，都是前偏后正。此外，还有 adv.+v.，如 outbreak（爆发）；v.+adv.，如 have-not（穷人）；v.-ing+adv.，如 going-over（彻底审查）；adv.+v.-ing，如 upbringing（养育）；pron.+n.，如 he-goat（公山羊）；v.-er+adv.，如 looker-on（旁观者）；n.+prep.+n.，如 father-in-law（岳父）等格式，也属偏正结构，副词、代词、介词或介词短语为偏，动词、名词为正。

第四，并列关系。构成复合名词的两个词是并列关系的构词格式只有三种，即 n.+n.，如 girlfriend（女朋友）、killer shark（食肉鲨）；a.+a.，如 bittersweet（苦甜相间的东西）；v.+v.，如 hearsay（道听途说）、look-see（视察）。英语是重形态的语言，短语、小句用连字符连接可以变成词，即 v.+and+v.，如 give-and-take（公平交换）、hide-and-seek（躲迷藏）；n.+and+n.，如 pepper-and-salt（椒盐）；a.+and+a.，如 black-and-white（白纸黑字）等也属此类。不过因中间夹有 and 一词，属于例外。

2. 复合形容词

1）复合形容词构词格式

英语复合形容词的构成格式有 15 种，见表 2（张维友，2015：77–79）。

表 2　复合形容词构词格式

序号	格式	例词	意义
1	v. + n.	break-neck	危险
2	n. + a.	war-weary	厌战
3	a. + n.	barefoot	光脚的
4	a. + a.	deaf-mute	聋哑
5	num. + n.	ten-storey	十层的
6	n. + v.-ing	record-breaking	破纪录的
7	n. + n.-ed	lion-hearted	熊心豹子胆
8	a. + v.-ing	easy-going	平易近人
9	a. + v.-ed	fine-spun	细纺的
10	n. + v.-ed	custom-built	定制的
11	v.-ed + adv.	worn-out	磨损的
12	adv. + v.-ed	hard-won	来之不易的
13	adv. + v.-ing	forth-coming	即将到来的
14	a. + n.-ed	short-sighted	目光短浅
15	num. + n.-ed	four-legged	四条腿的

（注：v.+ed = 过去分词，包括不规则动词；n.+ned = 名词 + 名词 + ed）

格式 6—15 构词能力强。尽管这些词中有分词和动名词，是动词屈折变化形式，都属于动词的范畴，但是，真正用动词原形作为构词成分（formative）构成的形容词却罕见。

2）复合形容词的内部结构关系

复合形容词的主要句法结构为：动宾关系和偏正关系，属于主谓关系和并列关系的词不多。

第一，动宾关系。该类形容词有两种格式：v.+n.，如 cut-rate（减价的）、break-neck（危险的）；n.+v.-ing，如 peace-loving（爱和平的）、time-consuming（费时）等。第一种格式构成的词不多，但第二种格式构词能力极强。

第二，偏正关系。该类复合形容词很多，有 12 种格式：n.+v.-ing，如 law-abiding（守法的）；n.+v.-ed，如 heart-felt（衷心的）；n.+a.，如 skin-deep（肤浅的）；a.+n.，如 open-air（户外的）；a.+n.+ed，如 good-natured（性格好的）；n.+n.-ed，如 iron-handed（铁腕的）；a.+a.，如 darkgreen（深绿色的）；a.+v.-ing，如 good-looking（俊俏的）；adv.+a.，如 outright（直率的）；adv.+v.-ed，如 all-possessed（着魔的）；adv.+v.-ing，如 ever-lasting（永久的）；num.+n.，如 two-way（双向的）等。需要注意的是 n.+v.-ing 看似动宾关系，但内部形式是不一样的。在动宾关系的词中，名词无论是前置还是后置，都是动作的承受者。然而，在偏正关系的词中，名词是作为状语修饰动词的，属于偏正关系。在各种格式中，前一个成分不管是什么词性都为偏，后一个成分为正。

第三，并列关系。该类复合形容词仅仅限于 a.+a. 格式，如 deaf-mute（聋哑的）、bitter-sweet（有苦有甜的）等。以连字符合成的复合形容词有三种：n.-and-n.，如 milk-and-water（无味的）、cock-and-hen（适用于两性的）；a.-and-a.，如 rough-and-ready（敷衍塞责）、hard-and-fast（一成不变的）；v.-and-v.，如 cut-and-try（实验性的）、hit-and-run（肇事逃跑）等，不过两个主要成分之间增加了 and 一词，不算正常格式。

3. 复合动词

复合动词主要是通过转类和逆生（backformation）产生的（张维友，2015：93），数量与其他两类相比要逊色得多。Quirk et al.（1985：1567–1577）中对复合名词和形容词都有较为详细的论述，但只字未提复合动词。

1）复合动词构词格式

复合动词构成格式有 8 种（见表 3）。

表 3　复合动词构词格式

序号	格式	例词	意义
1	n. + v.	job-hunt	求职
2	a. + v.	hot-press	热压
3	a. + n.	blue-pencil	用蓝铅笔校订
4	n. + a.	air-dry	晾干
5	n. + n.*	wall-paper	贴壁纸
6	adv. + v.	uplift	升高
7	num. + n.*	first-name	直呼其名

（注：标记“*”的格式构成的词很少）

这 8 种格式中，第 3、4、5、7 种是转类；第 1 种是逆生，如 job-hunt 逆生于 job-hunting，常见的例子还有 sight-see ← sightseeing（观光）、lip-read ← lipreading（读唇语）、bottlefeed ← bottlefeeding（人工喂养）、chain-smoke ← chainsmoker（烟鬼）、mass-produce ← mass production（批量生产）等。

2）复合动词的内部结构关系

复合动词主要是偏正关系，并列关系的复合动词罕见。有些词由两个动词复合而成，如 look-see、hear-say 等，实际都是名词，而 win-win 由同样的动词重叠构成，却起形容词作用。

偏正关系的复合动词有六种格式，第 1 和第 2 种除外。需要说明的是，格式和关系是不同的两个概念（concept）。同一个格式可以产生不同关系的词，反之，同样的关系也可以包括不同格式的复合词。

开篇已提到，复合是英语首屈一指的构词方式。为何复合法构词能力如此之强？主要原因在于复合构词比较自由。随意取一个短语或小句，用连字符将短语或小句中各词连接起来，就可以作词使用。Bauer 在《英语构词法》（*English Word Formation*，1983）中举过几个极端的例子，其中一个是 an *oh-what-a-wicked-world-this-is-and-how-I-wish-I-could-do-something-to-make-it-better* expression，该复合词含 19 个单词，乍看起来违反人们对词的基本常识，但形式上的确是一个词，起着形容词的作用。这个例子说明，英语中用复合法造词十分容易，这就是为什么现在复合法成为英语中最能产的构词方式。

参考文献

万惠洲. 1989. 汉英构词法比较. 北京：中国对外经济贸易出版社.

张维友. 2015. 英语词汇学教程. 武汉：华中师范大学出版社.

Algeo, J. & Algeo, A. 1991. *Fifty Years Among the New Words: A Dictionary of Neologisms,1941–1991*. New York: Cambridge University Press.

Bauer, L. 1983. *English Word Formation*. London: Cambridge University Press.

Bolinger, D. & Sears, D. A. *Aspects of Language* (3rd ed.). New York: Harcourt Brace Jovanovich.

Crystal, D. 1985. *A Dictionary of Linguistics and Phonetics*. Oxford: Basil Blackwell in Association with André Deutsch.

Matthews, P. H. 2000. *Morphology* (2nd ed.). Beijing: Foreign Language Teaching and Research Press.

Pyles, I. & Algeo, J. 1982. *The Origins and Development of the English Language*. New York: Harcout Brace Jovanovich.

Quirk, R., Greenbaum, S., Leech, G. & Svartvik, J. 1985. *A Comprehensive Grammar of the English Language*. London: Longman.

Richards, J. C., Platt, J. & Platt, H. 2000. *Longman Dictionary of Language Teaching and Applied Linguistics*. Beijing: Foreign Language Teaching and Research Press.

Yule, George. 2000. *The Study of Language* (2nd ed.). Beijing: Foreign Language Teaching and Research Press.

基本词汇

BASIC VOCABULARY/WORD STOCK

词汇（vocabulary）的构成是比较复杂的。根据词（word）的形态结构（morphological structure）可以分出单纯词（simplex word）和复杂词（complex word），根据词的意义可以分出实词（content/notional word）和虚词（empty word），根据词的文体特征（stylistic feature）可以分出口语词（spoken word / colloquialism）和书面语词（written/literary word），根据词的来源可以分出本族词（native word）和外来词（foreign word）等。基本词汇是根据词的使用频率划分出来的，使用频率高的为基本词汇，使用频率不高的是非基本词汇（non-basic vocabulary）。基本词汇只占总词汇的很小一部分。

☙ 定义

何为基本词汇？根据马克思主义的观点，“语言的词汇中的主要东西就是基本词汇，其中有包括成为它的核心的全部根词（root word）”。（转引自武占坤、王勤，2009：176–177）。汉语界对基本词汇的界定和特点进行了长期论争，曹炜（2004：39–47）对此有过较为全面的梳理。学者们不同的观点之优劣不在我们的考虑范围，我们关注的是基本词汇的特点和构成范围。基本词汇是基于词的使用频率和使用范围而言的，使用频率高、使用范围广的词汇就是基本词汇。因此，基本词汇也是普通常用词汇，是语言共核（core of the language）。

∽ 基本词汇的数量

基本词汇是词汇的共核部分，数量不可能很大。英国语言学家曾经提出“基本英语”（Basic English）词汇表（Ogden，1930），仅850个词，其中600个名词、150个形容词、82个语法词（grammatical word）和18个动词。这850个单词的意义达到18 416个之多。Ogden认为掌握了这850个基本词汇就可以进入通用英语（general English）。1953年Michael West发表了《英语通用词表》（*A General Service List of English Words*），列出了2 000个单词，据说学会了这2 000个单词，就可以读懂书面文字的80%。后来在词典编纂实践中，一些词典如《朗文当代英语词典》（*Longman Dictionary of Contemporary English*，1978）就用了2 000个单词作为词典的释义词汇，普通读者一般认识这2 000个单词，就可以读懂全部英语定义。尽管1995年的版本在2 000个单词的基础上有所扩大，也不过2 284个词而已。《朗文当代高级英汉辞典（英英·英汉双解）》（第4版）（*Longman Dictionary of Contemporary English*，2009），在正文词条后标注3 000个口语词汇（spoken vocabulary）和3 000个书面语词汇（written vocabulary）。口语和书面语词汇是交叉的，如accurate（准确）一词的标注是S2W3，S代表spoken（口语），W代表written（书面语），S2标识意味该词在2 000个口语词汇之列，W3标识表示该词属于3 000个书面语词汇。《牛津高阶英汉双解词典》（第6版）（*Oxford Advanced Learner's English-Chinese Dictionary*，2004）列出近3 000个词的词表用于词典释义使用，就是说读者只要知道这3 000个左右的词汇，就能完全读懂该词典释义。《柯林斯COBUILD高级英汉双解词典》（2009）列出3 196个释义词汇表，以示该词典全部释义用词不超出本词汇表范围。所有这些词典似乎达成共识，为了方便读者，词典释义用词基本保持在2 000—3 000个常用词汇。这3 000个左右的词汇就是最常用的词汇，也可认为是基本词汇。

☙ 基本词汇的特点

基本词汇有五大特点：全民性（all national character）、稳固性（stability）、多产性（productivity）、多义性（polysemy）、搭配性（collocability）（张维友，2015：5–7）。

1. 基本词汇具有全民性

所谓全民性是指基本词汇是一种语言的所有使用者共享的词汇。语言是人类的主要交际工具，使用同一种语言的人，无论社会阶层、经济地位、文化程度、职业工种等如何，在语言交流中都离不开基本词汇。因为，基本词汇所表达的都是日常生活中最基本、最常用的概念（concept）。

（1）表示天体时令和自然现象的词。例如：

wind	风	rain	雨
sky	天	land	地
sun	太阳	moon	月
cloud	云	star	星
river	江、河	sea	海
tree	树	flower	花
year	年	month	月
day	日	mountain	山
water	水		

（2）表示人体器官和亲属关系（kinship relation）的词。例如：

head	头	body	身体
arm	胳膊	leg	腿
foot	脚	face	脸
nose	鼻子	eye	眼睛
mouth	嘴	father	父
mother	母	brother	兄弟

sister	姊妹	husband	夫
wife	妻		

（3）表示常见动植物的词。例如：

cow	奶牛	horse	马
sheep	羊	pig	猪
chicken	鸡	duck	鸭
goose	鹅	tiger	虎
dog	狗	fox	狐狸
wolf	狼	bird	鸟
corn	玉米	wheat	麦
rice	稻		

（4）表示常见瓜果蔬菜的词。例如：

apple	苹果	pear	梨
peach	桃	cherry	樱桃
grape	葡萄	banana	香蕉
melon	瓜	tomato	西红柿
cucumber	黄瓜	eggplant	茄子
cabbage	大白菜	lettuce	生菜
spinage	菠菜		

（5）表示常见的交通工具和道路街道的词。例如：

car	小轿车	truck	卡车
train	火车	plane	飞机
boat	小船	road	道路
railway	铁路	highway	公路
street	街道		

（6）表示常见动作的词。例如：

walk	走	run	跑

fly	飞	do	做，干
make	制作	carry	搬，运
want	想，要	take	拿
bring	带来	get	得到
eat	吃	listen	听
hear	听到	look	看
see	看到	smell	闻，嗅

[注：这些动词都是多义词（polysemic word / polysemant），列举的只是其中最常用的一个意思]

（7）表示常见颜色和性状情感的词。例如：

red	红	yellow	黄
blue	蓝	green	绿
purple	紫	orange	橙
happy	高兴	sad	悲伤
good	好	bad	坏
light	轻	heavy	重
young	年轻	old	老
ill	病		

（8）表示数量和语言功能的词。例如：

one	一	two	二
three	三	ten	十
hundred	百	thousand	千
first	第一	second	第二
third	第三	in	里
out	外	above	上
under	下	the	定冠词
to	朝，向	I	我
you	你	he	他

she	她	it	它
this	这	that	那
what	什么	when	何时
where	何地		

这里列举了八类。其实，基本词汇不止这几类。这八类中，有的类别还包含二至三类不等。不管这些词表示的是什么，属于何种词类，都是使用英语的全体人们在语言交际中必须用到的词汇。这就是所谓的全民性。

2. 基本词汇具有稳固性

基本词汇表达的是人们日常生活中最常用、最常见的概念和事物，这些词汇长期使用，经久不衰。尽管上述分类中的第八类并非表示事物和概念，却是语言的黏合剂，没有这些功能词（functional word），就无法将词连成句、组篇成文，就无法表达复杂的思想和情感（emotion）。当然，说基本词汇具有稳固性是针对基本词汇整体而言的，并非指基本词汇中的每一个成员。实际上，基本词汇也是有变化的，因为时代在变、社会在变、人类认识世界的能力也在不断提高，那么反映客观世界的语言自然也会随之而变。有的古老事物曾几何时非常流行，表示这些事物的词汇自然就是基本词汇，如 bow（弓）、arrow（箭）、knight（骑士）、sword（剑）、halberd（戟）、rickshaw（人力车）、chariot（双轮战车）等，都是历史上常用的冷兵器和交通工具，现在有的被淘汰，有的仅在特殊场合使用，有的仅作为历史展品等，所以这些词也就退出了基本词汇。与此相反，诸如 computer（计算机）、plane（飞机）、car（小轿车）、television（电视）、cellphone（手机）、internet（互联网）等表示的是现代的新事物，早就成为人们生活中的一部分，耳熟能详，因此进入了基本词汇。所以，基本词汇的成员有进有出，总量仍然保持平衡，是稳固的。

3. 基本词汇具有多产性

基本词汇的成员很多是根词，因此可作为构词要素（formative）。

有的构词能力很强，如 foot 可以构成 footage（电影胶片）、football（足球）、footpath（小路）、footer（页脚）、footfall（脚步）、footed（有脚的）、footloose（自由自在的）、footling（愚昧的，无价值的）、footman（男仆，步兵）、footbath（洗脚，洗脚盆）、footing（立足处）、footprint（足迹，脚印）等词。同样，dog 一词可以组合出 doglike（像狗的，顽强的，忠实的）、doghood（狗性）、dogcart（轻便的双轮马车，狗拖的轻便小车）、dog-cheap（非常便宜的）、dog-ear（书页之摺角）、dog-fall [（比赛）平局]、dogfight（混战，空战，狗咬狗）、doghole（狗窝）、dog paddle（狗刨式游泳）、dogsleep（打盹，假寐）等（张维友 2015：7）。

不过多产性是相对而言的，基本词汇中的单音节实词一般具有构词能力，有的构词能力很强。但是基本词汇中的数词和功能词（functional word）大多不具有构词能力，如 a、the、to、I、she 这样的冠词、介词、人称代词等。有的即使能构词，也寥寥无几，如 when 可以构成 whenever（无论何时）、whenas（然而）、whensoever（无论何时）这几个词；where 主要是与介词等合并构词，构成的词属于书卷体，日常交际中很少使用，如 whereas（然而）、whereby（凭借）、wherein（在其中）、whereever（无论何地）、whereabout（行踪）、whereupon（于是）、whereof（关于什么）、wherefore（原因）、whereafter（随后）等。

4. 基本词汇具有多义性

基本词汇都是常用词，其多义性是不言而喻的。翻开任何一本词典皆可发现，常用词几乎都是多义的，少则几义，多则几十，甚至上百义，如 get、go、take、do 等这样的动词，究竟有多少义项，实无定数。不同的词典收录的义项多寡不一，词典部头越大义项越多。与多产性的特点不同，多义性不仅适用于实词，也适用于虚词，但数词、人称代词和冠词属于例外。

5. 基本词汇具有搭配性

构词是制造新词，而搭配（collocation）是组合短语，通常称为固定搭配（fixed collocation）或固定短语（set phrase）。固定搭配大多属于习语（idiom），是词汇的一部分。常用实词都有搭配能力，搭配的短语可以是口头禅（catchphrase）、习惯表达（idiomatic expression），甚至是谚语（proverb）。以 heart 为例，该词可以与其他词产生 a change of heart（改变主意）、after one's heart（正中下怀）、a heart of gold（金子般的心）、at heart（在心底，实际上）、break one's heart（令人心碎）、cross one's heart（在胸口画十字，祈祷）、cry one's heart out（痛哭）、eat one's heart out（忧伤过度）、have one's heart in one's mouth（忐忑不安，焦急万分）、heart and hand（热心地）、heart and soul（全心全意地）、one's heart sinks within one（某人消沉泄气）、take something to heart（认真考虑，关注某事）、wear one's heart upon one's sleeve（流露个人感情）、with all one's heart（诚心诚意）等固定搭配。

搭配性这一特点与多产性有相同之处，多产的词都有很强的搭配能力；也有明显的不同之处，如介词构词能力很低，但是搭配能力极强，甚至超过一般实词。我们可以在词典中随意查看一个介词，都会发现其可以搭配出一系列固定短语。

综上所述，基本词汇具有五大特点。但是，并不是每个特点都具有普遍性。多产性、多义性和搭配性都有例外。唯独全民性和稳固性具有普遍意义。如果要鉴别某些词是否是基本词汇，首先检验这些词是否是全民普遍使用的词汇，是者就是基本词汇，否则就属于非基本词汇。然后，看看这些词是否历史悠久，且具有生命力，是者属于基本词汇，否则不是。譬如流行语（catchword）使用频率很高，但大多流行一时，昙花一现，没有长久生命力，自然不能进入基本词汇之列。当今流行的 lockdown（封城）、ship（relationship 的缩写，作动词表示“撮合”）、slay（作动词表示“很棒”）、salty（旧词新义，表示“爱闹事”）、chillax（chill+relax 拼合，表示“平静放松”）等词，当下使用广泛，有的在网络上流行，但能否成活下来进入基本词汇，需拭目以待。

参考文献

曹炜. 2004. 现代汉语词汇研究. 北京：北京大学出版社.

朗文当代英语词典. 2015. 北京：外语教学与研究出版社.

朗文当代高级英语辞典（英英·英汉双解）. 2009. 北京：外语教学与研究出版社.

牛津高阶英汉双解词典. 2004. 北京：商务印书馆.

武占坤，王勤. 2009. 现代汉语词汇概要. 北京：外语教学与研究出版社.

柯林斯 COBUILD 高级英汉双解词典. 2009. 北京：高等教育出版社.

新牛津英汉双解大词典. 2007. 上海：上海外语教育出版社.

张维友. 2015. 英语词汇学教程. 武汉：华中师范大学出版社.

Ogden, C. K. 1930. *Basic English*. London: Routledge & Kegan Paul.

West, M. 1953. *A General Service List of English Words*. Cambridge: Cambridge University Press.

截略法 CLIPPING

截略法是英语缩略法（abbreviation）的一种，属次要构词法，但是仍然很重要。事实上，英语中很多常用单纯词（simplex word）都是该构词法（word formation/building）的结晶，如 taxi（taxicab 出租车）、quake（earthquake 地震）、plane（aeroplane 飞机）、bus（omnibus 公共汽车）、van（caravan 大篷车）等都是通过截略法产生的，只是人们习以为常，很少想到这些词（word）的产生过程。更重要的是，截略法不仅是独立的构词方法，而且在拼缀法（blending）、缀合法（affixation）、逆生法（backformation）构词法中都发挥重要的作用，是英语词化（lexicalization）和词缀化（affixization）的重要手段。

☙ 定义

英语 clipping 一词作为构词方法在语言学词典和通用词典中少见，如 Crystal（1985）、Richards et al.（2000）、《新牛津英汉双解大词典》（*The New Oxford English-Chinese Dictionary*, 2007）都没有收录该词。少数语言学辞书中把该构词法归属于缩略法，如 Fromkin & Rodman（1983：125）将 clipping 等同于 abbreviation，而黄长著等翻译的《语言与语言学词典》（*Dictionary of Language and Linguistic*，1981：1）中把 clipping 看作 abbreviation 的一种形式，如将截略词（clipped word）lab 纳入缩略词（abbreviation）之列。Quirk et al.（1985：1580–1581）同样认为 clipping 属于缩略法的大范围，但独立进行了阐释，其定义为“将一个词减去一个或多个音节并与完形词并存”。根据大量截略词的结构分析，截略法更全面的定义是将一个词 [包括复合词（compound）] 截去词首、词尾、词腰，或同时截去词的首尾构词以取代原词的方法。这个定义涵盖了四种具体的截缩方式，即截词头（front clipping）、截词尾（back clipping）、截词腰（middle clipping）、截词头尾（front and back clipping），同时还说明构成的词可替代原词使用，表示同样的意义。汉语中对 clipping 有不同的翻译，如截短、截略、减缩、截断、缩短等，我们以为译成“截略”为佳，因为该构词法要截去词的一部分，构成的词是源词的简略形式。

☙ 截略构词范式

截略构词主要有四种范式：截词尾（包括复合词）、截词头、截词腰、截词头尾。四种范式中截去词尾能产性最强，截去词腰构词最弱。下述讨论主要基于 Quirk et al.（1985），王文斌（2005），汪榕培、王之江（2008），张维友（2015）等。

1. 截词尾

截词尾构词分四种情况，即截取单词词首、截取复合词前一个成分词首、截取复合词前一个成分全部、截取复合词两个成分的词首。本范式构成的词分两大类：一类是截取的成分不发生变异；另一类是截取的成分发生变异。

1）截取成分不发生变异

（1）截取单词词头构成的词。例如：

APP（**app**lication）应用程序
demo（**demo**nstration）演示
exam（**exam**ination）考试
expo（**expo**sition）博览会
fan（**fan**atic）迷
gent（**gent**leman）绅士
ad（**ad**vertisement）广告
auto（**auto**mobile）汽车
bi（**bi**sexual）两性错乱
camo（**camo**uflage）迷彩衫
chair（**chair**man）主席
champ（**champ**ion）冠军
cig（**cig**arette）香烟
con（**con**vict）囚犯
con（**con**vention）大会
deb（**deb**utante）首次演讲者
deli（**deli**catessen）熟食
dino（**dino**saur）恐龙
disco（**disco**teque）迪斯科
doc（**doc**tor）医生
dorm（**dorm**itory）宿舍
gym（**gym**nasium）体操房
homo（**homo**sexual）同性恋
hydro（**hydro**plane）水上飞机
improv（**improv**ization）即兴表演
lab（**lab**oratory）实验室
limo（**limo**sine）大型轿车
loco（**loco**motive）机车
math（**math**ematics）数学
memo（**memo**randum）备忘录
mineo（**mineo**graph）油印机
mini（**mini**skirt）超短裙
mod（**mod**ern）现代的
perp（**perp**etrator）罪犯
photo（**photo**graph）照片
porn（**porn**ography）色情描写
pro（**pro**fessional）专业人员
prof（**prof**essor）教授
rep（**rep**etition）重复
rhino（**rhino**ceros）犀牛
stereo（**stereo**phonic）立体声
trig（**trig**onometry）三角学
vet（**vet**eran）老兵
vet（**vet**erinarian）兽医

（2）截取复合词前一个成分的词头构成的词。例如：

coop（**coop**erative store）合作商店
narc（**narc**otic agent）缉毒探员

pop（**pop**ular music）通俗音乐 perm（**perm**anent wave）烫发
pub（**pub**lic house）酒吧 taxi（**taxi**cab）出租车
zoo（**zoo**logical garden）动物园

（3）截取复合词第一个成分全部构成的词。例如：

daily（**daily** newspaper）日报 express（**express** train）快车
general（**general** officer）将军 gold（**gold** medal）金牌
private（**private** soldier）士兵 sloane（**sloane** ranger）上流女子

（4）截取复合词两个成分的词头构成的词。例如：

hi-fi（**high fidelity**）高保真 hi-tech（**high tech**nology）高科技
sci-fi（**science fiction**）科幻小说 WiFi（**wi**reless **fi**delity）无线局域网

需要注意的是，第（4）类也可归属到拼缀词（blend）中。截略法只是手段，因为由此产生的词是“词头 + 词头”合成的，所以可以归属到拼缀词（参见核心概念【拼缀法】），当然也可称为截略词。

2）截取成分发生变异

（1）截取词头改变读音和拼写的词。例如：

bike（**bic**ycle）脚踏车 mike（**mic**rophone）麦克风
coke（**coc**o cola）可口可乐 cuke（**cuc**umber）黄瓜

以上例词原本都以字母 c 结尾，独立后，把 c 变为 k 且加不发音的 e 变成开音节，以保持原发音，同时更符合英语拼写规律。

（2）截取词头后添加 -y、-ie、-o 等后缀（suffix）构成的词。例如：

ammo（**ammu**nition）军火 Aussie（**Aus**tralia）澳大利亚
bookie（**book**maker）赌注经纪人 comfy (**comf**ortable）舒服的
hanky（**hand**kerchief）手帕 nighty（**night**gown）睡衣
teeny（teenager）青少年 telly（**tel**evision）电视
veggie（**veg**etarian）素食者

以 -y、-ie 等后缀构成的词都带有儿语、亲昵和口语色彩，一般只用于非正式文体中，特别是用于闲聊、会话中。

（3）其他变异形式的词。例如：

binocs（**binoculars**）双筒镜
pants（**pantaloons**）裤子
fax（**facsimile**）传真
prez（**president**）总统
skell（**skeleton**）骨架
pram（**perambulator**）童车

如以上例词所示，如果源词为复数形式，截取词头后附加复数标识 -s，如 binocs 和 pants；截取词头后改变最后一个辅音，如 fax 和 prez；截取词头省略一个音节，如 pram 等。当然，截取词头省略一个音节是例外中的例外。

2. 截词头

1）截取单词词尾构成的词

bus（omni**bus**）公交车
chute（para**chute**）降落伞
drome（aero**drome**）机场
burger（ham**burger**）汉堡包
quake（earth**quake**）地震
phone（tele**phone**）电话
dozer（bull**dozer**）推土机
pike（turn**pike**）收费高速公路
versity（**University**）大学
van（cara**van**）拖车

2）截取复合词第二个成分的全部构成的词

lens（contact **lens**）隐形眼镜
rex（tyrannosaur **rex**）霸王龙

此类构词不算典型，但是如果把复合词看成一个整体，第一个成分就是复合词的词头，故归属在一起。

3. 截词头尾

截去词的头尾构成的词不多，常见的词如：

flu（**influenza**）流感
fridge（**refrigerator**）冰箱
jams（**pajamas**）睡衣
script（**prescription**）药方

以上四个例词中，jams 一词保留了复数标识 -s；fridge 的拼写与原来的拼写形式 frige 不一致，如果按原截取的部分其音节为开音节，读 /fraɪg/ 而非 /fridʒ/，后一种发音是源词的发音，所以在 g 前增加字母 d 以保持原发音。

4. 截词腰

coursy（**courtesy**）礼貌 praps（**perhaps**）也许
fossilation（**fossilization**）化石作用 idolotry（**idololotry**）偶像崇拜

截词腰构词更为罕见，从例词可以看出，新词基本保持原貌，却更为简洁，便于上口。

截略词属于非正式用语，特别是在口语中常见。口头表达简明扼要，所以长词语往往不经意中被缩短，譬如 perhaps 在口语中常被读为 praps，省略掉一个音节；because 常省略掉 be 保留 cause，在口语中久而久之变成了 'cos 等。

截略构词不算太多，但许多截取形式后被词汇化，甚至词缀化。某形式一旦词汇化，尤其是词缀化，其能构性之强是不言而喻的。例如，info-（**info**rmation）、docu-（**docu**ment）、e-（**e**lectronic）、-gate（Water**gate**）、-athon（Mar**athon**）、-bot（ro**bot**）等成为新型词缀（affix），都是截略的结果，每一个形式都可以与其他词素（morpheme）或词基（base）构成大量新词。

参考文献

黄长著，林书武，卫志强，周绍珩译. 1981. 语言与语言学词典. 上海：上海辞书出版社.

汪榕培，王之江. 2008. 英语词汇学. 上海：上海外语教育出版社.

王文斌. 2005. 英语词法概论. 上海：上海外语教育出版社.

新牛津英汉双解大词典. 2007. 上海：上海外语教育出版社.

张维友. 2015. 英语词汇学教程. 武汉：华中师范大学出版社.

Crystal, D. 1985 *A Dictionary of Linguistics and Phonetics*. Oxford: Basil Blackwell in Association with André Deutsch.

Fromkin, V. & Rodman, R. 1983. *An Introduction to Language*. New York: Holt, Rinehart and Winston.

Quirk, R., Greenbaum, S., Leech, G. & Svartvik, J. 1972. *A Grammar of Contemporary English*. London: Longman.

Quirk, R., Greenbaum, S., Leech, G. & Svartvik, J. 1985. *A Comprehensive Grammar of the English Language*. London & New York: Longman.

Richards, J. C., Platt, J. & Platt, H. 2000. *Longman dictionary of Language Teaching and Applied Linguistics*. Beijing: Foreign Language Teaching and Research Press.

借词 LOAN WORD / BORROWING

借词亦称外来词（foreign word），是来自其他语言的词（word），是语言接触的结果，是民族之间思想文化交流的结晶，故被称为“异文化的使者”（史有为，2004：3）。英语词汇（vocabulary）浩如烟海，但本民族语言固有词汇所占的份额其实并不大，绝大多数词汇都是借来的。据《美国百科全书》（*Encyclopedia Americana*，1980：423，转引自张韵斐、周锡卿，1986）所说，翻开任何一本词典，其中的借词可高达80%左右。所以，借词在英语语言中的地位和作用无论怎么估价都不过分。

☙ 定义

借词，顾名思义就是借来的词，其定义并不复杂。有的学者认为借词是“取自一种语言而用于另一种语言的词或片语”（Richard et al.，2000：50）；有的认为借词是“从一种语言和方言里引入另一种语言和方言的语言形式”（Crystal，1985：36）。《语言与语言学词典》（*Dictionary of Language and Linguistics*，1981：44）将借词定义为“一种语言或方言通过接触和／或模仿引进另一种语言或方言的某些成分”。《新牛津英汉双解大词典》（*The New oxford English-Chinese Dictionary*，2007）对借词下的定义是“从一种外来语言引进的、稍有改变或无改变的词”等。概括起来，借词是从其他语言（也包括方言）中借来的词语。《语言与语言学词典》还提到借用的方式是模仿，《新牛津英汉双解大词典》提到“有的形式上有所改变”等，这些说法都没错，但都不够全面。借词根据借用方式和同化（assimilation）程度可分为四类：同化词（denizen）、非同化词（alien）、译借词（translation loan）和借义词（semantic loan）。模仿仅指译借词，即用本语言现存的词语按借用源词的音或义转达过来的词。形式的改变也仅指同化词或半同化词，其形式和读音或全部同化或部分同化，但是晚期借词是没有任何改变的。简而言之，借词就是从其他语言和方言引进的词汇。

☙ 借词的方式

词汇的借入有三种方式：直接引入、模仿引入、借义引入。

1. 直接引入的借词

直接引入的借词可进一步分为两类：引入后同化的借词和引入后形式不变的借词。引入后同化的借词主要是指早期借入的拉丁语（Latin）、希腊语（Greek）、法语（French）、斯堪的纳维亚语（Scandinavian）词，如来自拉丁语的 wall（墙）、street（街道）、wine（酒）、trade（贸易）、candle（蜡烛）、priest（牧师）等；来自希腊语的 politics（政治）、diet（饮食）、planet（行星）、hero（英雄）等；来自法语的 state（国家）、country（国家）、people（人民）、nation（国家）、judge（裁决）、peace（和平）等；来自斯堪的纳维亚语的 husband（丈夫）、sister（姐妹）、dirt（脏污）、link（连接）、root（根）等。这些词原来的拼写和读音迥异，现在完全同化，称之为同化词，不查词源（etymon）难以辨别它们的外来身份。引入后形式没变的词是非同化词，主要是晚期借词，如 focus（焦点）、status（地位）、dictum（声明）、minimum（最小）、arena（竞技场）、via（通过）、species（物种）、series（系列）等拉丁语词，coup d'etat（政变）、gourmet（美食家）、restaurant（餐馆）、chauffeur（司机）等法语词，piano（钢琴）、sonata（奏鸣曲）、opera（戏剧）、trio（三重唱）等意大利语词，bravo（喝彩）、mosquito（蚊子）等西班牙语词，kung fu（功夫）、tofu（豆腐）、kowtow（磕头）等汉语词等，不胜枚举。

2. 模仿引入的借词

模仿引入的主要手段是翻译。一是摩音，如 puma（猎豹）、banana（香蕉）、sari（莎丽服）、amuck（杀气腾腾）、wushu（武术）、fengshui（风水）、ganbu（干部）等。二是仿义，如 mother tongue（母语）译自 lingua materna（拉丁语），surplus value（剩余价值）译自 Mehrwert（德语），black humor（黑色幽默）译自 humor noir（法语），lose face（丢脸）、long time no see（好久没见）、one country two systems（一国两制）等则译自汉语。

3. 借义引入

借义引入只产生新义，不增加新词，对英语词汇影响甚微。例如，dream（梦）原义是 toy（玩具）和 music（音乐），现义是从斯堪的纳维亚语借来的，原义已丧失。再如，dumb 有“哑的”和“愚蠢的”两种意义，“愚蠢”义是从德语借来的。

借词的来源

英语词汇吸收外来成分是一大优点，其来源几乎遍布所有的活用语言。据统计，英语借用过词汇的语言高达 120 多种（Robertson，1954；汪榕培，2002）。在这些外来成分当中，影响巨大的是拉丁语、希腊语、法语和斯堪的纳维亚语，其他语言成分的影响相对较小。以下讨论主要基于张维友（2015）。

1. 拉丁语借词

拉丁语借词历史长达 2 000 年之久，可分为四个时期：（1）前盎格鲁—撒克逊时期（—450）。本时期的借词是指盎格鲁—撒克逊人还在欧洲大陆的时候借入的词，多反映日常生活，如 wine（酒）、trade（贸易）、kettle（壶）、dish（盘）、cheese（干酪）、pepper（胡椒粉）等。（2）古英语时期（450 —1150）。这个时期的借词是随 597 年基督教传教士传教而陆续引进的宗教词汇，如 altar（祭坛）、creed（信条）、nun（修女）、church（教堂）、clerk（教士）、devil（魔鬼）、monk（僧侣）、pope（罗马教皇）、priest（牧师）等词。还有很多与贸易、商业、农业和家庭生活相关的词汇，如 cap（帽子）、sock（短袜）、mat（垫子）、cook（厨师）、box（盒子）、school（学校）等。（3）中古英语时期（1150—1500）。这个时期的借词大多是通过法语借入的，特别是 14—15 世纪在文艺复兴（Renaissance）的影响下，借自拉丁语的词汇尤其丰富，如 contempt（轻视）、frustrate（挫败）、conspiracy（阴谋）、distract（转移）、gesture（姿态）、history（历史）、include（包含）、individual（个人）、intellect（智力）、minor（较小的）、moderate（中等的）等。（4）现代英语时期（1500 —）。自 1500 年以来的借词绝大多数都具有抽象性和科学性，而且这些词汇一般都保留了拉丁语拼写形式，如 radius（半径）、bonus（奖金）、apparatus（器械）、genius（天才）、maximum（最大的）、stratum（社会阶层）、alumna（女毕业生，女校友）、arena（竞技场，舞台）、via（通过）、criteria（标准）、species（种类）、series（系列）、alibi（不在犯罪现场）等。

拉丁语成分对英语词汇的影响之大，首屈一指。其中一个原因是来自拉丁语的构词要素（formative），即词根（root）和词缀（affix）所发挥的作用。根据《英语百科》（*Encyclopedia of English*，1978）一书中对列举的词根和词缀的统计，词根共计 359 个，词缀 186 个，其中来自拉丁语的词根 253 个，占比 70.5%；拉丁语词缀 71 个，占比 38%。现代英语（Modern English）词汇主要的拓展手段之一就是利用词根和词缀构词，其影响之大不可估量。

2. 希腊语借词

希腊语借词绝大多数是通过拉丁语实现的。希腊语借词大多带学术性，如政府和政治：democracy（民主政治）、monarchy（君主政体）、politics（政治）；哲学：logic（逻辑）、philosophy（哲学）、metaphysics（形而上学，玄学）；科学：astronomy（天文学）、geography（地理）、mathematics（数学）；医学：anatomy（解剖学）、arthritis（关节炎）、clinic（门诊部，临床）、diagnosis（诊断）；语言文学：drama（戏剧）、epic（史诗）、grammar（语法）、homonym（同音异义字）、idiom（习语）、poem（诗歌）、rhetoric（修辞）、syntax（句法）；运动：athlete（运动员）、marathon（马拉松）、stadium（露天大型运动场）等。

希腊语对英语词汇的影响也主要来自构词成分（formative）。在359个词根中，希腊语的词根91个，占比25%；186个词缀中，来自希腊语的词缀有52个，占比28%，可见希腊语构词成分在英语中的地位也不可小觑。

3. 法语借词

英语借用法语词比拉丁语和希腊语要晚得多，但其来势之猛、速度之快、数量之大，是其他语言无法比的。法语借词遍及社会各个方面，如政府和行政：govern（统治）、reign（支配）、state（州）、power（权力）、council（政务会）、authority（权威）、parliament（议会）；封建爵位等级：prince（王子）、peer（贵族）、duke（公爵）、duchess（公爵夫人）、marquis（侯爵）、count（伯爵）、viscount（子爵）、baron（男爵）；法律：judge（审判）、jury（陪审团）、court（法院）、suit（诉讼）、sue（控告）、plaintiff（起诉人，原告）、defendant（被告）、plea（申诉）、bail（保释）；宗教：pastor（牧师）、piety（虔诚）、savior（救世主）、clergy（牧师）、parish（教区）、preach（讲道）、pray（祈祷）、sermon（布道）；道德：virtue（德行）、vice（恶习）、conscience（良心）、grace（恩惠）、discipline（纪律）、mercy（怜悯）；军事：war（战争）、arms（武器）、armour（盔甲）、siege（围攻）、soldier（士兵）、troops（军队）、navy（海军）、enemy（敌人）；肉类：beef（牛肉）、veal（小牛肉）、mutton（羊

肉）、pork（猪肉）、bacon（咸肉）；烹饪：sauce（酱油）、boil（煮沸）、fry（油炸）、roast（烘烤）、toast（吐司面包）、soup（汤）、sausage（香肠）、dinner（正餐）、supper（晚餐）、feast（盛宴）；建筑：arch（拱门）、tower（城堡）、pillar（柱子）、porch（门廊）、column（圆柱）；时尚：fashion（时尚）、dress（女服）、gown（长袍）、cloak（斗篷）、coat（外套）、collar（衣领）、satin（绸缎）、fur（毛皮）等。

4. 斯堪的纳维亚语借词

斯堪的纳维亚语包括挪威语（Norwegian）、瑞典语（Swedish）、丹麦语（Danish）和冰岛语（Icelandic），属日耳曼语族（Germanic）。盎格鲁－撒克逊人与日耳曼民族关系密切，拥有共同的基本词汇（basic vocabulary / word stock）。北欧人入侵后，随着两个民族和文化相融合，大量的斯堪的纳维亚语词汇进入英语。这些词有很多都是日常用语，如名词：skill、husband、sister、leg、ball、bank、cake、root、seat、window 等；动 词：get、take、call、cast、die、gasp、happen、hit、lift、raise、want 等；形容词：flat、happy、ill、loose、low、tight、ugly、wrong 等；代词：both、they、their、them 等。就数量而言，源于斯堪的纳维亚语的借词并不算太多，但是其作用及重要性是不可低估的。从例词不难看出，斯堪的纳维亚语的借词是基本词汇的核心。正如 Jespersen（1948：83）所评述的："任何英国人，离开斯堪的纳维亚语借词就不能茁壮成长（thrive）、生病（ill）或死亡（die）。它们之于英语，宛如面包和鸡蛋之于日常生活一样重要。"评述中用的三个词 thrive、ill、die 具有双关意义，一层含义是"成长""生病""死亡"等，非用这三个词不可，它们都来自斯堪的纳维亚语；另一层含义是，斯堪的纳维亚语词汇伴随我们"成长—生病—死亡"的全过程。言下之意，英国人从生到死都离不开斯堪的纳维亚语词汇。

5. 其他语言的借词

英语受其他语言成分的影响相比之下要小得多。但是，意大利语、德语、荷兰语和西班牙语等的贡献也不小，尤其是在早期现代英语时期。

意大利语借词主要与建筑、音乐、美术相关，音乐词汇尤其突出。

例如，corridor（走廊）、balcony（阳台）、arcade（拱廊）、portico（门廊）等建筑词汇；miniature（缩小的模型）、profile（轮廓）、model（模型）、palette（调色板）、relief（浮雕）等美术词汇；piano（钢琴）、bass（低音提琴）、saxophone（萨克斯）、violin（小提琴）、concert（音乐会）、sonata（奏鸣曲）、solo（独奏曲）、duet（二重奏）、trio（三重唱）、soprano（女高音）、tenor（男高音的）等音乐词汇；spaghetti（意大利式细面条）、macaroni（通心面）、vermicelli（细面条，粉条）等烹调饮食词汇。

德语借词主要是科技词汇，如cobalt（钴）、quartz（石英）、nickel（镍）、Fahrenheit（华氏温度计）、diesel（内燃机）、ecology（生态学）等。

荷兰语借词多与航海、工业和运输相关，如boom（帆下桁）、skipper（船长）、sloop（单桅小船）、yacht（游艇）、yawl（快艇）、sledge（雪橇）、wagon（四轮马车，货车）等。还有其他一些有趣词汇，如booze（豪饮）、pickle（腌渍品，泡菜）、Santa Claus（圣诞老人）等。

西班牙语借词，如bravo（喝彩）、cockroach（蟑螂）、mosquito（蚊子）、Negro（黑人）、potato（土豆）、tornado（龙卷风）、fiesta（节日）、cafeteria（自助餐厅）等。

葡萄牙语借词，如cobra（眼镜蛇）、pagoda（宝塔）、port（波尔图葡萄酒）、veranda（走廊）、albino（白化病者）、apricot（杏）等。

来自其他语言成分的借词更少。不少地名是借自凯尔特语，如Winchester（温彻斯特）、Manchester（曼彻斯特）、Gloucester（格洛斯特）、Exeter（埃克塞特）的第一个音节和York（约克郡）、London（伦敦）、Kent（肯特郡）等；借自阿拉伯语的词有admiral（海军上将）、alchemy（炼金术）、alcohol（酒精）、algebra（代数学）、cotton（棉花）、monsoon（季风）、harem（闺房）等；借自印地语的词有candy（糖果）、bangle（手镯，脚镯）、coolie（苦力）、jungle（丛林）、loot（掠夺）、pajamas（睡衣）、shampoo（洗发香波）、shawl（披肩）等；借自俄语的词有czar（沙皇）、vodka（伏特加酒）、sputnik（人造地球卫星）、cosmonaut（宇航员）等；借自波斯语的词有bazaar（集市）、caravan（商队）、hazard（风险）、jackal（豺）等；借自土耳其语的词有 horde（游牧部落）、turkey（火鸡）、yoghurt（酸乳酪）等；借自马来语的词有 bamboo（竹子）、gong（铜锣）、mangrove（红树林）、paddy（稻，谷）等；借自波利尼西亚语的词有 taboo（禁忌）、tattoo（文身）等；借自日语的词有 kimono（和服）、karate（空手道）、judo（柔道）、tatami（榻榻米）等；借自澳大利亚土著语的词有 boomerang（飞去来器）、kangaroo（袋鼠）、koala（树袋熊）等；借自美洲印第安语的词有 moose（驼鹿）、skunk（臭鼬）、wigwam（棚屋）、raccoon（浣熊）等；借自墨西哥语的词有 cocoa（可可）、chili（红辣椒）、chocolate（巧克力）、tomato（番茄）等；还有加勒比语借词，如 barbecue（烧烤）、cannibal（食人者）、canoe（独木舟）、hammock（吊床）、hurricane（飓风）、maize（玉米）等；非洲语借词有 lion（狮）、oasis（绿洲）、paper（纸）、gypsy（吉普赛）、gum（口香糖）等；汉语借词有 tea（茶）、chopsticks（筷子）、look-see（看看）、yen（瘾）、chow mein（炒面）、chop suey（炒杂碎）、yin-yang（阴阳）、wok（锅）等。

借用源语作用的变化

借入英语词汇的源语作用随着时代的变迁不断发生变化。自英语形成以来，借用从没停止过，但在英语词汇发展的各阶段，借用的作用大小不一。在古英语、中古英语和早期现代英语时期，英语词汇拓展的主要途径是借用。现当代，借用的作用逐渐减弱。根据 Pyles & Algeo（1982）的研究，截至 20 世纪 90 年代，当时的借词只占全部新词的 6%~7%。根据另一项研究结果（Algeo & Algeo，1991），在 1941—1991 年间，借词仅占新词的 2%。可见借用方式的重要性远非历史上可比。

借词的语源也发生了巨大变化。早期的借词主要来自拉丁语、希腊语、法语和斯堪的纳维亚语。根据《巴恩哈特英语新词语词典》（*The Barnhart Dictionary of New English*，1980）的研究，1961—1976 年间共借用了 473 个单词，其中 30% 来自法语，8% 来自拉丁语，日语和意大利语词各占 7%，6% 来自西班牙语，德语和希腊语词各占 5%，俄语和印地语各占 4%，2% 来自汉语，剩下的则源于其他不同的语言。Garl & Cannon 研究了来自 84 种语言的 1 000 多个借词，发现其中 25% 的词汇来自法语，日语和西班牙语借词各占 8%，意大利语和拉丁语借词各占 7%，非洲语言、德语和希腊语分别各占 6%，俄语和印地语各占 4%，汉语借词占 3% 等（Algeo，2005：267）。两项研究的结果相比，法语仍然是借词大户，遥遥领先，分别是 30% 和 25%；借自非洲语言的词增多，但前一项研究只字未提，而后一项研究显示 6%；日语和西班牙语仍然占有同等地位；俄语和印地语的份额丝毫没变；但汉语借词有所增加。纵观借用历史，借词的多少与语源国家的地位密切相关，汉语借词的增加与中国的国际地位上升不无关系。可以肯定，21 世纪以来汉语的借词定将大大增加。

参考文献

黄长著，林书武，卫志强，周绍珩译. 1981. 语言与语言学词典. 上海：上海辞书出版社.

史有为. 2004. 外来词——异文化的使者. 上海：上海辞书出版社.

汪榕培. 2002. 英语词汇学高级教程. 上海：上海外语教育出版社.

新牛津英汉双解大词典. 2007. 上海：上海外语教育出版社.

张韵斐，周锡卿. 1986. 现代英语词汇学概论. 北京：北京师范大学出版社.

张维友. 2015. 英语词汇学教程. 武汉：华中师范大学出版社.

Algeo, J. 2005. *The Origins and Development of the English Language* (6th ed.). Boston: Cengage Learning.

Algeo, J. & Algeo, A. (Eds). 1991. *Fifty Years Among the New Words: A Dictionary of Neologisms*, 1941-1991. New York: Cambridge University Press.

Crystal, D. 1985. *A Dictionary of Linguistics and Phonetics*. Oxford: Basil Blackwell in Association with André Deutsch.

Jespersen, O. 1948. *Growth and Structure of the English Language* (9th ed.). Garden City: Doubleday.

Pyles, T & Algeo, J. 1982. *The Origins and Development of the English Language*. Fort Worth: Jovanovich.

Richards, J. C., Platt, J. & Platt, H. 2000. *Longman Dictionary of Language Teaching and Applied Linguistics*. Beijing: Foreign Language Teaching and Research Press.

Robertson, S. 1954. *The Development of Modern English*. Upper Saddle River: Prentice Hall.

Steinmetz, S., Barnhart, R. K. & Barnhart, C. L. 1980. *The Barnhart Dictionary of New English*. New York: Barnhart Books.

Zeiger, A. 1978. *Encyclopedia of English*. New York: Arco Publishing Company.

理据 MOTIVATION

世界万物自有其源，也各有独特之处。人们在给这些事物命名时，往往会根据其来源和特点来命名，这便是词义（word meaning）的理据。许国璋（1991）在谈及语言理据性时曾言，文明社会时期创造的新词语（neologism）不再是任意的（arbitrary），而是有理据的，即便是民间任意创造的词（word）也已被语言学家赋予了有理有据的形态。词的结构也是有理据可循的，一个词的构造里为什么有此种词素（morpheme）而非彼种词素、这些词素与词义有什么关系都是有道理和依据的。词的理据可以说是词汇学（lexicology）和语义学（semantics）的一个重要且又无比复杂的核心概念。

定义

何为理据？简单地说，理据就是人们理解语言符号（linguistic

sign）意义的依据。理据有广义和狭义之分。广义上的理据是“语言系统自组织过程中促动或激发某一语言现象、语义实体产生、发展或消亡的动因，其涉及范围可以包括语言各级单位以及篇章、文字等各个层面”（王艾录、司富珍，2002：2）。狭义而言，词的理据就是事物、事体或现象获得名称的理由或依据，体现词义与事体或现象命名之间的关系。基于词语的理据，人们可以认知词义构成及发展变化的逻辑依据，也可以了解词内各词素之间的语义关系（sense relation）。

☙ 理据研究探源

词是否有理据，这个问题在语言研究甚至哲学研究中一直广受争议。理据研究的历史可追溯到古希腊的“本质论”和“约定论”。但是在语言学研究中，最先讨论词语理据的是 Saussure。Saussure 认为语言符号与意义之间没有理据，从而提出了任意性（arbitrariness）原则，即词语的音义结合是约定俗成的，没有道理可言。例如，英语 wind 对应的汉语是“风”，wind 和“风”与真正的风这一事体并无任何关系。这是在长期的语言使用过程中，人们约定用 wind 和“风”这两个英汉语的符号来指称自然界中的风这种现象，这是一种随机的选择过程。Saussure 将语言任意性的反面称为理据性，并承认任意性不是绝对的，任何语言中并非所有符号是完全任意的，“（符号）它永远都不是完全任意的”，“任意性，这个词也有需要进一步解释的地方。它并不意味着说话者可以任意选择能指（signifier）”（索绪尔，2009：83）。在词汇（vocabulary）层面，至少有两类词不完全任意。第一类是象声词、感叹词，这类词数量较少。另一类则是复合词（compound），如 earthquake（地震）、girlfriend（女友），和派生词（derivative），如 reader（读者）由 read（读）与后缀（suffix）-er（……人）合成、antibiotic（抗生素）由前缀（prefix）anti-（抗、非、反）与 biotic（生物）合成等。最早对词语理据展开详细讨论的是英国语言学家 Ullmann。他认为每种语言里都包含语音（phonetics）和语义（sense）间没有任何关联的隐性词（opaque word），同时也有某种程度上有理据的显性词（transparent word），并对词语理据进行了分类。

❧ 理据的分类

一般来说，人们对于词语理据的分类大多根据词的音形义进行划分。Ullmann（1962）将词的理据分为三类，即语音理据（phonetic motivation）、语义理据（semantic motivation）以及形态理据（morphoplogical motivation）。许余龙（1992）在此基础上增加了文字理据（graphological motivation）。张维友（2010）认为文字理据其实属于形态理据的范畴，并将其归入形态理据一类未单独列出，他提出了文化理据（cultural motivation）的概念（concept）并将其作为第四类理据。以下内容在张维友（2010）理据分类的基础上，对各种类型的理据予以详细的解释与说明。

1. 语音理据

语音理据，亦称拟声理据（onomatopoeic motivation），是指词的语音与词义的联系。人们普遍认为此种类型的理据又可分为两类，即基本拟声词（primary onomatopoeia）和次要拟声词（secondary onomatopoeia）。前者指的是基于对自然界声音的直接或间接模仿而创造出的词，如英语中各种动物的叫声，moo（牛）、mew（猫）、woof/arf（狗）、ribbit（青蛙）、baa（羊）、neigh（马）、oink（猪）、chirp（鸟）、hiss（蛇）、buzz（蜜蜂）等；还有对其他声音的模仿，如 tick-tock（时间）、rumble（雷声）、munch crunch（嘎吱作响的）等。

次要拟声词则是指根据某个音素或音素组合形成的词，可使人产生某种语义联想。Bloomfield（1933）对其描述如下："语言表达中某些声音和声音序列与某种官能相联系。也就是说，这些声音唤起了人们对某种动作的联想。"他还给出了一些具体例子，比如英语里表示声音的词，如 bash（猛击）、mash（捣碎）、smash（猛烈撞击）、crash（碰撞）、dash（猛冲）、splash（泼洒、溅）等，对于英语使用者来说就能产生某种突然的、猛烈的动作这一语义联想。再如，cr-（破碎的声音），如 crack（爆裂声，噼啪作响）、croak（呱呱地叫）、crackle（发噼啪声）和 cr-（爬行动作），如 crawl（爬行）、creep（爬行）；fl-（闪动的光），如flicker（闪烁）、flame（火焰）和fl-（重复动作），如flip（翻转）、flap（拍打）、flop（扑打）；-ide（移动动作），如glide（滑行）、ride（骑行）、stride（大踏步走）；-one/oan（沉闷单调的声音），如drone（嗡嗡声）、groan（呻吟）、moan（呜咽）；sl-（滑行动作），如slide（滑动）、slither（滑行）、slip（滑倒）；sw-（摇摆动作），如sway（摇摆）、swing（摇摆）、swagger（大摇大摆地走）；-obble（摇晃动作），如wobble（摇晃）、hobble（蹒跚）；-umble（沉闷的声音或笨拙的动作），如rumble（隆隆声）、mumble（咕噜，含糊说话）、stumble（蹒跚）、tumble（跌倒）；wr-（缠绕，扭曲的动作），如wrap（缠绕）、wreathe（扭曲，成圈状）、wrest（用力拧，抢夺）等。这些音素组合之所以能使人产生相应的语义联想，自然还是因为它们的发音。次要拟声词还包括通过元音或辅音替换构成的重叠词或词组（reduplicated word or phrase）。比如，元音替换形成的重叠词有click-clack（咔嚓声）、flip-flop（啪嗒啪嗒声）、riff-raff（乌合之众）、tick-tock（滴嗒声）、wishy-washy（空泛的）等；辅音替换形成的重叠词有roly-poly（矮胖的）、humpty-dumpty（矮胖子）、hurry-scurry（慌乱）、fuddy-duddy（大惊小怪的人）等。

2. 语义理据

语义理据指的是词义的引申和比喻，它是一种心理联想，表现在语言中就是各种修辞性语言，主要有以下三种，即隐喻（metaphor）、转喻（metonymy）和提喻（synecdoche）。

1）隐喻

隐喻是一种比喻，即以此喻彼，用一种事物暗喻另一种事物，涉及名称的转移，如deadline（截止日期）、cold fish（冷漠的人）、black sheep（败家子）、an armchair critic（空谈的批评家）、blind alley（死胡同）、snowball（滚雪球效应）等。

2）转喻

转喻又作借代。如果说隐喻是基于事物之间的相似性，那么转喻则是基于相关性，是不相似却有明确关系的两个事物之间，以此代彼的一种修辞方式，如 yellow page（黄页，指代分类电话）、the Crown（王位）、the White House（白宫，指代美国政府）、Wall Street（华尔街，指代美国经融界）等。

3）提喻

提喻是以部分来代替整体、单个代替类别、材料代替制品的一种修辞格（figure of speech），反之亦然。它是借用与某人、某物或某事密切相关的词来代替该人、物或事体，以局部代替整体或整体代替局部。如果说转喻中两个名称的所指（signified）属于完全不同的两个事物或事体，两者之间处于同现关系，那么提喻中两个名称所指则处于“包含”与“被包含”的关系（李国南，1999）。例如，bread and butter（生计）、bread and water（粗茶淡饭）、lead by the nose（完全控制）、iron（熨斗）、nickel（五分镍币）等。

另外，通过对词汇的观察，我们发现有些词的比喻义是通过连续设喻获得的。例如，greenhand（新手）中 green 有不成熟之意，隐喻对某事没有经验，而 hand 表示“人”是以部分（手）代整体（身体）完成的，因此 greenhand 整体词义是缺乏经验的人，也就是新手，其语义理据既涉及隐喻也包括提喻。同样，英语习语（idiom）a nose of wax（任人摆布的人）中 nose（鼻子）指“人”，wax（蜡）做的人隐喻受人支配、任人摆布，涉及提喻和比喻（黄曼、肖洒，2014）。

3. 形态理据

形态理据指的是通过分析某个词的结构从而获得或推理出词义。索绪尔（1991：181）也明确指出：“只有一部分符号是绝对任意的，别的符号中却有一种现象可以使我们看到任意性虽不能取消，却有程度的差别：符号可能是相对地可以论证的。”索绪尔提及的绝对任意的符号应是指单纯词（simplex word），是由单纯符号构成的词；相对可论证的则是合成词，是由两个或以上单纯词符号构成的词。单纯词的理据性明显要低于合成词。比如 water（水）、sun（日）、moon（月）、pen（笔）、tree（树）为什么表示“水”“日”“月”“笔”“树”等，是没有理据可言的，也就是能指与所指之间是任意的。Ullmann（1962）将这种单纯词称为隐性词，即词汇形式与意义之间没有关联，而是约定俗成的。他认为通过构词法（word formation/building）合成或形成的词都是有理据的，并称之为显性词。总的来说，合成词的语义透明度要高于单纯词，它们更具理据性。例如，grandparent（祖父母）由 grand（大的，宏伟的，长一辈的或低一辈的）+ parent（父母）合成。合成词分为复合词与派生词两种。它们是在有意义的符号基础上合成的，因此具有较强的理据性。由两个单纯词组成的复合词的意义较为透明，如 classmate（class 班级 + mate 伴侣）、themepark（theme 主题 + park 公园）、raincoat（rain 雨 + coat 衣服）等。派生词虽不完全由词组合而来，但无论词根（root）还是词缀（affix）都是有意义的符号，因此也是有理据的。例如，前缀 super-（超级的、超大的）可与单纯词组合形成 supermarket（super 超 + market 市场）、supersonic（super 超 + sonic 声音的，音速的）、supercell（super 超大的 + cell 细胞）等。通过类比（analogy）构成的词也具有较强的形态理据。例如，EQ（情商）是类比 IQ（智商）而来，由 hijack（拦路抢劫）类比出 seajack（海上抢劫）和 skyjack（空中抢劫），由 workaholic（工作狂）类比产生如 golfholic（爱打高尔夫球的人）、shopaholic（购物狂）、burgerholic（爱吃汉堡的人）等词。类比构成的词都是复合词，所以形态理据明显。

4. 文化理据

词汇不仅承载了大量的语义信息，还直接反映了社会变迁和民族文化。陆云（2002）从地理环境、社会历史、生活习俗、宗教信仰、神话故事、经典作品、审美取向等七个方面阐释了词语的文化理据。例如，as fair as Helen 是“绝代佳人”的意思，Helen 是希腊神话中的绝世美人，与 Helen 一样美丽就是绝代佳人的意思。同样，Apollo 是希腊神话中的光明之神，也是所有男神之中最英俊的，因此被视为美男子的典范，因此 like an Apollo 是形容男子相貌堂堂、风度翩翩。很多普通名词出自专用名称都有其文化渊源，如 saxophone（乐器）出自比利时人 Antoine Joseph Sax、celsius（摄氏温标）出自瑞典天文学家 Anders Celsius、japan（日本漆）出自产地 Japan、cheddar（干酪）出自原产地英格兰西南村庄 Cheddar、cashmere（羊绒）原指用 Kashmir 产地的羊毛制成的绒线等。

5. 词源理据

许多词的意义与其来源出处密切相关，弄清了词源（etymon）就知道词义，这就是词源理据（etymological motivation）。例如，chemistry（化学）的概念是从炼金术演变而来的，古埃及人入侵欧洲后，将炼金术连同其命名 al-kimia 一起传入，该词后来演变为 alchemy 和 chemistry；X-ray（X 射线，X 光）是由德国物理学家伦琴发现，他将这种射线命名为 X-strahlen，译成英文就是 X-ray。又如 April（四月）是由拉丁文引入，四月里大地回春，鲜花绽放，而拉丁文里 april 意思就是开花的日子。表示十月的 october 一词虽然带有 oct-（八）的前缀，但它的意思并不是八月，而是因为在罗马旧历中该月恰巧排在第八序位，造词时则以 oct- 为开头命名。真正的八月 August 反而没有使用这一前缀，这是有其历史原因的，与罗马皇帝 Gaius Octavius Augustus 有关。他是凯撒的外甥，被其收为养子，文治武功、雄才大略。为能流芳后世，故选择其成就事业的八月冠上自己的名号 Augustus，缩写为 August。

☙ 理据的丧失

正如运动一样，语言的发展变化是永恒的。在这种动态的发展变化过程中，词的理据也可能模糊化，甚至完全消失。现如今英语中有部分词的理据已很难追溯，甚至已变成无理据可依。理据丧失的原因主要有二。其一，词的形态的分合变化。在长期的历史演变过程中，原来可分析的显性词由于语音和拼写演变转变为不可分析的隐性词。例如，arrive（到达）原与古代水运方式有关，源自拉丁语 arripare，原义为“靠近河岸”“海岸”，现在的意义“到达”与来源已大相径庭，理据模糊了。其二，词义的变化。例如，pen 最早的意思是“羽毛”，古代西方人以羽毛为笔，这种羽毛笔就被称为 pen。随着时代的进步，现在的书写工具各种各样，唯独不用羽毛做笔，但人们仍将写字的工具称为 pen，原来的理据就消失了。

参考文献

蔡基刚. 2008. 英汉词汇对比研究. 上海：复旦大学出版社.

黄曼，肖洒. 2014. 论英语习语中的设喻连续体. 湖北大学学报（哲学社会科学版），(4)：141–146.

李国南. 1999. 英汉修辞格对比研究. 福州：福建人民出版社.

陆国强. 1997. 现代英语词汇学. 上海：上海外语教育出版社.

陆云. 2002. 语词的文化理据与翻译. 语言与翻译，(2)：38–41.

索绪尔. 2009. 普通语言学教程. 刘丽译. 北京：中国社会科学出版社.

王艾录，司富珍. 2002. 语言理据研究. 北京：中国社会科学出版社.

汪榕培. 2002. 英语词汇学高级教程. 上海：上海外语教育出版社.

许国璋. 1991. 许国璋论语言. 北京：外语教学与研究出版社.

许余龙. 1992. 对比语言学概论. 上海：上海外语教育出版社.

张维友. 2010. 英汉语词汇对比研究. 上海：上海外语教育出版社.

Bloomfield, L. 1933. *Language*. London: George Allen & Unwin.

Ullmann, S. 1962. *Semantics: An Introduction to the Science of Meaning*. Oxford: Blackwell.

逆生法 BACKFORMATION

逆生法是相对派生法（derivation）的一种构词方式。派生构词是在词基（base）上添加词缀（affix）构成新词，而逆生构词是在已有的词（word）上截去形式像后缀（suffix）的词尾构成新词，如 editor → edit（编辑）、usher → ush（引座）、pease → pea（豌豆）等。故《语言与语言学词典》（*Dictionary of Language and Linguistics*，1981：39）把逆生构词归为派生法的一类，称为逆序派生（inverse derivation）。英语 backformation 一词是《牛津英语词典》（*The Oxford English Dictionary*, 1884）的编辑 Sir James Murray 杜撰的，用来指上述这些词的产生过程。譬如 editor 一词 17 世纪就已经存在，后来才产生 edit，是基于 editor 逆生的结果（Reader's Digest，1983：59）。backformation 有多种译法，如逆向构词、逆序构词、逆构法、逆生法，逆成法，返成法等，比较而言，逆生法最好，因为逆生法相对派生法而存在，更加合情合理。

☙ 定义

逆生构词在所有的英语词书中都有定义，但说法不尽相同。把逆生词定义为“将现有词去掉词缀构成的词”，该方法就是逆生法（Fromkin & Rodman，1983：124；Reader's Digest，1983；Richards et al.，2000：38）。这种定义有明显的问题。逆生构词的确是在现有的词上截去一部分，但截去的都是词尾，不涉及词首。词缀包括前缀（prefix）和后缀，所以词缀的说法不准确。大多辞书认为逆生是截去后缀构词，包括《新牛津英汉双解大词典》（*The New Oxford English-Chinese Dictionary*, 2007），缩小了词缀的范围，不过截去的词尾并非是后缀。有的学者意识到这一点，明确表示除去的词尾是假后缀（spurious suffix）（Bolinger & Sears，1981：252）。逆生构词更准确的定义是“除去像后缀的词尾构词的方法”（张维友，2015：93）。例如，lase（用激光做……）逆生于 laser（lightwave amplification by stimulated emission of radiation 激光），除去的 -er 与后缀毫无干系，纯粹是人们通过类比（analogy）产生的。所以，使用“除去像后缀的词尾”更为适合。不过，语言在不断发展，不少词在造词时就有意识地利用了后缀，如复合词（compound）babysitter（临时保姆）是由 baby（婴儿）+ sitter（陪护人）构成的，其中 sitter 很明显是在动词 sit 后添加后缀 -er 产生的，那么现在人们除去 -er 也可以说是后缀。所以，逆生法更为全面的定义应该是除去现有词的后缀或像后缀的词尾构词的方法。

☙ 逆生词的来源

英语中通过逆生法产生的词并不多，有的学者认为只有几十个（Reader's Digest，1983：59）。为了便于学习，下面将收集到的逆生词按照来源词的性质分类列出（Quirk et al.，1985：1578–1579；Reader's Digest，1983：59；王文斌，2007：264–267；汪榕培、王之江，2008：42–44；张维友，2015：93–95）等。逆生词分别来源于施事名词（agentive noun）、抽象名词（abstract noun）、形容词（adjective）和复合词（compound）。

1. 来源于施事名词

audit 审计	←	auditor 审计员
beg 乞讨	←	beggar 乞丐
burgle 入室偷窃	←	burglar 窃贼
butle 管理	←	butler 男管家
cobble 修补	←	cobbler 补鞋匠
commentate 解说	←	commentator 解说员
hawk 叫卖	←	hawker 叫卖小贩
lech 好色	←	lecher 色狼
proct 学监	←	proctor 学监
rove 徘徊	←	rover 徘徊者
sculpt 雕塑	←	sculptor 雕塑家
stroke 安抚	←	stroker 安抚者
swindle 行骗	←	swindler 骗子
windsurf 风帆冲浪	←	windsurfer 风帆冲浪者

还有少数指“物”的名词，如 helicopter（直升机）→ helicopt（用直升机运送）、escalator（自动扶梯）→ escalate（逐步升级）、elevator（升降机）→ elevate（升高）等，源词与施事名词形式类似。

2. 来源于抽象名词

automate 使自动化	←	automation 自动化

destruct 破坏	←	destruction 破坏
diagnose 诊断	←	diagnosis 诊断
donate 捐赠	←	donation 捐赠
electrocute 行电刑	←	electrocution 电刑
emote 表情感	←	emotion 情感
enthuse 表现热情	←	enthusiasm 热情
escalate 逐步上升	←	escalation 逐步上升
excurse 短途旅行	←	excursion 短途旅行
informate 为……提供信息	←	information 信息
intuit 直觉	←	intuition 凭直觉知道
legislate 立法	←	legislation 立法
liaise 联络	←	liaison 联络
negate 否定	←	negation 否定
opt 选择	←	option 选择
orate 演说	←	oration 演说
preempt 先占 / 取	←	preemption 优先购买
reminisce 回忆	←	reminiscence 回忆
resurrect 使复活	←	resurrection 复活
suckle 给……喂奶	←	suckling 乳儿
surveille 监视	←	surveillance 监视
televise 电视播放	←	television 电视
valuate 对……估价	←	valuation 估价

3. 来源于形容词

coze 感到舒适	←	cozy 舒适的
denote 表示	←	denotative 外延的
drowse 打瞌睡	←	drowsy 睡意浓浓的
frivol 轻浮举动	←	frivolous 举止轻浮的
gloom 忧郁	←	gloomy 忧郁的
greed 贪婪	←	greedy 贪婪的
grovel 匍匐	←	grovelling 匍匐的

sedate 使……镇静 ← sedative 安静的

4. 来源于复合词

复合词可进一步分为两类，即名词和形容词。

1）来源于复合名词

babysit 做保姆 ← babysitter 临时保姆
backbite 背后骂人 ← backbiter 背后骂人者
brain-wash 洗脑 ← brainwashing 洗脑
daydream 做白日梦 ← daydreamer 白日做梦者
dressmake 制衣 ← dressmaker 裁缝
bookkeep 记账 ← book-keeping 记账
care-take 照看 ← caretaker 看管者
eavesdrop 偷听 ← eavesdropping 偷听
firebomb 放燃烧弹 ← firebomber 燃烧弹
free-associate 自由联想 ← free-association 自由联想
ghostwrite 代写 ← ghostwriter 代写人
globetrot 环球旅行 ← globetrotter 环球旅行者
house-clean 打扫 ← house-cleaning 打扫房屋
housekeep 管家 ← housekeeper 家务管理
laser-print 激光打印 ← laser-printer 激光打印机
match-make 做媒 ← match-maker 媒人
muckrake 搜集报道丑闻 ← muckraker 搜集报道丑闻者
non-conform 不信国教 ← non-conformist 不信国教者
proof-read 校对 ← proof-reader 校对者
spoonfeed 匙喂，填鸭式喂养 ← spoonfeeding 匙喂，填鸭式喂养
taperecord 录音 ← taperecorder 录音机
typewrite 打字 ← typewriter 打字机

2）来源于复合形容词

brow-beat 吹胡瞪眼	←	browbeaten 吹胡瞪眼的
henpeck 怕老婆	←	henpecked 惧内的
panic-strike 使惊慌失措	←	panic-striken 惊慌失措的
tongue-tie 张口结舌	←	tongue-tied 张口结舌的

还有个别逆生于副词的，如 darkling（在黑暗中）→ darkle（使变暗）、sidling（从侧面）→ sidle（侧身而行），不过该类型罕见。

☙ 逆生词与源词的关系

1. 逆生词与源词的词类关系

从例词不难看出，逆生词可产生于名词、形容词、副词等，但不管产生于何种词类几乎都是动词，用作其他词类的极少。少数几例如形容词 gloomy（阴暗的，沮丧的）逆生出名词 gloom（忧郁，昏暗）、形容词 greedy（贪婪的）逆生出名词 greed（贪婪）等。还有从名词逆生的词可同时作名词和动词使用，如名词 puppy（小狗）逆生出 pup，作名词表示“小狗”，作动词表示“生小狗”；名词 destruction（毁坏）逆生出 destruct 作名词和动词都表示“毁坏”等。

2. 逆生词与源词的语义关系

从意义上看，由抽象名词和复合词逆生而成的词与源词意义关系密切，几乎没有变化。

1）意义无变化的词

（1）来自抽象名词的逆生词。例如：

ablate 切除	←	ablation 切除
abreact 发泄	←	abreaction 发泄
aggress 侵略	←	aggression 侵略

bant 节食减肥 ← banting 节食减肥
cognize 认知 ← cognizance 认知
cohese 衔接 ← cohesion 衔接
contracept 避孕 ← contraception 避孕

（2）来自复合名词的逆生词。例如：

lip-read 唇读 ← lip-reading 唇读
mass-produce 批量生产 ← mass-production 批量生产
merry-make 寻欢作乐 ← merry-making 寻欢作乐
sightsee 观光 ← sightseeing 观光
windowshop 逛商店 ← windowshopping 逛商店

2）意义有变化的词

由具体名词和形容词逆生而成的词与源词尽管意义相关，但逆生变为动词后意义通常有所改变。

（1）来自具体名词的逆生词。例如：

auth 创作 ← author 作家
butch 屠杀 ← butcher 屠夫/屠宰员
loaf 游荡 ← loafer 流浪者
peddle 叫卖 ← peddler 小贩

（2）来自形容词的逆生词。例如：

denote 表示 ← denotative 外延的
laze 闲混 ← lazy 懒惰的
peeve 惹恼 ← peevish 易怒的
grue 发抖 ← gruesome 可怕的

（3）来自副词的逆生词。例如：

darkle 使变暗 ← darkling 在黑暗中
sidle 侧身而行 ← sidling 从侧面

☙ 逆生词源词词尾的特点

定义中已阐述，大多辞书把逆生词源词的词尾看作后缀，是有一定道理的，因为几乎所有被除去的词尾都与后缀形式上雷同。如表示“人”的名词词尾有 -er、-or、-ar；指“物”的名词词尾有 -er；抽象名词词尾有 -ing、-tion（-ion）、-sion、-ance、-ence 等。

还有来自普通形容词的词尾，如 -y、-some、-ous、-(a)tive、-ish；由过去分词演变的形容词词尾有 -ed、-en 等。

最后需要指出的是，逆生词大多为非正式用词，尽管有一部分已进入词典，但是辞书编纂人员对逆生词非常谨慎，一般不轻易收录。所以，使用逆生词时应倍加注意，正式文体中尽量避免使用。

参考文献

黄长著，林书武，卫志强，周绍珩译. 1981. 语言与语言学词典. 上海：上海辞书出版社.

王文斌. 2005. 英语词法概论. 上海：上海外语教育出版社.

汪榕培，王之江. 2008. 英语词汇学. 上海：上海外语教育出版社.

新牛津英汉双解大词典. 2007. 上海：上海外语教育出版社.

张维友. 2015. 英语词汇学教程. 武汉：华中师范大学出版社.

Bolinger, D. & Sears, D. A. 1981. *Aspects of Language* (3rd ed.). New York: Harcourt Brace Jovanovich.

Fromkin, V. & Rodman, R. 1983. *An Introduction to Language*. New York: Holt, Rinehart & Winston.

Crystal, D. 1985. *A Dictionary of Linguistics and Phonetics*. Oxford: Basil Blackwell in Association with André Deutsch.

Quirk, R., Greenbaum, S., Leech, G. & Svartvik, J. 1985. *A Comprehensive Grammar of the English Language*. London & New York: Longman.

Reader's Digest. 1983. *Success with Words*: A Guide to Modern English Usage.

New York: The Reader's Digest Association.

Richards, J. C., Platt, J. & Platt, H. 2000. *Longman Dictionary of Language Teaching and Applied Linguistics*. Beijing: Foreign Language Teaching and Research Press.

拼缀法 BLENDING

拼缀构词属于次要构词法，但是其能产性不可小觑。根据 Algeo & Algeo（1991）对 1941—1991 年产生的新词统计，拼缀构词占 5%，然而按当今新词发展趋势，拼缀构词大有增长之势。英国学者 Harold Wentworth 于 1993 发表的论文《英语中的拼缀词》（"Blend Words in English"）列出了 3 600 个例子（汪榕培、汪之江，2008：41），数量可观。这可能与其构词灵活、构成的词（word）看上去更像单纯词（simplex word）且符合人们对词的认知习惯有关。那么，拼缀词（blend），也称行囊词（portmanteau word），是如何产生的、有何规律可循，下面就这些问题进行探讨。

定义

拼缀是"语法和词汇的建构（grammatical and lexical constructions）过程，该过程中通常不同现的两个成分按照语言规则组合成一个语言单位"，如 brunch（**br**eakfast + l**unch** 早午餐）、interpol（**inter**national + **pol**ice 国际警察）、Eurovision（**Euro**pean + tele**vision** 欧洲电视）等（Crytal，1985：35）。该定义虽然给有例词，但定义本身并不清楚，"通常不同现的两个成分"如果是指切分后的成分还有一定道理，但没切分之前很多词是可以同现的，如 international police 和 European television 本身就是两个词组。另一个问题是按照语言规则组合在一起，但从给的例词看不出任何规则。Richards et al.（2000：53）对拼缀词给出的定义是“把其他词的部分合并构成的词”。该定义也不完整，因为该定义把“部分 + 整词”合并的词排除在外。《语言与语言学词典》（*Dictionary of Language and Linguistics*，1981：43）把拼缀法定义为“把两个或两个以上的自由词素（free morpheme）结合起来构成一个新词；这个新词的意义是它的组合成分意义的总和”。这个定义问题更大，因为拼缀词至少含有一个截取成分，而截取的成分绝大多数不是自由词素，该词典给的例词 chortle（chuckle + snort 哈哈大笑）本身与定义不符。《新牛津英汉双解大词典》（*The New Oxford English Chinese Dictionary*，2007）把拼缀词定义为“由两个词的部分构成并表示两个词的组合意义”，其问题与 Richards et al. 的定义存在的问题相似。根据对大量例词的分析，我们认为拼缀法是将 AB 两个词的部分，或将 A 词与 B 词的部分或 A 词的部分与 B 词混合构词的过程。英语 blending 有多种译法，如混成、混合、缩合、拼缀、紧缩等，本书选用“拼缀”，主要是遵循约定俗成原则（convention principle）原则，因为这是大家普遍接受的用语。

拼缀词构成范式

拼缀构词主要有四种范式：词首 + 词尾、词首 + 词首、词首 + 整词、整词 + 词尾。以下讨论基于 Quirk et al.（1985），王文斌（2005），汪榕培、王之江（2008），张维友（2015）等。

1. “词首 + 词尾”构成的词

autocide （**auto**mobile + sui**cide**） 撞车自杀
chunnel （**ch**annel + t**unnel**） 海峡隧道
chocoholic （**choco**late + alco**holic**） 巧克力迷
cremains （**cre**mate + **remains**） 骨灰
skurfing （**sk**ating + s**urfing**） 溜冰板

词首与词尾拼合是最常见的范式。我们对 180 个拼缀词进行了分析，本范式构成的词约占一半。更多例词如下：

advertistics （**advert**isement + s**tatistics**） 广告统计学

affluenza	（**affluent + influenza**）	富贵流行病
autome	（**automobile + home**）	移动住宅
ballute	（**balloon + parachute**）	气球跳伞
camcorder	（**camera + recorder**）	摄像机
Chinglish	（**Chinese + English**）	中国式英语
edutainment	（**education + entertainment**）	寓教于乐
e-zine	（**electronic + magazine**）	电子杂志
galumph	（**gallop + triumph**）	意气扬扬地走
historiography	（**history + biography**）	历史传记
inturb	（**interrpt + disturb**）	骚扰
lunacast	（**lunar + telecast**）	月球电视广播
motel	（**motor + hotel**）	汽车旅馆
Oxbridge	（**Oxford + Cambridge**）	牛津剑桥
paralympics	（**paraplegic + Olympics**）	残疾人奥运会
quictionary	（**quick + dictionary**）	快译通
stagflation	（**stagnation + inflation**）	滞胀

由词首和词尾拼合构词非常普遍。有些专用名词和品牌也是由该范式构成的，如 Yalvard（**Yale + Harvard** 耶鲁哈佛）、Motorola（**Motor + Vicrola** 摩托罗拉）等。该范式构成的拼缀词一般是取 A 词的首音节和 B 词尾部一个音节或两个音节构成。但是，如果拼合的是两个单音节词，那么仅取 A 词的首辅音字母与 B 词的尾部构成一个音节，如 smaze（**smoke + haze** 烟霾）、smog（**smoke + fog** 烟雾）、dawk（**dove + hawk** 非鹰非鸽派）等，以保证每个词的发音都能符合英语发音规则。如果两个词析取的部分都有同一个字母，无论是元音字母还是辅音字母，仅保留其中一个与英语拼写规则一致，如 broasted（**broiled + roasted** 烧烤的）、bionics（**bio**logical + electro**nics** 仿生学）、aerobatics（**aeronautical** + acro**batics** 特技飞行）、affluential（**affluent + influential** 有钱有势的）等。另外还要遵循可辨原则（identifiability principle）和约定俗成原则。以 mobot（**mobile + robot** 移动机器人）一词为例，-bot 已经被认定为准后缀，可以构成一系列的机器人，另外前一个词如果仅取 m 不易引起联想，mo 更容易让人联想到 mobile，所

以这样划分为佳。同样，hoffice（home + office 家庭办公室）也属于A 词的词首加 B 词的尾部构词范式，而非 A 词首字母加 B 词合并的结果。个别词如 electrocute（electricity + execute 电刑）的拼写与原词有一定差距，这是受读音规则影响而产生的音变现象。英语中如果两个辅音一起出现造成发音困难，可在辅音之间增加元音字母“-o-”“-e-”“-i-”“-a-”等起连接作用，如 handicraft（手工艺）、gasometer（气量计）、drunkometer（测醉仪）等。

2.“词首 + 词首”构成的词

Amerind （American + Indian） 美洲印第安人
comsat （communication + satellite） 通信卫星（公司）
FORTRAN （formula + translator） 公式翻译
sci-fi （science + fiction） 科幻小说
sitcom （situation + comedy） 情景喜剧
telex （teleprinter + exchange） 电传

该范式构成的词远远少于第一类，在分析的例词中仅占 10% 多一点。更多例词如下：

biopic （biography + picture） 传记电影
educrit （education + criticism） 教育批评
forex （foreign + exchange） 外汇
hifi （high + fidelity） 高保真
humint （human + intelligence） 谍报
interpol （international + police） 国际警察
moped （motor + pedal） 机动脚踏车
psywar （psychological + warfare） 心理战
sitvar （sitcom + variety） 情景杂耍
telco （telecommunication + company） 电信公司
telecon （telephone + conference） 电话会议
wifi （wireless + fidelity） 无线局域网

该范式构成的品牌有 Microsoft（microcomputer + software 微软）

等。这里要提出的是 commart（**common + market** 欧洲共同市场）由 A 词首与 B 词首合并，但还附加了 market 的最后一个字母，原因仍然是符合可辨原则，添加 -t 更容易联想到 market。另一个词 chortle（**chuckle + snort** 哈哈大笑）同时截取 A 词词首和词尾，中间插入 B 词词尾构成，违反拼缀构词常规，主要原因也是便于辨认。

3. "词首 + 整词"构成的词

autocamp	（**auto**mobile + **camp**）	汽车宿营地
hijack	（**hi**gh + **jack**）	劫机（空中劫持）
medicare	（**medi**cal + **care**）	医疗保险
telequiz	（**tele**phone + **quiz**）	电视问答
telestar	（**tele**communications + **star**）	电视卫星

该类词不算多，在分析的拼缀词中仅占 15% 左右。更多例词如下：

Amerasian	（**Amer**ican + **Asian**）	美亚混血儿
ecocar	（**eco**logical + **car**）	生态汽车
email	（**e**lectronic + **mail**）	电子邮件
emoticon	（**emoti**on + **icon**）	情感图标
Eurodollar	（**Euro**pe + **dollar**）	欧元
internot	（**inter**net + **not**）	网盲
medicaid	（**medic**al + **aid**）	医疗救助
mocamp	（**mo**tor + **camp**）	汽车宿营地
telediagnosis	（**tele**vision + **diagnosis**）	远程诊断
triathlete	（**tri**athlon + **athlete**）	三项全能运动员

由该范式构成的词作为专有名词，如 Euroland（**Euro**pedollar + **land** 欧元区）、Eurasia（**Eur**ope + **Asia** 欧亚大陆）、Walmart（**Wal**ton + **mart** 沃尔玛）、Compaq（**comp**uter + **pa**ck 康柏）等。

4. "整词 + 词尾"构成的词

bookmobile	（**book** + auto**mobile**）	流动图书馆
hightech	（**high** + **tech**nology）	高科技

lunarnaut	(**lunar** + autro**naut**)	登月宇航员
Reaganomics	(**Reagan** + eco**nomics**)	里根经济政策
tourmobile	(**tour** + auto**mobile**)	观光车
workfare	(**work** + wel**fare**)	工作福利制

该类拼缀词比第三类要多，约占所分析的拼缀词的 30%。更多例词如下：

adultescent	(**adult** + adol**escent**)	中青年
breathalyse	(**breath** + an**alyse**)	呼吸分析
carbecue	(**car** + bar**becue**)	驾车户外烧烤
faction	(**fact** + fi**ction**)	纪实小说
fanfic	(**fan** + **fic**tion)	同人小说（业余爱好者所写）
glassteel	(**glass** + **steel**)	玻璃钢
guesstimate	(**guess** + **estimate**)	估猜
hitcom	(**hit** + sit**com**)	热门情景喜剧
newscast	(**news** + broad**cast**)	新闻广播
nightscaping	(**night** + land**scaping**)	夜景
ragazine	(**rag** + m**agazine**)	小报
skyjacker	(**sky** + hi**jacker**)	空中劫机者
slimnastics	(**slim** + gym**nastics**)	塑身操
travelator	(**travel** + escal**ator**)	移动人行道
warphan	(**war** + **orphan**)	战争孤儿
webonomics	(**web** + ec**onomics**)	网络经济

尤其要指出的是，前三类构词都涉及截取 A 词词首，如 bio-（**bio**logical）、euro-（**Euro**pean）、e-（**e**lectronic）、eco-（**eco**logical）、info-（**info**rmation）等，和词尾，如 -burger（ham**burger**）、-(g)lish（En**glish**）、-wich（sand**wich**）、-gate（Water**gate**）等，有些学者将这些形式看作非自由词根（non-free root），称作组合形式（combining form），而另一些学者根据其多产性（productivity）和复现性特点，认

为是新型词缀（affix）（参见核心概念【缀合法】）。所以，由这些形式构成的词既可看作派生词（derivative），也可看作拼缀词。

有少数词的源词A词的部分与B词词首相同，如triathlete（**triathlon** + athlete三项全能运动员），既可看作由triath + lete构成，也可看作tri + athlete拼合，结果毫无差异。但是按可辨原则，后一种分析更易辨认，因为tri-表示"三"，加athlete表示"运动员"，意思更为清楚明白。还有个别词由"词尾+词尾"合成，如visionphone（tele**vision** + tele**phone**可视电话），可谓绝无仅有。另一个有趣的现象是，有些拼缀词经过二次拼合才完成，如sitvar表示"情景杂耍"，是由sitcom（**sit**uation + **com**edy情景喜剧）+ **var**iety多样性构成；hitcom指"热门情景喜剧"，是由**hit**（受欢迎的事物）+ **sitcom**（**sit**uation + **com**edy情景喜剧）拼合，此类构词也属个别现象，但随着时间的推移，这类词会逐步增多。

拼缀词绝大多数都是名词，动词很少，形容词更少。为数不多的几个动词是telecast（**tele**vision + broad**cast**电视广播）、guestimate（**guess** + **estimate**估猜）、breathalyse（**breath** + **analyse**呼吸分析）等。所见到的形容词有fantabulous（**fantastic** + **fabulous**奇妙的）、fumious（**fuming** + **furious**盛怒的）等。

拼缀词多见于科技、新闻及报纸杂志。尽管其中许多词已逐步大众化，但保守的学者仍然把这类词看作俚语（slang）或非正式用词。例如，blaxploitation（**black** + **exploitation**剥削黑人）、sexaholic（**sex** + alco**holic**色情狂）、bikethon（**bike** + **marathon**自行车马拉松），eggwich（**egg** + sand**wich**鸡蛋三文治）等词仍然没有摆脱临时造词的地位，还在挣扎中求生存。因此，正式文体中建议少用。

参考文献

黄长著，林书武，卫志强，周绍衍译. 1981. 语言与语言学词典. 上海：上海辞书出版社.

汪榕培，王之江. 2008. 英语词汇学. 上海：上海外语教育出版社.

王文斌. 2005. 英语词法概论. 上海：上海外语教育出版社.

新牛津英汉双解大词典. 2007. 上海：上海外语教育出版社.

张维友. 2015. 英语词汇学教程. 武汉：华中师范大学出版社.

Algeo, J. & Algeo, A. 1991. *Fifty Years Among the New Words: A Dictionary of Newlogisms,* 1941–1991. Cambridge: Cambridge University Press.

Crystal, D. 1985. *A Dictionary of Linguistics and Phonetics*. Oxford: Basil Blackwell in Association with André Deutsch.

Quirk, R., Greenbaum, S., Leech, G. & Svartvik, J. 1985. *A Comprehensive Grammar of the English Language*. London & New York: Longman.

Richards, J. C., Platt, J. & Platt, H. 2000. *Longman Dictionary of Language Teaching and Applied Linguistics*. Beijing: Foreign Language Teaching and Research Press.

上下义关系 HYPONYMY

上下义关系亦称上下位关系，是词汇（vocabulary）之间的一种语义关系（sense relation）。这一概念（concept）是 Lyons 于 1963 年提出的。Lyons 发现在古希腊语中存在一个涵盖所有职业的上义词（superordinate/hypernym），但是在英语中却没有这样的词（word）。同样，英语中也不存在能涵盖全部颜色的词，因为英语中 colored（有颜色的）一词并不能包含 black（黑）和 white（白）。这是因为人们对客观外界的认知会概括性地体现在词义（word meaning）里，但是概括的程度各不相同，根据概括程度的高低，相关的词之间就形成了上下义关系。概括程度高的词是上义词，概括程度低的词是下义词（hyponym/subordinate）。

☙ 定义

上下义关系实际是一种属关系。自这一概念被引进语义学（semantics）研究以来，学者们对于上义词和下义词之间的关系始终存在不同的意见。Palmer（1981：85）认为上下义关系是一个包含（inclusion）的概念，具体来说就是 flower（花）包含 rose（玫瑰花）和 tulip（郁金香），mammal（哺乳类动物）或 animal（动物）包含 lion（狮子）和 elephant（大象）等。他认为包含其实是一个类属问题。Cruse（1986）认为上下义关系是存在于词义较具体的词和词义较笼统的词之间的语义关系，后者包含前者，也就是上义词包含下义词。Leech（1981）和 Saeed（2000）则认为下义词包含上义词。陆国强（1997）认为上下义关系就是语义内包（semantic inclusion），指的是表示种概念的词内包在表示类概念的词里。张维友（2010）提出，上义词包含下义词，即下义词属于上义词的概念范畴，同时下义词蕴含（entail）上义词，即上义词属于下义词的语义范畴。因此，我们可以这样认为，上下义关系是一种词义包含关系，即更为具体、特定的词的意义包含于较为笼统、概括的词义中。在上下义关系中，这种较为笼统、概括的词处于上一层级，也就是上义词；更为具体、特定的词则处于下一层级，就是下义词。同一个上义词的不同下义词之间形成共下义关系，这种词就是共下义词（co-hyponym）。

☙ 上下义关系的层级性和相对性

上下义关系是分层级的，可呈多层级关系。上下义关系层级结构可以通过树形图来表示（见下页图）。

不难看出，上下义关系是相对而存在的。同一个词相对于不同层级的词既可以是上义词也可以是下义词。如下页图所示，creature（动物）相对于 living things（生物）是下义词，但是相对于 animal（动物，不包括鸟、鱼、昆虫等）又是上义词。同样，animal 相对于 creature 是下义词，却是 tiger（虎）、cat（猫）、pig（猪）的上义词。

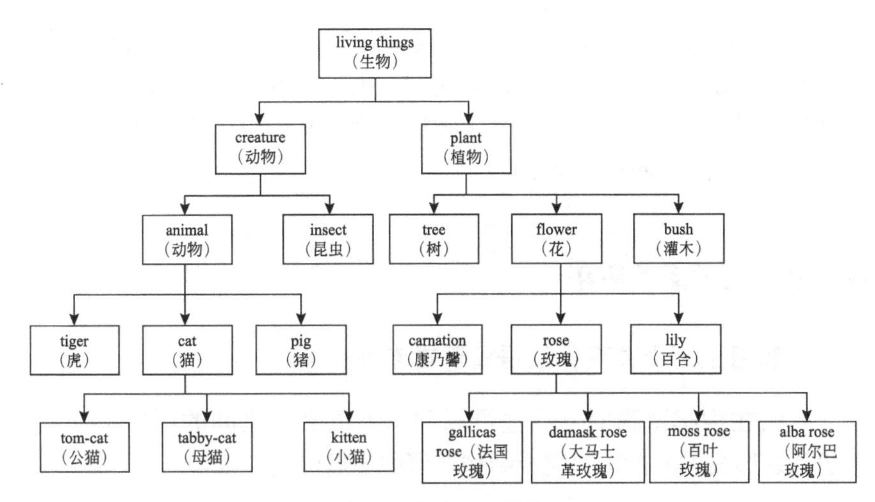

上下义关系层级结构

☙ 上下义词位空缺

词库（lexicon）的词汇单位称为词位（lexeme）。上下义词表达的是种属概念，理论上来说应当具有各自的词汇场（lexical field），然而语言构建词汇的等级结构不一定都与实际的词位相关联（Lyons，1977）。因此上下义词的词位空缺现象在许多语言中都存在。语言里存在有上义词而没有下义词，或有下义词而没有上义词这种不对称现象。上文提到英语中没有包含所有颜色的上义词。又如，在汉语里有“伯父”“叔父”“舅父”等称谓，但缺乏涵盖所有父辈称谓的上义词；而英语里有 uncle 这一父辈称谓上义词，但缺乏相对于汉语里“伯父”“叔父”“舅父”等的下义词。同样，英语里 marry 指“结婚”，既可以指女“嫁”也可以指男“娶”，却没有相对于汉语“嫁”“娶”的下义词。

上义对下义一般是指同类事物，但是不同类的事物根据不同的目的可以临时变成上下义关系。例如，watch（手表）、pen（笔）、cup（杯子）、disk（光盘）可以统称为 object（物件），object 就是上义词，但是如果把它们作为礼物，它们的上义词就变成 present，那么 object 和 present 称为假上义词（pseudo-superordinate）。还有一种情况，有一些词，如

round（圆）、square（方）、oblong（椭圆）和 bitter（苦）、sweet（甜）、sour（酸）等，没有合适的词作上义词，也可以说是上义词缺位，可以分别借用 shape（形状）和 taste（味道）为上义词，这些上义词称为准上义词（quasi-superordinate）。

☙ 上下义关系的应用

1. 利用上下义关系保证语篇逻辑连贯

人们在构建语篇时，往往可以利用上下义词之间的语义（sense）内包关系形成词汇衔接，完成结构严谨的连贯语篇。例如：

[1] **Dangerous sports** may bring many benefits. **Physical activities** like that offer a chance to construct individual confidence, for illustration. In consequence, sports of this kind should not be banned.

危险的运动会带来很多好处。举例来说，像这样的**体育活动**为人们提供了建立个人自信的机会。因此，不应该禁止这类运动。

[2] **Pneumonia** has arrived with cold and wet conditions. The **illness** is striking everyone from infants to the elderly.

肺炎已随着寒冷潮湿的条件而来。从婴儿到老年人，这种**疾病**在侵袭着每一个人。

以上两句中，dangerous sports 是下义词，与 physical activities 形成上下义关系；pneumonia（肺炎）是 illness（疾病）的下义词。这种词汇之间的上下义关系既保证了行文的逻辑衔接，又避免了重复用词。

2. 利用上下义关系使写作生动具体

上义词语义空泛，用于归纳总结效果好，而下义词具体明确，用于细节描写更生动清楚。试比较（张维友，2015：46）：

[3] **Trees** surround the **water** near our summer *place*.

我们的避暑**地**旁的**水域**四周**树木**环绕。

[4] **Old elms** surround the **lake** near our summer *cabin*.

我们的避暑**木屋**坐落在**湖**旁，湖周围长满**老榆树**。

不难看出，句 [4] 比句 [3] 要好，因为句 [4] 中选用的是下义词，描写具体、明确，给读者提供了一副生动逼真的画面，而句 [3] 使用的是上义词，只能给人以笼统、模糊的感觉。

一般情况下，写作选用下义词比上义词好。当然，如果是概括总结，上义词就有其优势，如“公园里鲜花盛开，万紫千红”，只需说“The garden is full of beautiful flowers.”就可以了，无须也无法分别描写具体有些什么花，各自形态如何等。

参考文献

陆国强. 1997. 现代英语词汇学. 上海：上海外语教育出版社.

汪榕培，王之江. 2008. 英语词汇学. 上海：上海外语教育出版社.

张维友. 2010. 英汉语词汇对比研究. 上海：上海外语教育出版社.

张维友. 2015. 英语词汇学教程. 武汉：华中师范大学出版社.

Cruse, D. A. 1986. *Lexical Semantics*. Cambridge: Cambridge University Press.

Leech, G. N. 1981. *Semantics* (2nd ed.). Harmondsworth: Penguin.

Lyons, J. 1963. *Structural Semantics: An Analysis of Part of the Vocabulary of Plato*. Oxford: Basil Blackwell.

Lyons, J. 1977. *Semantics* (Vol. 1). Cambridge: Cambridge University Press.

Palmer, F. R. 1981. *Semantics*. Cambridge: Cambridge University Press.

Saeed, J. I. 2000. *Semantics*. Beijing: Foreign Language Teaching and Research Press.

首字母缩略法 ACRONYMY

首字母缩略法一般被认为是次要构词法，然而，就构词的数量而言，人们对该构词法（word formation/building）的评价远远低于其实际情况。以 Crowley 编写的《首字母缩略词词典》（*Acronyms and Initialisms Dictionary*）为例，1961 年第一版收录 12 000 条词条，1965 年第二版收录 45 000 条词条，1970 年问世的第三版收录词条多达 80 000 条，每五年呈几何式递增。15 年后 Crowley 又推出《首字母缩略词和缩略语词典》（*Acronyms, Initialisms & Abbreviations Dictionary*，1985），收录词条多达 450 000 条。现在 20 多年已过，缩略词（abbreviation）数量恐怕要翻倍了。每个专业技术领域都有其缩略语，如《英汉工程技术缩略语词典》（*English-Chinese Abbreviations and Acronyms Dictionary of Engineering Technology*，1983）收录词条 66 000 条，《英汉化学化工缩略语词典》（*English-Chinese Abbreviation Dictionary of Chemistry and Chemical Technology*，2010）收录词条 30 000 余条，《现代医学英汉缩略语词典》（*A Modern English-Chinese Dictionary of Medical Abbreviations*，2015）收录词条 70 000 余条。试想一个专业领域的缩略词都这么多，如果把各专业技术领域的缩略词叠加起来，数量难以想象。既然缩略语词汇（vocabulary）使用如此广泛，那么其构成和使用等是值得认真探讨的。

♋ 定义

汉语中缩略语是一个概括词，相当于英语的 abbreviation，包含首字母缩略词，如 De Sola 编写的《缩略语词典》（*Abbreviations Dictionary*，1981）包括首字母缩略词。Crowley 编写的词典分别用了 acronym 和 initialism，两个词（word）都可翻译成首字母缩略词[《新牛津英汉双解大词典》（*The New Oxford English-Chinese Dictionary*，2007）]，它们的区别在于发音，acronym 是指像 laser（激光）和 CORE（争取种族平等大会）这样有正常读音的首字母缩略词，而

initialism（字母读音词，亦称 alphabetism）是诸如 VIP（重要人物）和 BBC（英国广播公司）按字母读音的词。但是 1985 年版的词典把 abbreviation 与 acronym 和 initialism 并列起来，使问题复杂化了。为了简明起见，我们借用 Quirk et al.（1972，1985）的做法，把所有首字母缩略词都称作 acronym，不论读音如何。由此，首字母缩略词的构成方法称为 acronymy，首字母缩略词就叫 acronym。Quirk et al.（1972：1031）对首字母缩略词定义为"将描写性词组或专用名称各词的首字母组合形成的词"。张维友（2022：86）将首字母缩略法定义为"将社团组织和政治机构名称或专业术语（technical term）各单词首字母缩合构词的方法"。为方便起见，这里将各种缩略词一起讨论，包括一些词的截略形式（clipped form）等。

ଓ 首字母缩略词构成方式

英语中首字母缩略词数量惊人，构成方式五花八门，看起来很凌乱，但也有规律可循。首字母缩略词的字母多寡取舍要符合两条原则：可辨原则（identifiability principle）和约定俗成原则（convention principle）。缩略词容易让人联想到原词或原名称，另有相当数量的缩略形式长期被广泛使用，已约定俗成（convention），乍看起来无论怎么不合理，都不能随意变更。首字母缩略词大体可以分为两大类：首字母拼音词（acronym）和首字母读音词（initialism）。下文将根据 Quirk et al.（1972，1985）、Reader's Digest（1983）、王文斌（2007）、蔡基刚（2008）、张维友（2022）等，举例加以阐释。

1. 首字母拼音词

首字母拼音词是指这些词本是提取首字母组合而成，但是构成的词符合英语发音规则，可以像普通单词正常发音。根据词的构成情况可进一步细分为三类：纯首字母拼音词（pure acronym）、混合首字母拼音词（hybrid acronym）、音节首字母拼音词（syllabic acronym）。

1）纯首字母拼音词

NATO	North Atlantic Treaty Organization	北约
AIDS	acquired immune deficiency syndrome	艾滋病
BASIC	beginner's all-purpose symbolic instruction code	初学者通用符号指令码
WHO	World Health Organization	世卫组织
PIN	personal identification number	个人密码
SIM	subscriber identity module	用户识别卡
yahoo	Yet Another Hierarchical Officious Oracle	雅虎
laser	lightwave amplification by stimulated emission of radiation	激光
radar	radio detecting and ranging	雷达
sonar	sound navigation and ranging	声呐
TEFL	teaching English as a foreign language	作为外语的英语教学

从这些例词看，尽管每个缩略词都可以正常发音，但是其构成存在一定差异。NATO、AIDS、BASIC、WHO、PIN、SIM、yahoo这些词都是提取每个组成成分的首字母；laser、radar、sonar、TEFL几个词在提取首字母时，有意识省掉了个别词；radar和sonar两个词从第一个构成成分（constituent）中提取了两个字母，目的是便于发音，也为符合英语拼写习惯。

2）混合首字母拼音词

N-bomb	nuclear bomb	原子弹
D-notice	defense notice	防卫公告
G-man	government man	联邦调查局特工
D-Day	decimalization day	十进位改制日
V-Day	Victory Day	二战胜利日

此类词多少与拼缀词（blend）有相似之处，但第一个字母都取自

第一个词的首字母，与“A 词首 + 词”构成的缩合词还是有区别的（参见核心概念【拼缀词】)。

3）音节首字母拼音词

顾名思义，音节首字母拼音词是提取每个词的一个音节而构成的词，如 Delmarva 分别由 **Del**aware（特拉华州）、**Mar**yland（马里兰州）和 **V**irgini**a**（弗吉尼亚州）前两个词的首音节和后一个词首及尾字母构成，这属于个例。

需要指出的是，有很多词尽管是字母缩写，但仍然按原词读音，如 Mr.（**m**iste**r** 先生）、Dr.（**d**octo**r** 博士，医生）、Sun.（**Sun**day 星期日）、Wed.（**Wed**nesday 星期三）等。当然这几个词不能算是地地道道的首字母缩略词，但都属于缩略词大范围。严格说来，Sun. 和 Wed. 应该是截略词，但不能独立使用，所以一并归属缩略词。

2. 首字母读音词

首字母读音词也可以进一步分为两类：字母代替每个词和字母代替词的部分。首字母读音词由首字母组合而成，但仍然按字母读音。这类词特别发达，形式多种多样。例如：

A.D.（**A**nno **D**omini） 公元
B.C.（**B**efore **C**hrist） 公元前
i.e.（**i**d **e**st） 既／就是
sth.（**s**ome**th**ing） 某事
e.g.（**e**xempli **g**ratia） 例如
ID（**id**entification card） 身份证
PC（**p**ersonal **c**omputer） 个人计算机
ATM（**a**utomated **t**eller **m**achine） 自动提款机
GPS（**g**lobal **p**ositioning **s**ystem） 全球卫星定位系统

例词中有的加点，有的没加点。是否加点一是习惯，二是场合。同样的词可以加点，也可以不用点，大小写也是如此。

1）字母代替每个词

VOA（voice of America） 美国广播
UFO（unidentified flying object） 不明飞行物
CPU（central processing unit） 中央处理器
EEC（European Economic Community） 欧洲经济共同体
GDP（Gross Domestic Product） 国内生产总值
SCO（Shanghai Cooperation Organization） 上合组织
AIIB（Asian Infrastructure Investment Bank） 亚投行

2）字母代替词的部分

TV（television） 电视
TB（tuberculosis） 肺结核
GHQ（General Headquarters） 司令部
DNA（deoxyribonucleic acid） 脱氧核糖核酸
p.c.（postcard） 明信片
sb.（somebody） 某人

这些词似乎没有多少规律，因长期使用，已约定俗成。字母代替词的部分能产性极强，在英语中比比皆是，缩略方式比较随意。所以，英语中有些词，不同的人有不同的缩写形式，如 department（部门，系，学部）可以分别写成 dept、dpt、dep、D 等形式，只要在特定场合能够辨认即可。

☙ 缩略词的使用

缩略词的数量大是因为其使用广泛，尤其是在科技文体、商业交往中大量使用。在非正式文体或私密场合，为了省时省力，只要不被误解，可以随意缩写。但是在正式文体中，尽管缩略词也广为接受，却不能随意缩写。缩略词的使用也是有规律的，下文将分类举例加以阐释（Reader's Digest，1983：1–3）。

1. 姓名

西方人人名一般有三部分，姓、名、中间名，如美国总统肯尼迪的全名是John Fitzgerald Kennedy，其中Kennedy是姓，John Fitzgerald是名，可以分别写成John F. Kennedy或J. F. Kennedy，但是姓不能缩写。

2. 头衔、级别、学位

Mr.（mister）	先生
Mrs.（mistress）	夫人/太太
Dr.（doctor）	博士，医生
Esq（esquire）	先生阁下（信内尊称）

职务头衔后只带姓，头衔写全称，如Governor Rockefeller。但是，如果写姓名全称，头衔可缩写，如Gov. Nelson A. Rockefeller。

B.A./BA（Bachelor of Arts）	文学学士
B.S./BS（Bachelor of Science）	理学学士
M.A./MA（Master of Arts）	文学硕士
MED/M.Ed.（Master of Education）	教育硕士
DED（Doctor of Education）	教育博士
M.D.（Doctor of Medicine）	医学博士
PhD（Doctor of Philosophy）	哲学博士

需要注意的是，所有缩写都是按原词的顺序排列，但哲学博士例外，前后顺序颠倒。

3. 国家名称

U.K./UK（United Kingdom）	英国
D.D.R.（Germanic Democratic Republic）	德意志民主共和国
U.S./US/U.S.A./USA（United States, United States of America）	美国/美利坚合众国
P. R. C./P. R. China（People's Republic of China）	中华人民共和国

4. 公司、社团名称

Assoc.（Associates） 联合公司
Bros.（Brothers） 兄弟会
Co.（Company） 公司
Corp.（Corporation） 大公司
Inc.（Incorporated） 股份有限的
& Co.（and Company） 及公司
NTA（National Teachers Association） 全国教师协会
IBA（International Bar Association） 国际律师联合会
IATEFL（International Association of Teachers of English as a Foreign Language） 国际英语外语教师协会

5. 机关、组织、学校名称

MIT（Massachusetts Institute of Technology） 麻省理工学院
IOC（International Olympic Committee） 国际奥委会
UNO（United Nations Organization） 联合国组织
CCTV（China Central Television） 中国中央电视台
IBM（International Business Machines Corporation） 国际商用机器公司
CIA（Central Intelligence Agency） 美国中央情报局
WIPO（World Intellectual Property Organization） 世界知识产权组织

6. 时间缩写

A.M./AM/a.m./am（ante meridiem）上午
P.M./PM/p.m./pm（post meridiem）下午
Sun.（Sunday）星期天
Mon.（Monday）星期一
Tues.（Tuesday）星期二
Wed.（Wednesday）星期三
Thurs.（Thursday）星期四
Fri.（Friday）星期五
Sat.（Saturday）星期六
Jan.（January）一月
Feb.（February）二月
Mar.（March）三月
Apr.（April）四月
Aug.（August）八月
Sep.（September）九月
Oct.（October）十月

Nov.（**Nov**ember）十一月
Dec.（**Dec**ember）十二月
Spr.（**Spr**ing）春
Sum.（**Sum**mer）夏
Aut.（**Aut**umn）秋
Win.（**Win**ter）冬
EST（**E**astern **S**tandard **T**ime）东部标准时
GMT（**G**reenwich **M**ean **T**ime）格林尼治时 = 世界标准时

从例词看出，缩写一般保留三个字母，May（五月）不用缩写，June（六月）、July（七月）可分别缩写成Jun. 和Jul.，也可不用缩写。

7. 常用缩写形式

cf.（confer）比较
e.g.（**e**xempli **g**ratia）例如
et al.（**et al**ii, **et al**iae）等
etc.（**etc**etera）等
ibid（**ibid**em）（出处）相同
id.（**id**em）相同
i.e.（**i**d **e**st）即，就是
inf.（**inf**ra）如下
MS（**m**anu**s**criptum）手稿
op. cit（**op**ere **cit**ato）引用文献
sup（**sup**ra）上面

8. 度量衡缩写

cm（**c**enti**m**eter）厘米 / 公分
mm（**m**illi**m**eter）毫米
m（**m**eter）米
dm（**d**eca**m**eter）十米
km（kilometer ）千米
g（**g**ram）克
mg（**m**illi**g**ram）毫克
kg（**k**ilo**g**ram）千克 / 公斤
t（**t**on）顿
ft（**f**oo**t**）英尺
in（**in**ch）英寸
yd（**y**ar**d**）码
mi/m（**mi**le）英里
l（**l**itre）升
oz（**o**unce）盎司
l/lb（**l**i**b**ra=pound）磅

9. 短信常用语缩写

2DAY（today）　今天
2MORO（tomorrow）　明天
2NITE（tonight）　今晚
GR8（great）　很好

B4（before）	以前
B4N（before now）	至今
BRB（Be right back）	马上回来
BTW（by the way）	顺便问声
CU（See you）	再见
AFAIK（as far as I know）	就我所知
CUL8R（Call you later）	稍后回话
D8（date）	约会
G2G（Got to go）	该走了
IB（I'm back）	我回来了
FYI（for your information）	为你所知
MSG（message）	信息
NO1（no one）	没人
PCM（Please call me）	请来电话
RUOK（Are you OK）	你怎么样
THNQ（Thank you）	谢谢你
THX（thanks）	谢谢
TTUL（Talk to you later）	再谈吧
URW（You're welcome）	不客气
XLNT（excellent）	棒极了
OIC（Oh, I see）	哦，我明白了
MYOB（Mind your own business）	别管闲事

（《柯林斯 COBUILD 高级英汉双解词典》，2009：1430）

缩略语使用无处不在。但是有条金科玉律必须遵守：只要觉得会引起误会，就用全称。

参考文献

蔡基刚. 2008. 英汉词汇对比研究. 上海：复旦大学出版社.

池肇春. 2015. 现代医学英汉缩略语词典. 北京：军事医学科学出版社.

柯林斯 COBUILD 高级英汉双解词典. 2009. 北京：高等教育出版社.

王文斌. 2005. 英语词法概论. 上海：上海外语教育出版社.

英汉工程技术缩略语词典. 1983. 北京：国防工业出版社.

张吕鸿. 2010. 英汉化学化工缩略语词典. 北京：化学工业出版社.

张维友. 2022. 英语词汇学教程. 武汉：华中师范大学出版社.

新牛津英汉双解大词典. 2007. 上海：上海外语教育出版社.

Crowley, E. T. 1961/1965/1970. *Acronyms and Initialisms Dictionary*. Detroit: Gale Research Co.

Crowley, E. T. 1985. *Acronyms, Initialisms & Abbreviations Dictionary*. Detroit: Gale Research Co.

De Sola, R. 1981. *Abbreviations Dictionary*. London: Elsevier Science Ltd.

Quirk, R., Leech, S., Greenbaum, G. & Svartvik, J. 1972.*A Grammar of Contemporary English*. London: Longman.

Quirk, R., Leech, S., Greenbaum, G. & Svartvik, J. 1985. *A Comprehensive Grammar of the English Language*. London & New York: Longman.

Reader's Digest. 1983. *Success with Words: A Guide to Modern English Usage*. New York: The Reader's Digest Association.

同形异义关系 HOMONYMY

英语中有些词语形式相同，但它们的意义却毫无关系，这些词（word）就是同形异义词（homonym），它们之间的关系就是同形异义关系。

定义

何为同形异义关系？《韦伯大学英语词典》（第 11 版）（*Merriam-*

Webster's Collegiate Dictionary，2014）对 homonym 的解释是“两个或两个以上拼写或发音相同但意义不同的词，如名词 quail 和动词 quail”。Lyons（1977，2000）认为英语 homonym 意思是同形词（words with the same forms），即发音或拼写相同的词，是不同词汇（vocabulary）在语音（phonetics）和构形上的重合，它们的意义不同，并且没有任何关联。Leech（1981）认为 homonym 这一术语指的是拼写和发音相同但意义不同的两个词汇单位。Crystal（2008）也认为 homonym 指的是形式相同但意义不同的词。但是形式相同的程度有绝对和部分之分。基于大量同形异义词分析，我们将同形异义词定义为语言中形式（包括语音和拼写）完全或部分相同但意义不同的词，它们之间的关系就是同形异义关系。

↻ 同形异义词的分类

根据语音或拼写相同的程度，同形异义词可分为绝对同形异义词（absolute homonym）和部分同形异义词（partial homonym）。张维友（2010）认同 Lyons 的观点，将 homonym 作为上义词（superordinate/hypernym），它统辖三个下义词（hyponym/subordinate）：同形同音词（perfect homonym），亦称完全同形异义词、同形异音词（homograph）和同音异形词（homophone）。这三种类型同形异义的差别可在下表中清晰地展示出来。

同形异义词的差别

类别	发音	拼写	例示
同形同音词	相同	相同	bank/bæŋk/ n. 银行 bank /bæŋk/ n. 河岸
同形异音词	不同	相同	live /lɪv/ v. 生活 live /laɪv/ a. 活的
同音异形词	相同	不同	chord /kɔːd/ n. 弦 cord /kɔːd/ n. 绳索

1. 同形同音词

同形同音词指的是拼写和发音都相同，但词义（word meaning）不同的词。例如：

arm（n. 胳膊）—arm（n. 武器）
band（n. 军队）—band（n. 条，带；v. 绑，缚）
crow（n. 乌鸦）—crow（n./v. 鸡叫）
major（a. 较大的，主要的）—major（v. 主修；n. 主科）—major（n. 少校）
palm（n. 手掌）—palm（n. 棕榈）
pop（v. 突然出现，发生；n. 砰声）—pop（a. 流行的，热门的）
seal（n./v. 封口）—seal（n. 海豹）
tend（v. 倾向）—tend（v. 照顾）
wage（n. 工资，报酬）—wage（v. 进行，开展）

2. 同形异音词

同形异音词指的是仅拼写相同，发音和意义都不同的词。例如：

bow（/baʊ/ n. 船头；鞠躬）—bow（/bəʊ/ n. 弓；蝴蝶结；v. 使弯曲）
hinder（/'hɪndə/ v. 阻碍）—hinder/'haində /a. 后部的
invalid（/'ɪnvəlɪ:d/ a. 生病的）—invalid（/ɪn'vælɪd/ a. 无效的）
lead（/li:d/ v. 领导）—lead（/led/ n. 铅）
minute（/'mɪnɪt/ n. 分钟）—minute（/maɪ'nju:t/ a. 细微的）
wind（/wɪnd/ n. 风）—wind（/waɪnd/ v. 缠绕）

英语中的同形异音词数量有限。汪榕培、李冬（1983）列举了较有代表性的60组同形异音词。它们往往成对出现，从词语结构来看，结构不同的词比同形同音词更多。例如，entrance（/'entrəns/ n. 入口）—entrance（/ɪn'trɑ:ns/ v. 使入神），前者是由enter（v. 进入）派生而来，后者则是由trance（n. 出神）+ 前缀（prefix）en- 派生出来的。

3. 同音异形词

同音异形词指的是仅发音相同，构形和意义都不同的词。例如，flower（n. 花）—flour（n. 面粉），vain（a. 徒劳的）—vein（n. 静脉）—vane（n. 风向标）等。这类同形异义词较前两类的数量更多，因为无论音节多少、无论何种功能、无论是专有词汇还是普通词汇，只要满足发音相同的条件即可。张维友（2010）将同音异形词又细分为专业词汇与普通词发音偶合以及词汇的不同语法形式与普通词发音偶合的类型。下文以此分类为基础进行说明：

专用词汇与普通词发音相同，如Korea（n. 韩国）—career（n. 职业）、Rome（n. 罗马）—roam（v. 漫游）、Seoul（首尔）—soul（n. 灵魂）—sole（n. 鞋底）、Wales（n. 威尔士）—whales [n. 鲸鱼（复数形式）]—wails [v. 悲叹（第三人称单数形式）] 等。

词汇的不同语法形式与普通词发音相同，例如：

（1）复数形式与普通词：bases（n. 基础）—basis（n. 底部）、claws（n. 爪子）—clause（n. 分句）、days（n. 天）—daze（n./v. 眩晕）；

（2）动词第三人称单数与普通词（或其他形式）：beats（v. 打击、敲打）—beets [n. 甜菜（beet 复数形式）]、knows（v. 知道）—nose（n. 鼻子）；

（3）动词过去式与普通词：flew（v. 飞行，fly）—flu（n. 流感）、saw（v. 看见）—soar（n./v. 激增，翱翔）—sore（n./a. 痛处 / 疼痛的）；

（4）动词过去分词与普通词：grown（v. 成长，增长）—groan（v./n. 呻吟）、sent（v. 送、给）—cent（n. 美分）—scent（n. 味道）；

（5）缩写形式与普通词：I'll（I will）—isle（n. 岛）—aisle（n. 过道）、we'll（we will）—wheel（n. 轮子）—wheal（n. 鞭痕）—weal（n. 漩涡）；

（6）普通词与普通词：air（n. 空气）—heir（n. 继承人）、baron（n. 男爵）—barren（a. 贫瘠的）、bow（n. 船头）—bough（n. 树枝）、cell（n. 细胞、小房间）—sell（v. 卖）、holy（a. 神圣的）—wholly（adv.

完全地)、rain(n. 雨)—reign(v. 统治)—rein(n. 缰绳)、sauce(n. 调味汁)—source(n. 资源)、son(n. 儿子)—sun(n. 太阳)、vain(a. 徒劳的)—vein(n. 静脉)—vane(n. 风向标)等。

☙ 同形异义词的功能

很多情况下，同形异义词被当作一种文字游戏(word play)，在话语或文本中产生双关修辞(pun)，在文学、戏剧以及打油诗等作品中产生幽默与喜剧效果。例如：

[1] If we don't *hang* together, we shall *hang* separately.
如果我们不**团结**在一起，我们将被分别**绞死**。

[2] They seemed to think the opportunity lost, if they failed to *point* the conversation to me, every now and then, and stick the *point* into me.
他们好像认为如果不将话题**指向**我，并且死死**咬住**我不放，就坐失了良机。

[3] On Sunday they *pray* for you and on Monday they *prey* on you.
星期天他们为你**祈祷**，星期一他们却对你**掠夺**。

[4] "Waiter!"
"Yes, sir."
"What's this?"
"It's *bean* soup, sir."
"No matter what it's **been**. What is it now?"
"服务员!"
"你好，先生。"
"这是什么?"
"这是**豆汤**。"
"不管它**曾是**什么，它现在是什么?"

句[1]中使用了同形异义词hang，前一个词指的是“团结”，后一个词意为“绞死”。句 [2] 节选自狄更斯的《远大前程》，前处 point 是动词，意为“指向”；后处则是名词，意为“要点”。句 [3] 使用了同音异形词 pray（祈祷）和 prey（猎食）。句 [4] 是一则笑话，其中顾客把 bean（豆子）听成了 been（be 动词的过去分词），从而产生了幽默的效果。

☙ 同形异义词产生的原因

同形异义词产生的原因是多维的，一般认为主要有以下三种原因。

1. 音和形的改变

在古英语时期，有些词汇原本在音、形、义等方面都各不相同，然而随着语言的发展与变化，尤其是经历“元音大转移”（Great Vowel Shift）之后，机缘巧合形成同形异义词。例如，ear（n. 耳朵）—ear（n. 穗）这对同形异义词，前者出自古英语 eare，意思是“耳朵”，后者出自古英语西撒克逊方言 ear，意思是“穗”。又如 forbear（n. 祖先）—forbear（v. 克制），在中古英语时期，名词 forbear 的拼写为 forebear，随后其拼写逐渐演变为 forbear；而动词 forbear 则源于古英语 forberan，意为“忍受”。

2. 大量外来语的引进和吸收

英语中有大量的外来词（foreign word），如 Malé（马累）—male（a. 恶劣的）—male（a. 男性的），大写的词来自迪维希语，是马尔代夫首都，表示“恶劣的”male 则源自拉丁语 malus，而表示“男性的”male 源自拉丁语 masculus。又如 air（n. 空气）—heir（n. 继承人）是同音异形词，前者来源于希腊语 aer，经古法语 air 进入英语，而后者则来自拉丁语 heres。另外，fair（n. 市场，集市）—fair（a. 漂亮的，公平的），前者来自拉丁语 feriae，经由古法语 feire 进入英语变为 fair，而后者则来源于原始日耳曼语 fagraz。

3. 词语缩略

在英语的长期发展与变化进程中，缩略（abbreviation）产生了许多新词，也制造了许多同形异义词。例如，cab（n. 白菜）—cab（n. 小屋）—cab（n. 马车，出租车），前者缩写自 cabbage，表示“小屋”的 cab 缩写自 cabin，最后的 cab 则缩写自法语单词 cabriolet。

ଓ 同形异义词与多义词的区别

如何区分同形异义词与多义词（polysemic word / polysemant）一直是语义学（semantics）研究的重点和难点。学者们早已意识到这二者的区分问题，并开展了深入的研究。Lyons（1963）提出以词性（part of speech）为标准来区分同形异义与一词多义。然而这一标准并不全面，因为许多同形异义词的词性都相同，如 nap（n. 瞌睡）—nap（n. 绒毛）—nap（n. 一种牌戏）、scale（n. 鱼鳞）—scale（n. 天平）—scale（n. 标度）都是词性相同的同形异义词。Weinreich（1964）认为可以通过语义成分分析（componential analysis）来区分同形异义词与多义词。如果两个词至少有一个语义成分（semantic component）相同，那么它们就是多义词；如果两个词没有任何语义成分相同，那么就是同形异义词。长期以来，学者们普遍接受的区分原则是“词源原则”和“意义相关原则”。就是说如果两个词出自不同的词源（etymon），且语义（sense）上没有任何关联，那么就是同形异义词，反之则是多义词。尽管这两个原则仍有不足之处，但绝大多数情况下区分多义词和同形异义词是没有问题的。

参考文献

汪榕培. 2002. 英语词汇学高级教程. 上海：上海外语教育出版社.

汪榕培，李冬. 1983. 实用英语词汇学. 沈阳：辽宁人民出版社.

汪榕培，王之江. 2008. 英语词汇学. 上海：上海外语教育出版社.

张维友. 2010. 英汉语词汇对比研究. 上海：上海外语教育出版社.

Crystal, D. 2008. *A Dictionary of Linguistics and Phonetics* (6th ed.). Oxford:

Blackwell Publishing.

Leech, G. 1981. *Semantics: A Study of Meaning*. Harmondsworth: Penguin.

Lyons, J. 1963. *Structural Semantics*. Oxford: Blackwell.

Lyons, J. 1977. *Semantics* (Vol. 1). Cambridge: Cambridge University Press.

Lyons, J. 2000. *Linguistic Semantics: An Introduction*. Beijing: Foreign Language Teaching and Research Press.

Weinreich, U. 1964. Webster's third: A critique of its semantics. *International Journal of American Linguistics*, (30): 405–409.

同义关系 SYNONYMY

同义关系是一种语义关系（sense relation），是词汇学（lexicology）研究中的重要概念（concept）。同义词（synonym）在任何语言中都存在，并且有着重要的地位。一种语言里同义词的数量多寡体现了该语言和民族文化的发达程度，同义词越多，语言和文化越发达。同义词是语言词汇（vocabulary）中词义（word meaning）的类聚现象，是一种非常活跃的词语存在事实。

☙ 定义

何为同义词？学界对于同义词的定义并不统一，有的定义较简单，如Jackson（1988）、Jackson & Amvela（2000）将同义词定义为在所有句子语境中都可以互换使用的两个词（word），认为两个词之间意义相同的关系就是同义关系。Lyons（1995）的定义则相对复杂，认为同义词不仅是词位（lexeme），也是表达（expression），既有简单词汇表达（lexically simple expression），也有复杂词汇表达（lexically complex expression)。他认为同义词有绝对同义词(absolute synonym)和相对同义词(relative synonym)之分。绝对同义词有三个必要条件，即意义完全相同、在所有语境(context)下同义，以及在所有的意义层面完全对等。Cruse(1986)认为同义词具有相同的(identical)中心语义特征(central semantic trait)，但可能存在细微的(minor)或边缘的(peripheral)语义特征差异。简而言之，同义词是两个或两个以上词类相同、发音和拼写不同，但其核心意义(essential meaning)相同或相近的词。

☙ 同义词的分类

学界对于同义词的分类呈现出百家争鸣的局面。Ullmann(1951)将同义词分为完全同义词(complete synonym)和准同义词(quasi-synonym)。但他认为完全同义词非常少见，但未对准同义词明确细分。Cruse(1986)将同义词分为认知同义词(cognitive synonym)和近义词(near-synonym/plesionym)。认知同义词指的是两个词具有相同的句法意义，如在同一个句子中两词可替换，该句的真值条件保持不变。如果替换后句子的真值条件发生了改变，但意思仍然相似，那么这两个词就是近义词。他还认为在认知同义词中完全同义词只占了很少一部分，大部分都在表达意义(expressive meaning)、搭配限制(collocational restriction)以及诱发意义(evoked meaning)等方面存在些许差别。Lyons(1968，1981，2000)更是深入、详细地分析了同义词并进行了分类。Lyons(1981)提出了确定同义词的三个条件：所有意义等同、所有语境下同义、相关意义全部对等。如果这三个条件全都符合，那么就是完全同义词，符合部分条件则是部分同义词(partial synonym)。Lyons(2000)又明确区分了部分同义词和近义词。他认为近义词是意思不等同(not identical)，但在一定程度上相似或相近的两个词。例如，mist(薄雾)—fog(雾)、stream(溪流)—brook(小溪)、dive(跳水)—plunge(纵身一跳)等。基于上述分类，我们将同义词分为两大类，即绝对同义词(absolute synonym)和相对同义词。绝对同义词指词义完全相同，并在所有语境中意义对等的词。这种词虽然存在，但数量较少。相对同义词的基本意义相同或相似，但在某个或某些语境中不能互相替换。例如，choose、select 和 pick 是一组同义词，都带有“挑选”的基本意义，有时可以互换使用，但它们在修辞色彩和文体风格上不尽相同，自然使用场合也非完全一样。又如 create、invent 和 discover，虽然都有“发明”“创造”的含义，但它们创造的内容却各不相同。

同义词形成的原因

英语中有大量的同义词。同义现象的出现体现了社会的发展、语言的变化及人类自身认知的进步。英语中，同义词的形成和丰富是语言外部因素和语言内部因素共同作用的结果。概括起来主要有三大原因。

（1）本族语成分与大量借词（loan word / borrowing）相融合的结果。Palmer（1981）和 Baugh & Cable（2000）都宣称英语词汇有两个主要来源：一个来源是盎格鲁 - 撒克逊语，也就是本族语成分；另一个来源是法语、拉丁语和希腊语。英语同义词特别丰富是由于法语、拉丁语等外来成分与本族语成分的巧妙融合所致，如表 1 所示：

表 1　本族语词与外来词形成的同义词

英语	法语	拉丁语	词义
rope	cable	—	绳索
manly	—	virile	男子气概的
empty	devoid	vacuous	空的
fire	flame	conflagration	火
heal	recover	recuperate	治愈
rise	mount	ascend	上升
send	consign	transmit	送，给
weak	frail	fragile	虚弱的

（2）英语语域变体相融合的结果。英语有很多地域性变体，其中最主要的是英式英语（British English）和美式英语（American

English）。这两种方言变体中往往会使用不同的词汇来表达同一个概念，如表 2 所示：

表 2　语言变体形成的同义词

词义	英式英语	美式英语
汽油	petrol	gas
足球	football	soccer
地铁	underground	subway
水龙头	tap	faucet
公寓	flat	apartment
电梯	lift	elevator
秋天	autumn	fall
衣橱	wardrobe	closet
毛衣	jumper	sweater
人行道	pavement	sidewalk
市中心	city center	downtown

（3）词汇的比喻和委婉用法导致的结果。语言交际中，人们往往使用委婉语来替代交际中不便明说的禁忌（taboo），从而产生了不少同义词。人们常用委婉语来表达人体缺陷以示礼貌，如用 plump（丰满）、stout（强壮）、out-size（大块头）代替 fat（肥胖），用 homely（普通的）、plain（平常的）代替 ugly（丑陋），用 distort the fact（扭曲事实）替代 lie（撒谎），用 rest room（休息室）、powder room（化妆室）等表示厕所等。另外，用比喻说法来替代直陈，如用 walk of life（行业）替代 occupation/profession（职业）、elevated（欢欣的）替代 drunk（醉酒）等。

同义词的辨析

绝对同义词几乎是没有差异的，任何语境中都可以互换使用。然而，相对同义词都是有差异的，往往给使用带来困难，选择不当就有可能词不达意，或者使用不得体。因此，了解同义词辨析就显得十分重要。归纳起来，同义词的差异主要表现在语义（sense）、文体（style）、情感（emotion）和搭配（collocation）等方面。

1. 语义差别

语义差别指的是同义词概念意义（conceptual meaning）之间的差别，表现在两个方面：语义范围大小不一和语义程度轻重有别。例如，ability、gift、capacity、talent 和 genius 都有“才能”的意思，ability 是普通用语，使用范围最广，既可以表示天赋才能，又可以表示后天习得的才能；gift 通常指艺术、语言等方面表现出的天赋才能；capacity 尤指对知识或思想方面的理解力；talent 指的是音乐、数学、绘画、模仿、外交等方面的特殊才能。在这组同义词中，genius 语义程度最强，比 talent 具有更高的天赋能力。每个人都有 ability，具有 talent 的人就要少得多，真正的 genius 应该是凤毛麟角。又如，almost 和 nearly 都表示“几乎、差不多”的意思，但二者在程度上稍有不同，almost 所指的差距比 nearly 更小一些；close 和 shut 都表示“关、闭”，但 shut 的语气和程度都要更强，表示“关牢”“紧闭”。再如 work 和 labor 都表示“工作，劳动”，前者使用范围广，既可以表示脑力劳动，也可以表示体力劳动，work 可轻可重，但是 labor 使用范围要窄得多，一般指繁重的消耗体力的劳动。

2. 文体差别

文体差别指的是同义词使用场合在文体风格方面的差异。简单来说，词汇的使用场合有正式（书面体）和非正式（口语体）之分，不同的场合需要使用不同的词汇，如表 3 所示：

表 3　同义词的文体差异

正式	一般	非正式	词义
beseech/importune	ask	beg	请求
indisposed	sick	under the weather	不舒服的
female parent	mother	mommy	母亲
maiden	girl	lass	女孩
peculiar	strange	weird	奇怪的

（续表）

正式	一般	非正式	词义
distinct	clear	—	清楚的

实际上，除了书面体和口语体以外，同义词还有俚语（slang）、诗歌体、方言体等。如上所述，同义词形成的主要原因是借词，借用的法语词、拉丁语词等与本族词（native word）形成成对同义词（couplet）或三词组同义词（triplet），如表 4 所示：

表 4　不同语言来源的同义词的文体差别

本族词	法语	拉丁语	词义
room	chamber	—	房间
begin	commence	—	开始
buy	purchase	—	买
ask	question	interrogate	询问
fear	terror	trepidation	害怕

相比之下，本族词一般为中性词，可以使用于各种场合，但是法语词要正式得多，一般为书面体；拉丁语借词最正式，属于学术（academic）和专业术语（technical term）。

3. 情感差别

词汇的情感差别指的是词语中附着的人们对所描述对象褒贬的感情色彩。很多同义词概念意义相同或相近，却具有不同的情感色彩，有的是褒义词（commendatory term），有的是贬义词（pejorative term），还有的是中性词，没有明显的褒贬色彩，如表 5 所示：

表 5　词义的情感差别

褒义词	中性词	贬义词	概念意义
slender	thin	skinny	瘦
nourishing	rich	fattening	滋养的
fragrance	smell	stench	味道
famous	well-known	notorious	出名的

选用中性词表示中立的态度，选用褒义词表示欣赏、赞许、歌颂的态度，选用贬义词就表示鄙视、否定的意味。

4. 搭配差别

许多同义词尽管语义上相同，但搭配用法方面存在差异。如 answer 和 reply 都有“回答”之意，可以说 answer the question（回答问题）、answer the phone（接电话）等，但只能说 reply to the email（回复邮件）、reply to someone（回答某人）等，因为 reply 是不及物动词，接宾语要添加介词 to。又如 living 和 alive 都可以表示“活着的”，但如果修饰名词，living 常作前置定语，alive 则常用作后置定语或表语。再如 ripe 和 mature 都有“成熟的”意思，但形容人用 mature，描述谷物水果成熟要用 ripe。再看 insist、persist、stick 都有“坚持”的意思，但与它们搭配的介词各不相同，即 insist on、persist in、stick to。

英语中有大量表达“群”概念的词组，如 a cluster of、a group of、a flock of、a herd of、a pack of、a school of、a swarm of、a string of 等，但这些表“量”词组的搭配对象各不相同，如 a cluster of stars（一群星星）、a group of people（一群人）、a flock of birds/sheep（一群鸟 / 羊）、a herd of elephants（一群大象）、a pack of wolves（一群狼）、a school of fish（一群鱼）等。

综上所述，要用好同义词，必须注意它们在语义、语体、情感、搭配等方面的差异，这样才能选词准确，用词得体，表现力丰富。

参考文献

Baugh, A. C. & Cable, T. 2000. *A History of the English Language*. Beijing: Foreign Language Teaching and Research Press.

Cruse, D. A. 1986. *Lexical Semantics*. Cambridge: Cambridge University Press.

Jackson, H. 1988. *Words and Their Meanings*. London: Longman.

Jackson, H. & Amvela, E. 2000. *Words, Meaning, and Vocabulary*. New York: Cassell.

Lyons, J. 1968. *Introduction to Theoretical Linguistics*. London & New York: Cambridge University Press.

Lyons, J. 1981. *Language, Meaning and Context*. London: Fontana Paperbacks.

Lyons, J. 1995. Linguistic *Semantics*. Cambridge: Cambridge University Press.

Lyons, J. 2000. *Linguistic Semantics: An Introduction*. Beijing: Foreign Language Teaching and Research Press.

Palmer, F. R.1981. *Semantics* (2nd ed.). Cambridge: Cambridge University Press.

Ullmann, S. 1951. *Words and Their Use*. London: Frederick Muller Ltd.

习语 IDIOM

习语又称熟语，是语言中重要且特殊的组成部分。所有语言都存在大量的习语。这些特殊语言表达的形成经历了长期的积累与沉淀。罗常培（2015：4）曾言："语言文字是一个民族的文化结晶，这个民族过去的文化，靠着它来流传，未来的文化也仗着它来推进。"习语作为民族语言的精华，在体现民族特征与文化内涵方面，较之其他语言成分更具代表性和典型性。正是由于习语独特的文化内涵，一种语言的习语不可能在另一语言中完全找到对应的表达。习语的来源丰富、数量众多、特点鲜明，是人们喜闻乐用的语言表达形式。

定义

要对习语下一个明确的定义很难，甚至对于习语称谓都存在不同的意见。有的学者用固定短语（set phrase）、固定表达（fixed expression）、固定搭配（fixed collocation）、短语单位（phraseological unit）等来泛指两个或两个以上成分构成的完整单位（Moon，1998；

Weinreich，1969，1972）。英语 idiom 在汉语中的翻译也不统一，有"成语""惯用语""短语"等（陈文伯，1982；冯翠华，2011；李冰梅，2005；汪榕培、王之江，2008；邢志远，2006）。汉语界一般倾向于使用"熟语"一词（word），包含了成语、惯用语、谚语等。而熟语囊括的内容也无定论，学界里众说纷纭。故此，我们将"习语"视为英语 idiom 的对等词，这样更加便于操作。《牛津英语大词典》（简编本）（*Shorter Oxford English Dictionary*，2004）对 idiom 的定义是："基于使用而建立的一组词，其整体意义不可由其构成成分（constituent）的意义推测出来。"《朗文当代高级英语辞典（英英·英汉双解）》（第5版）（*Longman Dictionary of Contemporary English*，2009）的定义则更简单："一组固定的词语组合，具有不同于个别单词意义的特殊意义。"不少学者都曾对习语进行过定义，认为习语是特殊词语的特殊用法，是两个或两个以上词语的组合，且该组合构成一个新的意义整体，而这一整体义不可由其组成成分的意义推测出来（Cowie et al.，1983；Cowie & Mackin，1975；Fernando，1996；Fernando & Flavell，1981；Fraser，1970；Makkai，1972；Mcmordie，1954；Weinreich，1969）。不难看出，这些定义主要侧重于其结构的组合性与意义的整体性和特殊性。概言之，习语是由两个或两个以上的词组成的共同体，其意义不同于各成分意义的简单相加，而是一个新的意义整体，并以整体的形式作为构句单位。

☙ 习语的分类与界定

习语的分类错综复杂，分类的标准或原则也不统一。学者们从不同的角度对习语进行了分类。汪榕培（2000）基于前人对英语习语的分类研究，总结了九种分类方法，即通过习语的主题、语义透明度、交际功能、句法功能、结构、中心词、语域（register）、词源（etymon）以及类型等对习语进行分类。从前人的研究来看，习语的分类方式主要有来源、语法功能、习用性、结构、功能。我们认为按习语的来源和语法功能标准分类较之其他方法对英语习语的学习更具有针对性和成效性。下面进行举例说明。

1. 根据习语的来源分类

来源是习语的出处，根据习语的来源分类不涉及习语的意义、形式或功能。习语的来源非常广泛。从认知语言学（cognitive linguistics）角度来说，习语是人们对客观外界的概念化（conceptualization）体现。因此，许多习语都来源于人们的日常生活。例如，burn the candle at both ends（过分耗费精力）源自 17 世纪，当时的穷人只能自制蜡烛来照明。这种蜡烛两端都能燃烧以获得更多光线。两头同时点蜡烛燃烧的时间自然变短，非常形象地表达了过度消耗的意思。又如，bury the hachet 源自印第安人的风俗，两个部落打完仗，输赢双方聚在一处，将战斧埋于地下，以示战争结束，由此产生言归于好的意思。

来自商业生活的习语，如 turn an honest penny（老老实实挣钱）、cash cow（摇钱树）、money doesn't grow on trees（金钱来之不易）、a fool and his money are soon parted（笨人难聚财）、talk shop（说行话）、under the hammer（被拍卖）等。

来自农业生活的习语，如 go to seed（退化）、lead someone to the garden path（引入歧途）、put one's hands to the plough（干活，行动起来）、land flowing with milk and honey（富饶肥沃之地）等。

来自海事活动的习语，如 at sea（茫然，不知所措）、be in deep waters（陷入危险）、between wind and water（在要害处）、go by the board（丢弃，撒手不管）、back and fill（出尔反尔）、cut and run（急忙离开）、keep a weather eye open（保持警惕）、on the rocks（触礁、濒临毁灭）等。

来自军事和政治生活的习语，如 bury the hachet（和解、休战、化干戈为玉帛）、jump on the bandwagon（随大流）、lay down one's arms（停战）、loose cannon（我行我素不顾后果的人）、miss fire（得不到预期效果）、powder keg（危险处境）、straight shooter（坦白正直的人）、top gun（顶尖人物）等。

与动物有关的习语，如 like a duck to water（如鱼得水）、a cat's

paw（被人利用的人）、a dark horse（实力难测的竞争者）、a little bird told me（我听说）、chicken out（畏缩不前）、have bats in the belfry（思想古怪）、make a monkey out of someone（戏弄某人）、top dog（身居高位）等。

与人体部位有关的习语，如 all ears（洗耳恭听）、at one's elbow（在近处）、have no backbones（不坚强）、in cold blood（蓄意地）、keep body and soul together（维持生计）、loose one's head（仓皇失措）、pay through the nose（付一大笔钱）、show one's face（出场）等。

与颜色有关的习语，如 a white lie（善意的谎言）、blue blood（贵族血统）、in a brown study（沉思冥想）、in black and white（白纸黑字）、have a red face（感到尴尬或羞愧）、have green fingers（擅长园艺）、go purple with rage（极其生气）等。

来自食物和烹饪的习语，如 a bad egg（不诚实的人）、go like hot cakes（畅销）、as keen as mustard（极其热情的）、chew the fat（闲谈）、in apple-pie order（井井有条）、in the soup（在困境中）、money for jam（容易赚的钱）、take pot（吃现成便饭）等。

来自花卉、水果、蔬菜等的习语，如 as like as two peas（极其相似）、beat about the bush（旁敲侧击）、gild the lily（过于奢侈地装饰）、grasp the nettle（正视困难）、nip in the bud（防微杜渐）、not have a bean（身无分文）、make hay while the sun shines（把握时机）等。

来自职业的习语，如 a good sailor（不会晕船的人）、a busman's holiday（和平时工作没什么两样的假日）、a bad actor（不择手段的危险人物）、a baker's dozen（十三）、an advance agent（代言人）、banker's hours（轻松自在的工作）等。

来自《圣经》的习语，如 Adam's apple（喉结）、as one man（一致地）、fall by the wayside（半途而废）、fig leave（遮羞布）、make bricks without straw（做无米之炊）、separating the wheat from the chaff（取其精华，去其糟粕）、the salt of earth（社会中坚）等。

来自神话寓言的习语，如 Achilles' heel（致命弱点）、a Sisyphean task（无休无止的苦役）、Gordian knot（难题）、Procrustean bed（削足适履）、the Trojan horse（暗藏的危险，奸细）、win one's laurels（赢得荣誉）、a fly on the wheel（狂妄自大）、nurse a viper in one's bosom（姑息养奸）、pull one's chestnut out of fire（火中取栗）等。

来自文学作品的习语，如出自《唐吉坷德》的 fight with the windmill（白费力气）、出自《尤里乌斯·恺撒》的 all Greek to me（一窍不通）、出自《威尼斯商人》的 pound of flesh（合法的无理要求）、出自《安东尼和克里奥佩特拉》的 salad days（少不更事，青春期）、出自《爱丽丝梦游奇境记》的 jam tomorrow（永远不能兑现的承诺）等。

来自体育运动和娱乐的习语，如来自拳击运动的 be down and out（完全失败）、来自台球运动的 behind the eight ball（处于困境）、来自橄榄球运动的 game plan（全盘计划）、来自纸牌游戏的 follow suit（学样）、来自纸牌游戏的 have an ace up one's sleeve（有应急妙计）等。

习语的来源众多，资源丰富，不胜枚举。

2. 根据习语的语法功能分类

根据习语的语法功能可将习语分为名词性习语（nominal idiom）、形容词性习语（adjectival idiom）、动词性习语（verbal idiom）、副词性习语（adverbial idiom）和谚语（陆国强，1997）。张维友（2015）认为以上分类中第五类谚语违反功能标准，应以“句式习语”（sentential idiom）为佳，既包括谚语、格言、警句，又涵盖了其他句式结构的惯用表达。我们也认同这种分类，以下用具体实例加以阐释和说明。

（1）名词性习语。例如：

[形 + 名]：a good bargain（便宜货）、a hard case（难对付的人）
[名 + 名]：brain drain（人才流失）
[名 + 连 + 名]：flesh and blood（血肉之躯）
[名 + 介 + 名]：a bird in the bush（未定局之事）、a bed of roses（温床、安乐窝）

[名 + 介 + 形 + 名]: birds of the same feather（一丘之貉）
[名 + 介 + 限 + 名]: Jack of all trades（杂而不精的人）
[名 + 所有格 + 名]: a hair's breadth（间不容发）

（2）形容词性习语。例如：

[形 + 连 + 形]: black and blue（遍体鳞伤的）
[as + 形 +as+ 名]: as mild as a dove（温和的）
[形 + 介 + 名]: wide of the mark（毫不相关的）
[介 + 名]: over a barrel（受人摆布的）
[介 + 形 + 名]: in tall cotton（非常富足的）
[副 + 介 + 名]: up in the air（悬而未决的）

（3）动词性习语，包括短语动词（phrasal verb）和其他动词短语。

短语动词由"动词 + 小品词"构成。例如：

[动 + 副]: turn out（结果是；参加）
[动 + 介]: run into（偶然遇见）
[动 + 副 / 介]: take off（起飞、离开）
[动 + 副]: drift away（渐渐离开；开始出现分歧）
[动 + 副 + 介]: get away with（侥幸逃脱）
[动 + 副 + 介]: do away with（废除）、bear down on（施加压力）

其他动词短语。例如：

[动 + 代]: face it（面对现实）
[动 + 代 + 形]: play it safe（谨慎行事）
[动 + 名]: get the air（被解雇）
[动 + 名所有格 + 名 + 介]: turn one's back on（背弃；拒绝）
[动 + 名所有格 + 名 + 动]: make one's blood run（毛骨悚然）
[动 + 形]: talk big（说大话）、box clever（处事机灵）
[动 + 形 + 介]: get angry at（愤怒）
[动 + 动]: let go（放开）、make believe（假装）
[动 + 连 + 动]: pinch and scrape（节衣缩食）

[动 + 介短]: work like a beaver(兢兢业业)
[动 + 副]: aim high(胸怀大志)
[动 + 名 + 介]: do the dirty on(卑鄙地对待)
[动 + 名 + 不定式]: let beggars match with beggars(龙配龙，凤配凤)
[动 + 名 + 定从]: bite the hands that feed one(恩将仇报)

(4)副词性习语。例如:

[名 + 介 + 名]: day after day(日复一日地)
[副 + 连 + 副]: again and again(再三地)
[形 + 连 + 形]: far and wide(广泛地、到处)
[副 + 介 + 代]: once for all(彻底地)

(5)句式习语。例如:

Brevity is the soul of wit.(简洁是智慧的灵魂。)
The first step is as good as half over.(迈出第一步等于成功了一半。)
Be honest rather than clever.(诚实比聪明更重要。)

习语的特征

习语特征主要有习用性(idiomaticity)、语义整体性(semantic unity)、结构凝固性(structual frozenness)和比喻性(figurativeness)四个方面。

1. 习用性

作为民族智慧的结晶和民族文化的精华，习语是人们日常生活以及各行各业经验的浓缩，具有较高的习用性。例如，miss the boat 原本是航海用语，随着人们的长期使用，其外延(denotation)逐渐扩展到人们生活的其他方面，形成了“失去机会”这一新的语义(sense)。又如，in low water 原本指“船只搁浅”，但现在用来表示“缺钱”“拮据”的意思。习用性具有鲜明的民族特色，同样的概念(concept)和思想在不同的语言文化中有不同的习惯表达(idiomatic expression)，如汉语中“一贫如洗”在英语中是 as poor as a church mouse，汉语的习语暗示穷得就像被大水冲洗了一样什么都没有，而在讲英语的国家，教堂是生活的重要组成部分，教堂是没有吃喝的，生活在教堂的老鼠再穷不过了。“有钱能使鬼推磨”对应的英文是 money makes the mare go。在过去，一些愚昧无知的汉人迷信鬼神，认为有了钱连鬼都可以为人驱使。古代汉民族依靠石磨加工五谷杂粮，因此有了“鬼推磨”这个说法，而在英语文化中，马在生活中占有重要地位，该习语源自英国的一则民谣，讲的是有人想借马却被拒绝，但在承诺付费后便成功借到了马。由此，有了“钱能驱动马”的说法。“挥金如土”对应的英文是 spend money like water，汉民族是农耕民族，常年与土地打交道，土多而价值不高，用钱就像撒土一样随便，而英语民族是岛国，常年与水打交道，用钱就像洒水一样随意，暗示花钱大手大脚。“力大如牛”对应的英文是 strong as a horse，汉民族耕田运输多用牛，认为牛力大无穷，但英民族是岛国，使用最多的是马，在他们心目中，马的力气大，故有此习语。还有像“落汤鸡”对应的英文是 like a drowned rat、“瓮中之鳖”对应的英文是 a rat in a hole、“拦路虎”对应的英文是 a lion in the way 等，都无不与民族文化和生活习惯密切相关。如果把设喻倒过来，就违反民族文化习惯，也就不称其为习语了。

2. 语义整体性

习语由两个或两个以上的单词组成，是历经长期的使用、沉淀、提炼而来，在意义和形式上都具有统一性和整体性。这种整体性首先表现在语义方面。习语虽然由不同的成分组成，但这些构成成分形成了一个完整的意义单位，不可由组成成分的意义推测出来。例如，get in someone's hair 是“惹某人生气”的意思，与其组成成分的组合意义相差甚远。另一个与头发有关的习语是 let one's hair down，其意义是“放松”“不拘礼节”，与“放下头发”这一字面义没有任何关联。另外，在形式和功能上，习语也体现出一定的整体性，即习语作为一个统一的概念单位参与到句法中。例如，在“Linda complained that she couldn't *put her finger on* why her colleagues should *keep her at arm's length.*”（琳达抱怨搞不清为什么同事都不愿意接近她。）这个句子中，习语 put one's finger on（了解，搞清楚）和 keep one at arm's length（与某人保持距离）都是作为整体参与到句法结构中的。

3. 结构凝固性

习语在结构上具有凝固性。习语作为一个语义整体，它的形式具有整体性和统一性，不能随意发生改变。一般来说，习语的习用性越高，其结构就越固定。结构的凝固性主要表现在以下几个方面：

（1）不可随意增删成分。一个习语一旦定型，其构成成分往往不能随意增减。例如，hold the bag（背黑锅），其中的冠词 the 不能省略变为 hold bag。又如，full of beans（精力旺盛的），也不能随意增加冠词变成 full of the beans。

（2）不可随意用同义词（synonym）或近义词（near-synonym/plesionym）替换成分。如 go ape（发狂）不能变成 go monkey 或者 go chimpanzee 等。

（3）不可随意改变结构关系。习语的内部结构是经过人们长期使用后约定俗成的，不可随意改变。英语习语中名词和动词的单复数形式不能随意更改，词序通常固定不变。例如，前文提及的习语 full of beans 就不能将 beans 变为单数 bean 来使用；习语 diamond cut diamond（棋逢对手）中动词 cut 不能按照语法规则变为第三人称单数 cuts；习语 tit for tat（针锋相对）不能换成 tat for tit；airs and graces（装腔作势）也不能颠倒变成 graces and airs 等。

4. 比喻性

习语的形成受到思维方式和民族文化的影响，因此习语意义大多是比喻性的。有些习语的比喻意义（figurative meaning）可由其字面意义（literal meaning）引申而来，但更多情况下，习语的比喻意义与习语形成的历史、文化背景等紧密相连。例如，bark up the wrong tree（弄错目标，白费心思）的来源与狩猎有关，猎狗在树下狂吠以示此处有猎物，由此引申为“做了无用功”“白费力气”。习语意义的比喻程度也各不相同，习语意义越靠近其字面意义，则其比喻程度就越低。反之，与其字面意义相距越远，其比喻程度越高。比如 stab someone in the back（暗箭伤人）和 catch the crab（桨划入水中过深而失去平衡）这两个习语，前者的比喻意义与字面义更接近，因此比喻程度比后者更低。

当然，这四大特点也不是绝对的，每个特点都有例外。相当数量的习语一旦使用，受语法规则的左右都有一定变化。更主要的是，在语言实践中，为了达到某特定目的、取得某预期艺术效果，人们不时打破常规使用习语，造成习语变异（idiom variation）（参见核心概念【习语变异】），这里不加赘述。

参考文献

陈文伯. 1982. 英语成语与汉语成语. 北京：外语教学与研究出版社.

冯翠华. 2011. 英语惯用语词典. 上海：上海外语教育出版社.

朗文当代高级英语辞典（英英·英汉双解）（第 5 版）. 2009. 北京：外语教学与研究出版社.

李冰梅. 2005. 英语词汇学习教程. 北京：北京大学出版社.

陆国强. 1997. 现代英语词汇学. 上海：上海外语教育出版社.

罗常培. 2015. 中国人与中国文：语言与文化. 北京：新星出版社.

牛津英语大词典（简编本）. 2004. 上海：上海外语教育出版社.

汪榕培. 2000. 英语词汇学研究. 上海：上海外语教育出版社.

汪榕培，王之江. 2008. 英语词汇学. 上海：上海外语教育出版社.

邢志远. 2006. 英语惯用语大词典. 上海：复旦大学出版社.

张维友. 2010. 英汉语词汇对比研究. 上海：上海外语教育出版社.

张维友. 2015. 英语词汇学教程. 武汉：华中师范大学出版社.

Cowie, A. P. & Mackin, R. 1975. *Oxford Dictionary of Current Idiomatic English (Vol. 1): Verbs with Prepositions and Particles*. Oxford: Oxford University Press.

Cowie, A. P., Mackin, R. & McCaig, I. 1983. *Oxford Dictionary of Current Idiomatic*

English (Vol. 2): Phrase, Clause, and Sentence Idioms. Oxford: Oxford University Press.

Fernando, C. & Flavell, R. 1981. *On idioms: Critical Views and Perspectives*. Exeter: University of Exeter Press.

Fernando, C. 1996. *Idioms and Idiomaticity*. Oxford: Oxford University Press.

Fraser, B. 1970. Idioms within a transformational Grammar. *Foundations of Language*, (6): 22–42.

Gibbs, R. W. 1980. Spilling the beans on understanding and memory for idioms in conversation. *Memory & Cognition*, (8), 149–156.

Mcmordie, W. 1954. *English Idioms and How to Use Them*. Oxford: Oxford University Press.

Makkai, A. 1972. *Idiom Structure in English*. The Hague: De Gruyter Mouton.

Moon, R. 1998. *Fixed Expressions and Idioms in English: A Corpus-Based Approach*. Oxford: Clarendon Press.

Weinreich, U. 1969. Problems in the analysis of idioms. In J. Puhvel (Ed.), *Substance and Structure of Language*. Berkeley: University of California Press.

Weinreich, U. 1972. *Explorations in Semantic Theory*. The Hague: De Gruyter Mouton.

习语变异 IDIOM VARIATION

习语（idiom）是语言的精华，具有语义整体性（semantic unity）和结构凝固性（structural frozenness）等特征。然而习语的结构和意义并非一成不变，Sinclair（1991）认为“固定短语”（fixed/set phrase）其实并不固定，Moon（1998）也持同样看法，认为固定表达（fixed expression）与习语的形式经常不太稳定。事实上，在语言实践过程中，人们往往会对习语进行变异加工，从而产生形式多样、丰富多彩的习语变体（idiom variant）。

☙ 定义

何为习语变异？目前学界对于习语变异的定义和界定仍是众说纷纭、未有定论。有学者将变异称为仿拟（parody）、仿用（parodic use）、化用或翻新（renovation）等（黄曼，2013）。Langlotz（2006：176–177）将习语变异定义为"对习语基本形式和/或惯用意义产生的任何形式上和语义（sense）上的改变"，习语变体则指的是"既定变异或替换产生的习语构形"。张维友（2010）认为习语结构的凝固性是相对的，人们为了表达的需要而有意改变习语的某些成分，从而产生诙谐、幽默、嘲讽等效果，这样就形成了许多的习语变体。黄曼（2013：9）在前人定义基础上提出，习语变异就是"在特定的语境（context）中，通过改变原习语某个或某些构成成分（constituent），保持原义不变或产生与原习语不同意义和用法的语言形式"。

☙ 习语变异的分类

同习语变异的定义一样，学界对于习语变异的分类标准也不统一。Gläser（1998）从广义上将习语变异分为两类，即系统性变异与创造性变异。创造性变异又可称为仿生用法（nonce use）、创造性修正（creative modification）、语境性转换（contextual transformation）或偶然性转换（occasional transformation）、一次性变异（one-off variation）、创造性改编（creative adaptation）等。张培基（1980：15–16）认为习语在结构形式上的定型化并非绝对，并根据习语变体的形式是否得到普遍公认这一标准将习语变体分为两类，即合法变体与临时变体。前者指的是"服从原型习语的整体意义和基本结构形式，并且约定俗成（convention），得到全民公认"的习语变体；后者则指的是"人们为了配合某一上下文的需要或为了取得某一修辞效果而对所使用的习语做一些临时性的更改或增删"。临时变体在结构和意义上更具灵活性，包括四种类型，即简化式或省略式习语、词面抽换、加字以及其他形式变体，如兼用换字、加字的灵活处理，对原习语的分拆使用，应用连字符和减字等。陈文伯（1982，2004）将英汉语习语的形式变化分为固定变化（异体形式）和灵活变化。前者又分为变更个别词（word）、采取增减词、两种结合略加变化、颠倒次序、改变结构，以及将短语改成句子等情况，后者则采用更换单词（包括非关键词、动词、名词）、增加修饰语、截取部分、灵活使用成语中的成分、颠倒次序、变更结构等方式。张维友（2010）将英语习语的变体分为五类：第一类是构成成分互换，包括替换动词，如 *cut/make* a figure（露头角）；替换名词，如 drop a *brick/clanger*（失言）；替换形容词，如 make *little/light* account（不重视）；替换副词，如 *quite/all* the go（非常流行）；替换数词，如 ten/two to one（很可能）；替换代词，如 cut it/that out（住口）；替换小品词，如 beat about/round the bush（旁敲侧击）；替换情态动词、助动词等，如 beggars should/must be no choosers（讨饭的不能挑肥拣瘦）。第二类是构成成分的增减，包括增减冠词、代词、形容词、名词、动词、小品词，以及其他成分等，如 hold (a) court（开庭）、in (full) bearing（果实累累）、to (the turn of) a hair（丝毫不差）等。第三类是构成成分的移位，包括两个并列的词换位、代词所有格形式换成 of 结构、带宾语的小品词可调至宾语前或后，以及间接宾语与直接宾语换位等，如 day and night / night and day（夜以继日）、fortune's wheel / wheel of fortune（人生变迁）、do somebody a favor / do a favor for somebody（帮某人一个忙）等。第四类是习语的简缩，如 in the pink（of condition）（身体很好）。第五类是习语的灵活使用，如 "She was one of the early birds. And I was one of the worms."（她是只早起的鸟，而我是只倒霉的虫子。），源自 "The early bird catches the worm."（早起的鸟儿有虫吃。）。黄曼（2013）以习语变异后意义是否发生改变为标准，将习语变异分为形式变异和意义变异。形式变异可进一步细分为五类：构成成分形态变化（包括人称、时态等语法变体）、构成成分替换、构成成分增删、构成成分转类和构成成分变序。习语的意义变异又细分为零变、词汇变异、糅合变异、构成成分变序四种情况。

意义变异中的零变指的是保持习语构形不变，但因某个或某些构成成分的语义在特定语境中产生变化，造成习语整体意义改变，例如，"An *Apple* a day keeps the doctor away"（Apples 广告语）。

词汇变异包括单词变异，如 *Ugly* is only skin-deep（德国大众汽车广告），源自习语 Beauty is only skin-deep；双词变异，如 To *eat* is human 和 to *digest*, divine（求食在人，消化在天）出自 to err is human 和 to forgive, divine（犯错人皆难免，宽恕则属超凡）；多词变异，如 out of sight, *but much in* mind（the Guardian 评南非问题），源自习语 out of sight, out of mind（眼不见，心不烦）。

糅合变异指的是将不同习语进行糅合使用，或将习语与其他修饰语糅合使用，从而形成新的意义。例如，"A *Mars* a day keeps you *work, rest and play*."（Mars 的广告），该广告语糅合了两条英语谚语（proverb），即"An apple a day keeps the doctor away."（一天一苹果，医生远离我。）和"All work and no play makes Jack a dull boy."（只会学习不玩耍，聪明小孩也变傻。）。

构成成分变序是为了满足特殊的语用或修辞的需要。例如，"Let us have faith that *right makes might* and dare to do our duty as we understand it."（让我们坚信正义即力量，并敢于履行我们所理解的职责。），此句中 right makes might 是对英语习语 might makes right（强权即公理）的变序使用。

☙ 习语变异的特点

1. 语音特点

英语习语变异很多是基于语音（phonetics）联想仿造的。为了引起读者兴趣、吸引读者或听众的注意力、产生诙谐幽默的效果，仿造者往往选取与某习语中个别语音相似或相近的词进行改编，仿造出新的习语变体。语音仿造主要有四种情况：（1）模拟首词发音：*thirst* comes, *thirst* served 是基于 *first* come, *first* served 仿造的，first /fɜːst/—thirst /θɜːst/ 属押尾韵；（2）模拟习语中核心词的发音：A Wolf in *Sheik's* Clothing 是基于 A wolf in *sheep's* clothing 仿造的，Sheik's /ʃiːks/— Sheep's /ʃiːps/ 属押旁韵、My *Guinness* 是基于 My *Goodness* 仿造的，Guinness /ginis/—

Goodness /gudnəs/ 也是押旁韵；（3）模拟尾词的发音：a word to *wealthy* 是基于a word to the *wise*仿造的，wealthy /weləi/—wise /waiz/是押头韵；（4）利用反义词（antonym）并押韵：Our *presence* will make your heart grow fonder 是基于 *Absence* makes the heart grow fonder 仿造的，presence /'prezəns/—absence /'æbsəns/ 是一对反义词并押韵等（黄曼，2020）。

2. 语义特点

习语变异的语义特点主要有以下四点：（1）语义的去习语化。例如，在一档介绍导盲犬的节目中提到某只小狗“What a lucky dog”，lucky dog 是英语习语，语义固化后表达的是幸运儿的意思，一般用来指人，然而此例中结合具体语境还原了习语的字面意义（literal meaning）。（2）语义范围的变化。保持其原义，改变其适用范围和使用习惯，包括大词小用和小词大用。例如，“Where there is smoke, there is meeting.”（无会不抽烟。）是英语谚语“Where there is will, there is a way.”（有志者事竟成。）的变体，用 smoke 和 meeting 替换原成分后，变体的适用范围发生变化，达到了夸张（hyperbole）的修辞目的。（3）结合语境的语义曲解。例如，在 Let's spend money like water—drip...drip...drip... 这句话中，习语 spend money like water 原指的是花钱如流水、大手大脚的意思，但在句末三个 drip 的语境限制下，习语原义得以曲解，语义产生变化，指的是花钱精打细算、细水长流的意思。（4）语义别解。例如，上文提到的 An *Apple* a day keeps the doctor away 中，突显的是苹果的产品，而非真正的水果——苹果（黄曼，2013）。

3. 语用特点

语用性是习语变异中尤为突出的特点，因为习语变异这一语言现象本就是基于各种特殊语用需求产生的结果。习语变异具有新颖性、简洁性及能产性等语用特点，并且英语习语变体随着时间推移还可能进入词库（lexicon）而转化为英语词汇（vocabulary）中的“合法公民”。例如，senior moment 指的是“老年失忆症”，原是英语习语 weak moment（极脆弱的时刻）的词汇变体，但现在也已被纳入英语词库，成为正式的新习语了。

参考文献

陈文伯. 1982. 英语成语与汉语成语. 北京：外语教学与研究出版社.

陈文伯. 2004. 译艺——英汉汉英双向笔译. 北京：世界知识出版社.

黄曼. 2013. 构式视角下的汉英习语变异研究. 武汉：华中师范大学博士论文.

黄曼. 2020. 象似性与范畴化——汉英习语变异构式的理据研究. 湖北大学学报（哲学社会科学版），（3）: 144–152.

张培基. 1980. 论英语习语的变体. 外国语，（3）: 15–22.

张维友. 2010. 英汉语词汇对比研究. 上海：上海外语教育出版社.

Gläser, R. 1998. The stylistic potential of phraseological units in the light of genre analysis. In A. P. Cowie (Ed.), *Phraseology: Theory, Analysis, and Applications*. Oxford: Clarendon Press, 125–143.

Langlotz, A. 2006. *Idiomatic Creativity: A Cognitive-linguistic Model of Idiom-Representation and Idiom-variation in English*. Amsterdam: John Benjamins.

Moon, R. 1998. *Fixed Expressions and Idioms in English: A Corpus-Based Approach*. Oxford: Clarendon Press

Sinclair, J. 1991. *Corpus, Concordance, Collocation*. Oxford: Oxford University Press.

语义场　SEMANTIC FIELD

语义场理论可以追溯到 19 世纪上半叶自然科学中的各种场理论。真正将场理论应用于语言研究的是 20 世纪 30 年代的德国语言学家，佼佼者当属 Trier，他先提出了概念场（conceptual field），后又提出语言场（linguistic field），并进行了卓有成效的研究。他们的研究证明：（1）词汇场（lexical field）和概念场并存，几个词汇场能覆盖一个概念场；

（2）语义场研究能揭示语言的一些特点；（3）词（word）与词之间相互联系形成系统，其关系不断变化；（4）语义变化可以在词汇（vocabulary）联系和系统中进行研究；（5）词只有作为语义场的成员才能确定其意义（张志毅、张庆云，2001：75–76）。由此可见，语义场在词汇研究中具有相当重要的地位。

☙ 定义

语义场也称词汇场，将相互关联的词或表达法组织成一个体系，以显示彼此的关系（Richards et al.，2000：264）。语义场指一个特定意义域相关联的词，能使我们明白语言词汇所划分的特定意义区，并指明表达特定意义的可用词汇资源（Jackson，2007：70）。语义场理论认为，词汇并非像词典中列出的相互独立的一个词汇表，而是组合起来的不同领域（area）或不同场（field），在这些领域或场中，词与词相互联系，并以不同的方式互为定义。以颜色场为例，要知道一个颜色词的准确意义只有将其置于颜色场中，看看该词与出现该场中的其他颜色词的色谱之间的关系才能确定（Crystal，1985：174）。从这些定义可以得出，语义场就是根据概念（concept）或特定意义相关联的词组成的词汇集（lexical set），场中的各词之间相互联系并互相界定。

☙ 语义场的划分

语言的词汇是围绕一系列的语义场组成的，有像哲学、生物、情感（emotion）等大的语义场，更多的是像诸如空间、时间、植物、动物、亲属、人体、颜色等小一些的语义场。Lehrer（1974）把语言的词汇看作意义上相互关联的词位（lexeme）系统，语言中的词可以按概念场分成集或场，并以某种方式划分语义区或语义域（semantic domain）。例如：

水果场：apple（苹果）、pear（梨）、peach（桃）、apricot（杏）、mango（芒果）、pineapple（菠萝）、orange（橙）、lemon（柠檬）等；

蔬菜场：cabbage（大白菜）、celery（芹菜）、leek（韭菜）、cucumber（黄瓜）、potato（土豆）、spinach（菠菜）、tomato（番茄）、eggplant（茄子）、carrot（胡萝卜）等；

颜色场：red（红）、orange（橙）、yellow（黄）、green（绿）、white（白）、black（黑）、blue（蓝）、purple（紫）、pink（粉）等。

乍看起来，这些语义场好像都是彼此独立的，其实不然。根据 Trier 的观点，一种语言的所有词汇都可以划分成语义场，低一级的语义场可以进一步连接高一级语义场，直至囊括所有词汇。《朗文多功能分类词典》（*Longman Lexicon of Contemporary English*，2010）的编纂出版便运用了语义场原理。该词典描写了 15 000 个词项（lexical item），划分成 14 大语义场，每个语义场又细分为多个子场（sub-field）。例如：

直系亲属场：father（父）、mother（母）、son（儿子）、daughter（女儿）、brother（兄弟）、sister（姊妹）；

非直系亲属场：uncle、aunt、nephew、neice、cousin（这些词无汉语对应词）；

久远亲属场：ancestor（祖先）、forefather（先辈）、forebear（祖先）等。

☙ 词汇的分类结构

词汇场与场之间呈层级结构关系（hierarchical relation），划分词汇场就是分类结构（taxonomy）。分类有母子类之分，母类是上义 / 位词（superordinate/hypernym），子类为下义词或下位词（hyponym/subordinate），各类词项称为分类词（taxonym），同类词叫作共类词（co-taxonym）。鉴别分类关系（taxonymy）的格式是"X 是 Y 的一种"（An X is a kind/type of Y.），如"A spaniel is a kind of dog."（西班牙猎犬是一种狗。）、"A rose is a type of flower."（玫瑰是一种花。）、"A mango is a kind of fruit."（芒果是一种水果。），三个句子中的 dog、flower、fruit 是上位词或上义词，spaniel、rose、mango 是下位词或下义词，两类中各词之间的关系是共类词（Cruse，2009：137）。

分类关系可以分为自然分类结构（natural taxonomy）和民俗分类结构（folk taxonomy）。民俗分类的层级比较少，一般不超过五层。最重要的一层是处于中间层，叫类属层（generic level），也就是认知语言学（cognitive linguistics）中所说的“基本范畴”（basic category）（见图 1）。

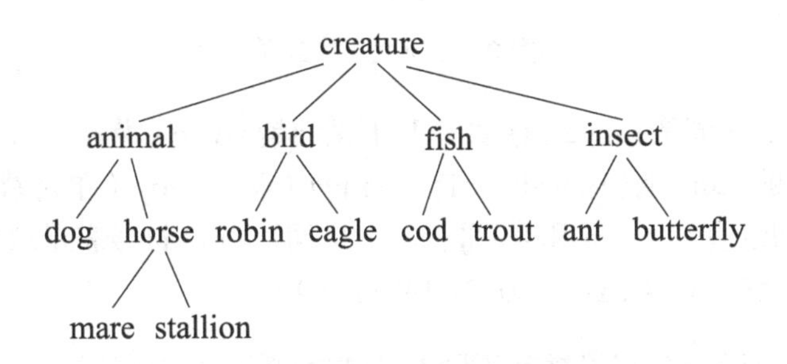

图 1　词汇上下义关系结构图

图 1 的第一层级 creature（生物）是总上义词。其中的第三层 dog（狗）、horse（马）、robin（知更鸟）、eagle（鹰）、cod（鳕鱼）、trout（鲑鱼）、ant（蚂蚁）、butterfly（蝴蝶）是基本范畴词，所指（signified）最清楚、使用频率最高。这些词分别是第二层级 animal（动物）、bird（鸟）、fish（鱼）、insect（昆虫）的下义词，这个层级的词是第三层的上义词，词义（word meaning）相对宽泛模糊。第四层 mare（母马）、stallion（公马）是 horse 的下义词，提供的信息更多，如无特别需要一般是不用的。第二、三、四层级横向彼此之间是共类词，也叫共下义词（co-hyponym）。自然分类层次更多，生物学中分类可多达二十级（张志毅、张庆云，2001：85）。

分类中常会出现一集集词汇项（set of lexical items），没有上义词（non-existent superordinate），如 furniture（家具）包括 chair（椅子）、table（桌子）、bed（床）等，appliances（家用电器）包括 refrigerator（冰箱）、television（电视）、washing-machine（洗衣机）等，但 furniture 和 appliance 却没有共同 / 有的上义 / 位词，因此此分类叫作隐蔽类（covert category），如图 2 所示：

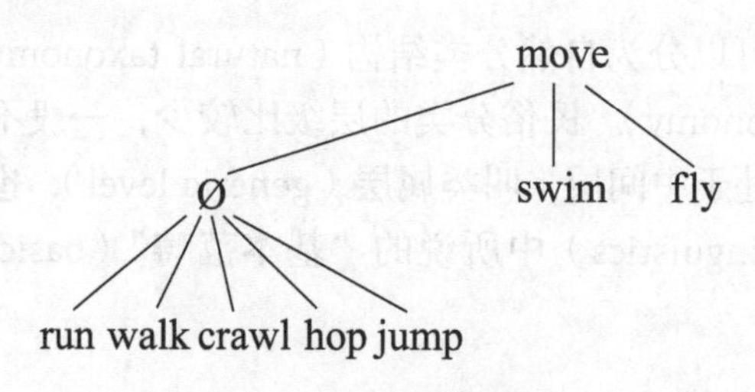

图 2　上下义层级缺项

图 2 中总上义词是 move（移动），其下义词是 swim（游泳）和 fly（飞），第三层级的 run（跑）、walk（走）、crawl（爬）、hop（单足跳）、jump（跳跃）却没有与 swim 和 fly 平行的上义词，用 Ø 符号表示缺项，所以本组词属隐蔽类（Cruse，2009：148–151）。

分类中同一个词根据其不同属性或功能可以归属不同场，如 knife 可以归属武器场，可以划到工具场，还可以放置在餐具场。再如，书（book）可以包括小说（novel）和平装（paperback）等，乍看起来两个词好像不同类，但 novel 是指书的内容，而 paperback 是指书的外在形式，因此都可以归属"书"这一语义场。

分类还包括部分整体类（meronymy）。理想的部分整体层级结构（part-whole hierarchy）涵盖的成分应该是同类型的。例如，人的身体（body）由头（head）、脖子（neck）、身躯（trunk）、臂膊（arm）、腿（leg）等组成，因此归为一类；arm 含前臂（forearm）、手腕（wrist）和手（hand）；手有手掌（palm）和手指（finger）等，"手—胳臂—身体"之间都是部分与整体的关系。部分整体关系具有传递性（transitivity）。例如：

[1] The jacket has sleeves.
夹克有袖子。
The sleeves have cuffs.
袖子有袖口。
The jacket has cuffs.
夹克有袖口。（成立）

但是并非所有的部分整体关系都有传递性。例如：

[2] The house has a door.
房子有扇门。
The door has a handle.
门有个把手。
* The house has a handle .
* 房子有个把手。（不成立）

（Cruse，2009：165）

还有序列结构（sequence structure）类，如时间序列，年（year）有十二个月，分别是January、February、March、April、May、June、July、August、September、October、November、December；年有季节（season），包括春夏秋冬，分别是Spring、Summer、Autumn、Winter；月有星期（week），包含星期一至星期日，分别是Monday、Tuesday、Wednesday、Thursday、Friday、Saturday、Sunday等，还有空间系列、等级系列、长度系列等。

☙ 语义场的特点及作用

语义场是自然语言词汇系统的普遍现象。但是，在不同时代、不同文化、不同语言中，同样概念的语义场中的成员是不尽相同的。例如，英汉语中颜色场都有赤、橙、黄、绿、蓝、紫，但汉语中的“青”在英语中是缺项；汉语中表示搬运概念场的词有“担、扛、提、背、挑、挎、拎、携、驮”等，但英语中只有carry；英语中hold的概念在汉语中分别有“捧、执、荷、端、持、握、秉、托、举”等词表示（蔡基刚，2008：57）。表示亲属的语义场，英汉语更是大相径庭（见表1）（张维友，2015：149）。

表1 英汉语亲属语义场比较

英语	汉语
father	父亲
mother	母亲
uncle	叔叔，伯伯，舅舅，姨父，姑父
aunt	伯母，婶婶，姑妈，姨妈，舅妈
cousin	堂兄，堂弟，表兄，表弟，堂姐，堂妹，表姐，表妹
nephew	侄儿，外甥
niece	侄女，外甥女
brother	哥，弟
sister	姐，妹

这是文化差异使然。西方的亲属关系（kinship relation）不那么重要，所以称呼比较模糊，英语的 uncle、aunt、cousin 都没有明确的所指，uncle 与 aunt 还有性别的区别，cousin 连性别的区分也没有了。即使是 brother 在英语中可以是“兄”也可以是“弟”，sister 在英语中可以是“姐”也可以是“妹”，没有足够的语境（context）很难确定。汉语文化中长、幼、尊、卑界限清楚，每个亲属都有不同名称，不能含糊其辞。

此外，即便在同一语言中同一语义场也不断在变化，如中国古代农业和畜牧业发达，马是生活中至关重要的动物，打仗、耕田、交通等都离不开马，所以“马”的语义场成员有100多个，各种特征的马都有独立的名称，如“驹、骄、骊、骥”等，如今该语义场中的成员大多已消亡（张志毅、张庆云，2001: 79）。英语中对男女称呼的语义场的变化也是很好的例子。数十年前，对男士的尊称用 Mr.，无论是已婚、未婚还是婚姻状况未知都如此。但是，已婚的女士称 Mrs.、未婚的称为 Miss、不知婚姻情况的无称呼（见表2）。后来由于女权运动的兴起，要求男女平等，既然男士可以不考虑婚姻状况统一称为 Mr.，那么，女性也可以不考虑婚姻状况，统称为 Ms.（女士）（见表3）：

表 2　过去对男女的称呼

<table>
<tr><th>Marriage</th><th>Female</th><th>Male</th></tr>
<tr><td>Unmarried</td><td>Miss</td><td rowspan="3">Mr.</td></tr>
<tr><td>Married</td><td>Mrs.</td></tr>
<tr><td>Unknown</td><td>—</td></tr>
</table>

表 3　现在对男女的称呼

<table>
<tr><th>Marriage</th><th>Female</th><th>Female</th><th>Male</th></tr>
<tr><td>unmarried</td><td>Miss</td><td rowspan="3">Ms.
女士</td><td rowspan="3">Mr.
先生</td></tr>
<tr><td>married</td><td>Mrs.</td></tr>
<tr><td>unknown</td><td>—</td></tr>
</table>

（Carter & McCarthy，1988：20）

语言的词汇分为不同语义场，说明词汇并不是松散的个体，也是有体系的。那么语义场还有其他作用吗？答案是肯定的。词的意义并不存在于词本身，而是扩散于该词周边的各词，因为周边的词可以指明语义场。只有了解某词在什么语义场才能确定这个词的实际意义。例如，rose 相对于 tulip（郁金香）、dahlia（大丽花）是"玫瑰花"，相对于 red（红）、purple（紫）是"玫瑰色"。又如，"He is a captain."没有上下文是无意义的，只有知道 captain 所属的语义场才能确认其实际意义。球队场中的 captain 指"队长"；海军场中其下义词是 commander（中校），那么 captain 是"上校"；陆军场中其下义词是 lieutenant（中尉），那么 captain 就是"上尉"；商船场中，其下义词是 mate/first officer（大副），那么 captain 就是"船长"（Quirk，1978：39）。由此可见，语义场对词的定义非常重要。再如 orange，如果其共类词是 coke（可乐）、tea（茶）、coffee（咖啡）、soda water（苏打水），那么，orange 是饮料"橙汁"；倘若其共义词是 red（红）、yellow（黄）、green（绿）、purple（紫），其意义就是颜色"橙色"；如果其共义词是 peach（桃）、apricot（杏）、pear（梨）、apple（苹果），其意义定是水果"橙子"。由此可见，语义场在确定词的意义时发挥着重要作用。

参考文献

蔡基刚. 2008. 英汉词汇对比研究. 上海：复旦大学出版社.

张志毅，张庆云. 2001. 词汇语义学. 北京：商务印书馆.

张维友. 2015. 英语词汇学教程. 武汉：华中师范大学出版社.

Carter, R. A. & McCarthy, M. 1988. *Vocabulary and Language Teaching*. London: Longman.

Cruse, D. A. 2009. *Lexical Semantics*. Beijing: World Book Publishing Company.

Crystal, D. 1985. *A Dictionary of Linguistics and Phonetics*. Oxford: Basil Blackwell in Association with André Deutsch.

Jackson, H. 2007. 语言学核心术语. 北京：外语教学与研究出版社.

Lehrer, A. 1974. *Semantic Fields and Lexical Structure*. Amsterdam & London: North Holland Publishing Company.

Longman Lexicon of Contemporary English. 2010. Shanghai: Shanghai Foreign Language Education Press.

Quirk, R. 1978. *The Use of English*. London: Longman.

Richards, J. C., Platt, J. & Platt, H. 2000. *Longman Dictionary of Language Teaching and Applied Linguistics*. Beijing: Foreign Language Teaching and Research Press.

语用意义 PRAGMATIC MEANING

语用是指语言使用者在一定的语境（context）下对语言的运用。对语用进行分析，能够帮助我们了解语言交流、传递信息的普遍规律，更能使我们深刻理解各种语言因素（linguistic factor）和非语言因素（non-linguistic factor）如何帮助说话者准确地传情达意，帮助听话者获取语义信息。然而这里所说语用仅指词汇（vocabulary）的语用意义。这种意义并非单独建立于语义逻辑之上，而是根据会话原则（Cooperative Principle）、语境以及词语字面意义（literal meaning）等信息对说话者言外之意的某种推断（何兆熊，2000）。

☙ 定义

词义（word meaning）往往由多个方面组成。当能指（signifier）与所指（signified）之间建立联系时，语言符号（linguistic sign）才有意义。一般认为，词汇的语用意义与其语言意义（linguistic meaning）相对。词汇的语言意义包括词汇意义（lexical meaning）和语法意义（grammatical meaning）。前者包括词汇的本义（literal meaning）和引申义（extended meaning），后者则指词汇所体现的语法范畴。词汇的语言意义是静态的，是词汇本身所具有的、内在的、固定的意义，因此具有一定的稳定性。词汇的语用意义则是动态的，是在具体语境下根据话语主体的不同意图所表达出来的意义，也被称为语境意义（contextual meaning），或语言使用中的意义。语用义并非词汇所固有，而是在语言使用中产生的临时意义，具有特定的语用目的或语用诉求，因此这种意义是不稳定的，往往会根据不同语境的变化而变化，具有主观性、临时性，并带有某种感情色彩。许多学者对词汇的语用义进行过定义。戚雨村（1993）将其定义为语言单位在具体语境中具有或者获得的意义。汪榕培（2002：298）认为词汇的语用义就是"语言运用者在一定的语用目的支配下，在语言运用过程中，以语境或上下文作为参照而赋予一个词（word）的临时意义"。概括来说，词的意义可如下图所示：

词
- 语言意义（静态的，语义概念）
  - 词汇意义
  - 语法意义
- 语用意义（动态的，语言使用中可能产生的）

词的语言意义和语用意义

☙ 语用意义的特点

词汇的语用意义是词汇使用中的意义，因此带有语用主体的主观态度和感情色彩。概括起来，语用意义具有词源附属性（etymological subsidiarity）、主观体验性（subjective experientiality）、词义不确定性（meaning uncertainty）、概念临时性（conceptual temporality）和语境共生性（contextual interdependency）等特点（徐盛桓，1992；汪榕培、王之江，2008）。下文将据此分别进行讨论。

1. 词源附属性

词汇语用意义的产生离不开词汇的本义。语用意义的产生和理解都离不开词汇的音、形、义特征。因此，语用意义是依附于词汇的本义，只是依附的程度、类型和特点有所不同而已。例如：

[1] Ambition is the *mother* of destruction as well as evil.
野心不仅是罪恶的**根源**，同时也是毁灭的**根源**。

[2] Necessity is the *mother* of invention.
需要乃发明之**母**。

两句中 mother 原义为"母亲"，但句 [1] 表达的是"根源"，而句 [2] 比喻"源泉"。本义和语用意义大不相同。

词汇语用意义对原词的依附不仅表现在意义层面，还表现在语音（phonetics）和词形层面。试看以下两例：

[3] What color is the wind? The wind *blew* (blue).
风是什么颜色？风在**吹**/是**蓝色**。

[4] Why are parliament reports called "*blue* books"? Because they are never *red* (read).
为什么议会报告称为"**蓝皮**书"？因为它们从来都不是**红色**的/让人**阅读**的。

句 [3] 中 blew（动词 blow 的过去式）与单词 blue 发音相同，在此处是双关语（pun），达到幽默俏皮的语用目的。句 [4] 中 red（红色）

和 read（read 的过去分词）谐音，也是一语双关，暗含蓝皮书没有人去看，简直是废话一篇，起到与句 [3] 相同的幽默诙谐的语用效果。

语用意义还可以依附原词词形。例如，I beam（工字梁）、H beam（宽幅工字梁）意义基于词的形状。再如，A-shaped pole（A 形杆）、A-shaped branch（A 形支臂）、A-shaped roof frame（A 形屋架）、O-ring（O 形环）、V-belt（三角皮带，V 形皮带）、X-chair（交叉折椅）、X-brace（交叉支架）等，都是以形求义，临时产生的语用意义依附于字母的形状。

2. 主观体验性

词汇语用意义的主观体验性是双向的：一是语用个体对于某个事物或事体的主观理解；二是词汇本身具有的感情色彩意义。前者与原型范畴（proto-category）有关。不同民族对于同一事物的理解是有差异的，这与其生活的地理环境、社会环境、民族文化等息息相关。例如，提到 bird（鸟），英国人最可能联想到的是 robin（知更鸟），中国人则更可能联想到 sparrow（麻雀）。同样，英汉民族对于 dragon 和“龙”的理解更是天壤之别。在中国文化里，龙是民族图腾，能呼风唤雨，代表尊贵无上的地位，是寓意吉祥的神兽、瑞兽。在封建时代，龙更是皇权的象征。而西方神话传说中的 dragon 是长有巨大双翼和长长蛇尾的蜥蜴，喜爱穴居和财宝，会喷火，是贪婪与邪恶的象征，故恶魔撒旦被称为 the great dragon。词汇语用意义的主观体验性还表现在词汇本身的情感色彩上。同一个语义概念，根据表达的不同感情色彩，会有一组音、形各异的词。下表中每个概念（concept）有三个词表示，但感情色彩不同。

词语情感色彩比较

词义	褒义	中性	贬义
胖	portly	overweight	obese
瘦	slim/slender	thin	skinny
广为人知	famous	well-known	notorious
味道	aroma/fragrance	smell	stench/stink
投资者	financier	investor	speculator

除了词汇本身带有一定的感情色彩之外，词义在特定语境中也可能发生变化。例如，某人出门旅行前突降大雨导致行程取消，于是感叹“What a nice day!”，这时的 nice 就不是“美好”的意思了，而是表示“糟糕”“坏透了”，感情色彩发生了改变。再如：

[5] They are *incomparable* in color, and they are *incomparable* in design. It is as if some titanic and aberrant *genius*, uncompromisingly inimical to man, had devoted all the *ingenuity* of Hell to the making of them.

他们无论在色彩上还是在样式上都是**无与伦比**的。仿佛有什么与人类不共戴天的、能力超常的**鬼才**，费尽心机，动员魔鬼王国里的**鬼斧神工**，才造出这些丑陋无比的房屋来。

句 [5] 中 incomparable（无与伦比的）、genius（天才）和 ingenuity（心灵手巧）原本都是褒义词（commendatory term），但在此句的语境中发生了感情色彩贬降，被用来描述颜色和设计都极为丑陋的建筑及设计者的无能，达到了反讽的特殊语用效果。

3. 词义不确定性

词义不确定性是词汇语用意义的一个重要特征。词的语用意义是根据语境变化而变化的，因此一个词的附加语用意义极度不稳定。例如，汉语有“美女”一词，美女是容貌姣好、仪态优雅的女子。然而随着社会的发展，现代社会“美女”的使用越来越频繁，美女不一定指非常漂亮的女子，而是成为年轻女子的代称。词义不确定性包括词义的语用收缩（pragmatic narrowing）和语用扩充（pragmatic broadening）。Wilson（2004）认为语用收缩指的是言语交际中，词的编码意义（coded meaning）在特定语境中的特定所指，在传递信息时，词义受到限制从而表达出更加具体的概念。例如：

[6] As I worked in the garden, a *bird* perched on my spade.

我在花园里干活时，一只**知更鸟**落在我的铁锹上。

[7] *Birds* wheeled above the wave.

海鸥在海浪上方盘旋。

[8] A *bird*, high in the sky, invisible, sang its pure song.

一只**云雀**在高空飞翔，虽不见起身，其歌声却清脆悦耳。

[9] At Christmas, the *bird* was delicious.

圣诞节宴席上的**火鸡**非常好吃。

以上四句中的 bird 所指各不相同，都特指某一类鸟。根据不同的语境，语用主体对这四句中的 bird 意义进行语用收缩加工。所以 bird 在句 [6] 的花园里很可能是知更鸟（robin），在句 [7] 里盘旋飞行于海浪之上的很可能是海鸥（seagull），句 [8] 中在高空歌唱的很可能是云雀（skylark），句 [9] 中在圣诞节这个特殊语境下，bird 则指的是火鸡（turkey）。因此，语用收缩可以帮助我们确定言语交际中某个词语或词语组合在特殊语境中的语用信息，对词汇意义进行限定，从而确保交际的达成。

在言语交际活动中，话语主体使用某个词汇传递言语信息时，这个词的意义往往并非该词的词典意义，或者词语的组合意义，而是结合特定语境而产生的延展意义，称作语用扩充。语用扩充是一个词被用来表达某个更普遍、更广泛的意义，并随之扩展了其所指的外延（denotation）。语用扩充有两种方式：近似（approximation）和范畴扩展（category extension）。例如：

[10] Flu patch can be a method that makes traditional flu shot *painless*.

流感贴可以使传统的流感疫苗注射**无痛感**。

[11] This book presents different shapes, including *heart*, square, rectangle, triangle etc.

这本书介绍了不同的形状，包括**心形**、正方形、长方形、三角形等。

[12] If the fish grow slower, the spray of their tail will be lower down as well to form a beautiful *heart* shape.

如果金鱼生长较慢，其尾部的伸展也会较为迟缓，能形成美丽的**心形**。

上述三个句子说明语用近似性。句 [10] 中提到的 painless 并不是完全无痛的，只是一种近乎无痛的状态；句 [11] 中 heart 指心形，是一种几何图形；句 [12] 中的 heart 也指的是心形，但不是毫无偏差的几何图形，而是类似的心形。再看范畴扩展例子：

[13] Rockefeller is a *Napoleon* of finance.

洛克菲勒是金融界的**拿破仑**。

[14] I saw a beautiful leaf *dancing* in the wind.

我看见一片美丽的叶子在风中**翩翩起舞**。

[15] She was expected to win by a *landslide*.

她有望以**压倒性**优势获胜。

句 [13] 的意思是洛克菲勒在财政界的地位和影响可以与当年不可一世的拿破仑相比。Napoleon 唤起的是"具有最高领导地位的、有权力的"意义范畴。句 [14] 中 dance（跳舞）这个动作原限于人类，但在此处通过隐喻（metaphor）被扩充到另一范畴——树叶。同样，句 [15] 中 landslide（滑坡）原是一种自然现象，在竞选这一语境下，隐喻性地表达了一方选票占压倒性绝对优势的意思。这两个例子都是通过隐喻实现的语用扩充。

4. 概念临时性

词汇语用意义的概念临时性包括指示（deixis）和共轭（zeugma）两种。

1）指示

我们使用具有指示性意义的词汇时，往往伴随词汇概念意义（conceptual meaning）的临时调整。只有确定句中某个或某些指示词在具体特定语境中的所指意义（referential/designative meaning），我们才能真正理解词汇和语句的语用含义。

[16] *She'll* follow *it* up *next week*.

她下周会继续跟进。

[17] *All the above* is mentioned in *this book*.
以上所有都在这本书里提到了。

以上句子中，只有当我们确定指示词 she、it、next week、all the above、this book 等在给定语境中的所指信息，才能理解它们及整个语句的真正语用含义。指示词的这些所指信息是随着语境变化而变化的。

2）共轭

共轭又称轭式搭配（zeugma），指一个词（通常是动词或形容词）在句法上与分属不同语义范畴的两个或两个以上的词相关联，其中只有一个词与其具有逻辑性联系。也就是说，轭式搭配中的一组或多组搭配（collocation）看上去不合逻辑，但语境授予其一定的临时语用信息，使得这些不合逻辑的搭配具有某种言外之意。

[18] Lawsuit *consumes time*, and *money*, and *rest*, and *friends*.
诉讼**耗费时间、金钱**，还让人**失去安宁**和**朋友**。

句 [18] 中 consume 与 time、money、rest 连用是常规搭配，但是 consume 与 friend 搭配是违反逻辑的，但是在轭式搭配和具体语言内容的压制下，这种标新立异的表达突显了说话者的幽默与巧思，其含义是“诉讼真正消耗掉的是友情”。再如：

[19] They can *wage war* and *peace*.
他们能**发动战争**，也能**谋求和平**。

[20] Never show the *bottom* of your *purse* and your *mind*.
钱包和**思想**，绝不**露底**儿。

句 [19] 里动词 wage 与 war 和 peace 搭配，形成共轭；句 [20] 中的 the bottom of 与 purse 和 mind 形成轭式搭配。

5. 语境共生性

语境是词汇语用意义产生的必要条件，因为人类的语言活动总是处于特定的时间、空间、情景和话语主体之间。语境一般分为语言语境（linguistic context）和非语言语境（non-linguistic/extra-linguistic context）。前者包括语言知识，如语音、语法（grammar）、词汇，以及上下文等语篇信息；后者包括情景语境，如时间、地点、人物特点、社会地位、百科知识，以及关于某个事物或事体的特定信息等。词汇的语用意义是临时的，其意义的产生或消失与语境共依存。

[21] a. a piece of *paper* 一张**纸**

b. a blue *paper* 蓝皮**书**

c. a term *paper* 学期**报告／论文**

d. yesterday's *paper* 昨天的**报纸**

e. an exam *paper* **试卷**

[22] He is the *head* of our school.

他是我们的**校长**。

句 [21] 中每一个 paper 的意义受周围词汇的限制含义都不同；句 [22] 中结合学校这个语境可以判断 head 是学校的首脑，只可能指校长。

☙ 词汇语用意义的类型

词汇的语用意义具有鲜明的个性。因为语用意义产生于不同的语用目的，所以种类纷杂多变。根据对原词依附的程度可以分为：类义型（包括近义型和仿义型）、反义型、增删型、变异型。

1. 类义型

类义型或仿义型对于原词意义的依附程度较高，通常是对原义的引申或抽象，包括下述四种：

1）同类仿用

同类仿用指的是在语言使用时词汇的词性（part of speech）保持不变，但对原义加以引申。句 [23] 中 buffet 字面意思是"自助餐"，但在这里表示当今世界人们面临的众多问题的集合。

[23] Go ahead, take your pick from the world's worst *buffet*: economic inequality, refugee crisis, climate change and pandemics...
来吧，你可以从下面这些世界最糟糕的**问题**中任选一个：经济不平等、难民危机、气候变化和流行病……

2）转类仿用

转类仿用指语言使用过程中根据语用需要对词汇的词性做转类调整。

[24] *Ugly* is only skin-deep.
丑陋是肤浅的。

句 [24] 是比较著名的一句汽车广告语，ugly 是形容词表示“丑陋的”，但在特殊的广告语用背景下，临时用作名词，充当整个句子的主语。

3）夸张仿用

夸张仿用指的是词汇意义的程度发生了扩大或缩小。

[25] Order me a soda, I'm *dying* of thirst.
快给我点一杯苏打水，我要渴**死了**。

[26] A miss is as good as a *mile*.
差之毫厘，失之**千里**。

句 [25] 中 dying of 是夸张（hyperbole）的用法，并不是真要死了；句 [26] 中 mile 也是夸张的用法，并不是真的相差了一英里。

4）移就仿用

移就仿用指的是在语言表达过程中，词汇产生了适用范畴的转移，将原本用来解释某种事物或性质的词语用于其他事物或性质。例如：

[27] He crashed down on a *protesting* chair.
他一屁股坐了下去，椅子**吱吱嘎嘎地响**。

句 [27] 中的 protesting（抗议的）原本是用来说明人的行为，但在此处移用到 chair（椅子）上，看上去不符合逻辑，但其实是基于意义相近的关系，因为椅子受压力发出吱吱嘎嘎的声音，就像人类因不满发出的“抗议声”。

2. 反义型

反义型指词汇的临时语用意义与其本义相反，也就是常说的反语（irony）。例如：

[28] A: Oh! This is really *great*! It's 5 o'clock. My plane is now pulling away from the gate!
B: Well, maybe you can take a later flight.
A：噢，这下真**好极了**！现在是五点。我的飞机正在驶离登机口！
B：也许你能乘坐稍晚一点的航班。

句 [28] 中，that's really great 原指“好极了”“非常棒”的意思，但在该语境中说话人因飞机误点脱口而出的，很明显表达的是与 great 原义相反的意思，即“太糟糕了”。

3. 增删型

增删型指的是词汇语用意义在其字面意义基础上增加或者删减了某些内容。例如：

[29] A coward is like a leaky faucet, because they both *run*.
胆小鬼就像漏水的水龙头，因为他们都会**溜走**。

这句话中 run 原义是“跑步”，但是在此句语境下增加了“流走”和“溜走”的临时语用含义。

4. 变异型

变异型一般指的是借用同音词、同形异义词而产生的双关，又分为以形求义、以音求义和以物求义。

1）以形求义

以形求义指的是利用同形异义词或者借用词形而不看词义的语用情况。例如：

[30] How do we know the ocean friendly? It *waves*.

人们如何知道海洋是友好的呢？

它在招手呢。

句 [30] 的答案中 waves 是双关语，一个是名词“海浪”，一个是动词“招手示意”。海洋里有海浪，而 wave 又可理解为“招手示意”表示友好。

2）以音求义

以音求义指的是利用同音词或同音异义词的语用情况。例如：

[31] Who is closer to you, your mom or your dad? Mom is closer, because dad is *farther*.

谁跟你更亲近，你的妈妈还是爸爸？妈妈更近，因为爸爸**更远**。

此例中借用了 father（父亲）和 farther（更远）这一对同音词，一语双关。

3）以物求义

以物求义指的是基于两种事物的隐喻关系，将表达 A 事物的词借用来表达 B 事物，并产生与词汇意义不同的语用意义。

[32] His followers *melted away* at the first sight of danger.

一看到有危险，他的追随者全都**离他而去**。

句 [32] 中的 melt away 原义是“融化”，这里被借用来比喻他的追随者们“像冰雪融化”一样消失了。

参考文献

何兆熊. 2000. 新编语用学概要. 上海：上海外语教育出版社.

戚雨村. 1993. 语言百科词典. 上海：上海外语教育出版社.

汪榕培. 2002. 英语词汇学高级教程. 上海：上海外语教育出版社.

汪榕培，王之江. 2008. 英语词汇学. 上海：上海外语教育出版社.

徐盛桓. 1992. 论词的语用意义. 华南师范大学学报（社会科学版），(1)：63–72。

Wilson, D. 2004. Relevance and lexical pragmatics. *UCL Working Papers in Linguistics*, (16): 343–360.

专名普化

Commonization Of Proper Names

词汇学（lexicology）著作很少把专名普化作为一种构词法（word formation/building）处理。然而，专名普化的确是丰富英语词汇（vocabulary）的一个重要途径。其他构词法都是建立在英语词素（morpheme）基础之上的，即利用词素合并、增减创造新词。专名普化词则是建立在专有名词之上的，与英语词素没有直接关系。当然，有些专有名词如商标品牌名最初造名的时候也许曾利用英语词素的形或音，在普化过程中，为了使这些词（word）在拼写和读音上归化，利用词缀（affix）改头换面，这样又与英语词素发生了纠葛。之所以要专题介绍专名普化，一是其构成方式奇特，二是这类词数量不少。Smith 编写的《当代英语词汇》（*Contemporary Vocabulary*，1979）收录的专名普化词就有 140 个，也不过是其中一部分，还不包括商标名等。王文斌（2005）列举商标名 35 个，实际上商标品牌名用以指产品的比比皆是。所以说专名普化词在英语词汇中占有一席之地。

☙ 定义

专名普化是将专用名称变为普通词汇的过程。英语 sandwich（三明治）就是这样产生的。据说 John Montagu 是 18 世纪英国 Sandwich 地方的第四世伯爵，此人声名狼藉，嗜赌成性。有一次赌博连续 24 小时不下火线，饿了就命人拿几片面包夹着牛肉边吃边赌，后来这种夹肉面包起名为 sandwich。又如 robot 一词，源于捷克剧作家 Karel Capek 的剧作 *Rossum's Universal Robots* 中的机器怪，现在成为众所周知的机器人。这两个词前者来自地名，后者来自著作中人物名，现在都用作普通名词。不仅如此，后来人们从 robot 截取 -bot 作后缀（suffix）使用，构成了 bugbot（窃听机器人）、cancelbot（销账机器人）、knowbot（机器智人）、chatterbot（饶舌机器人）等词。由此可见，专名普化后不仅能起到普通词的作用，还可以作为构词要素（formative）参与构词。

☙ 普化词的来源

普化词来源广泛，有的来自神话传说，有的来自历史典故，有的来自文学艺术作品等，有人名、地名、作品名、商标名。Smith（1979）把专用名字分为三大类，即神话中的专名、历史上的专名、文学作品中的专名。这种分类看似界限分明，实际重叠很多。通过考证发现，三大类中人名、地名和事物名基本都有，文学作品中除了作品名外，也有人物名和事物名。为了避免重复，我们把专名分为四类：人名（name of people）、地名（name of place）、作品名（name of work）、商标名（tradename）（张维友，2015：96–99）。

1. 人名

人名是一个较为宽泛的类别，包括神话传说中的人物、历史上的真实人物、文学作品中的人物等。所以，该类词可以进一步分为历史人物（包括科学家、制造商等）、神话传说人物、文学作品人物等。

1）历史人物

ampere 安培 ← Andre Marie **Ampere** 法国物理学家
farad 法拉 ← Michael **Faraday** 英国物理学家 / 化学家
joule 焦耳 ← James Prescott **Joule** 英国物理学家
newton 牛顿 ← Issac **Newton** 英国科学家
ohm 欧姆 ← George Simon **Ohm** 德国物理学家
watt 瓦特 ← James **Watt** 苏格兰发明家
volt 伏特 ← Alexadro **Volta** 意大利物理学家

这些计量单位都与科学家的发明创造分不开，因此用他们的名字命名。还有其他发明家和制造商等的名字可指称产品或相关物品。例如：

bowler 礼帽 ← Mr. **Bowler** 伦敦帽商
Braille 盲文 ← Louis **Braille** 盲文创造人
derrik 起吊架 ← Godfrey **Derrik** 17 世纪伦敦郊外监狱执行绞刑人
diesel 内燃机 ← Rudolf **Diesel** 德国内燃机工程师
guillotine 断头台 ← Josef I. **Guillotine** 法国物理学家建议使用
hoover 真空吸尘器 ← W. H. **Hoover** 美国真空吸尘器制造商
makintosh 雨衣 ← Charles **Makintosh** 苏格兰发明家
marconi 发电报 ← Guglielmo **Marconi** 意大利无线电工程师
nicotine 尼古丁 ← Jean **Nicot** 16 世纪将烟草引入法国的外交官

另一些源自真人名的词用来表示其他意义。例如：

chauvinism 沙文主义 ← Nicolas **Chauvin** 盲目崇拜拿破仑的法国士兵
cynical 愤世嫉俗的 ← **Cynics** 古希腊哲学家的一派
hooligan 流氓 ← Patrick **Hooligan** 19 世纪的英国无赖
martinet 执纪严厉者 ← General J. **Martinet** 17 世纪的法国严厉教官
mesmerize 对……催眠 ← Franz A. **Mesmer** 奥地利医师，催眠先驱
pasteurize 对……消毒 ← Louis **Pasteur** 19 世纪法国化学家和细菌学家
platonic 精神爱恋的 ← **Plato** 提倡精神爱恋的希腊哲学家

quistling 叛徒 ← Vidkun **Quistling** 投降纳粹背叛祖国的挪威军官
solon 贤人 ← **Solon** 公元前6世纪雅典政治家

2）神话传说人物

aphrodisiac 春药 ← **Aphrodite** 希腊生育美貌爱神
cherubic 胖墩墩 ← **Cherub** 长翅膀的胖墩小天使
erotic 性爱的 ← **Eros** 希腊爱神
herculean 艰巨的 ← **Hercules** 力大无比的宙斯之子
heroine 女主人翁 ← **Hero** 阿佛洛狄特的女牧师
irenic 宁静的 ← **Irene** 希腊宁静女神
jovial 快活的 ← **Jove** 幽默友好的罗马至高无上神
morphine 吗啡 ← **Morpheus** 希腊梦神
narcissist 自恋者 ← **Narcissus** 古希腊神话中的美少年
orphic 奥秘的 ← **Orpheus** 色雷斯具有音乐魔力的音乐家
procrustean 强求一致的 ← **Procrustes** 阿提卡对行者斩头剁足求一致的巨怪
siren 汽笛 ← **Siren** 古希腊神话中半人半鸟的女海妖
tantalize 逗弄 ← **Tantalus** 古希腊神话中宙斯之子
Titanic 巨大的 ← **Titans** 神话中巨神族

此类词还有很多。这些普化词的意义要么与神话人物形体相关，要么与他们的性格特点有联系，要么与它们的所作所为相关联等。总之，这些词的含义都是有词源理据（etymological motivation）的。

3）文学作品中的人物

bumble 妄自尊大者 ← **Bumble** 狄更斯小说《雾都孤儿》中的牧师助理
mentor 指导人 ← **Mentor** 荷马史诗《奥德赛》中的主人翁
pander 拉皮条 ← **Pandarus** 乔叟作品《特洛伊罗斯与克瑞西达》中的人物

pecksniffian 伪善的 ← **Seth Pecksniff** 狄更斯小说《马丁·霍述伟》中的人物
picaresque 流浪汉 ← **Picaro** 西班牙文学作品中的无赖流浪汉
Pickwick 宽厚憨直人 ← **Pickwick** 狄更斯《匹克威克外传》中的主人翁
quixotic 不切实际的 ← Don **Quixote** 塞万提斯小说《唐吉诃德》中的主人翁
Samaritan 乐善好施者 ← **Samaritan**《圣经》中记载的人物
Shylock 狠毒放债人 ← **Shylock** 莎剧中心狠手辣放高利债者夏洛克
syphilis 梅毒 ← **Syphilus** 意诗中人物因冒犯太阳神罚患梅毒
yahoo 粗鲁人 ← **Yahoo** 斯威夫特小说《格列佛游记》中的人物

文学作品中人物产生的词义（word meaning）与人物的体貌、性格、职业、行事风格等相关联，词义有的取其一点，有的综合概括，不少词都有引申和拓展。

2. 地名

badminton 羽毛球 ← **Badminton** 英国羽毛球运动发源地
bayonet 刺刀 ← **Bayonet** 打造刺刀著名的法国商业港口
cashmere 羊绒制品 ← **Kashmir** 羊绒织品产地南亚一地区
champagne 香槟酒 ← **Champagne** 法国香槟酒出产地
china 瓷器 ← **China** 瓷器原产地中国
cologne 香水 ← **Cologne** 德国产地科隆
geyser 喷射 ← **Geysir** 冰岛一温泉名
ghetto 贫民区 ← **Ghetto** 威尼斯犹太人居住区
laconic 简洁的 ← **Laconia** 该地人以语言简洁著称
lesbian 女同性恋 ← **Lesbos** 古希腊女同性恋诗人的出生地
pinchbeck 冒牌货 ← **Pinchbeck** 伦敦专事造假的珠宝店
rugby 橄榄球 ← **Rugby** School 开创橄榄球的英格兰公立学校

sardonic 讥讽的 ← **Sardinia** 地中海岛，食岛上有毒植物会抽搐狂笑
Shangri-la 人间乐园 ← **Shangri-la** 英作家希尔顿小说中想象的人间天堂
turkey 火鸡 ← **Turkey** 土耳其出产的珍珠鸡
waterloo 惨败 ← **Waterloo** 打败拿破仑军队的滑铁卢镇

地名普化词很有特点，多指当地出产的物品、发生的事件、具有当地风情的人士、带有地方色彩的事物等。当然，很多词义发生引申，带有比喻意义（figurative meaning），如 sardonic。该词本指有毒植物，但吃了这种植物的人会发狂、脸上抽搐，现在引申比喻“讥讽的”，受到讥讽的人的感觉恐怕与吃了毒植物的感觉相似。再如 pinchpeck 一词，原为伦敦造假著称的珠宝店名，后用该店名引申表示店中出卖的“假货”。可见，地名普化词不管现在表示何义，意义与原地名紧密相关。

3. 文学作品名

Babbit 市侩 ← **Babbit** 刘易斯的同名小说
Catch-22 无法摆脱的困境 ← **Catch-22** 约瑟夫·海勒同名小说
Hamlet 优柔寡断 ← **Hamlet** 同名莎剧
odyssey 艰辛旅程 ← **Odyssey** 荷马同名史诗
Lolita 痴心少女 ← **Lolita** 作家纳博科夫同名小说
Rebecca 美丽动人 ← **Rebecca** 作家达夫妮·杜穆里埃同名小说
utopia 虚构理想社会 ← **Utopia** 托马斯·莫尔的同名小说

文学作品名与文学作品中的人物名有些重叠，因为西方作家嗜好使用作品中的主人翁名字作为作品名，所以有些作品名（如诗、小说等）也是作品中的主要人物名。这些词都是双重身份，既是书名又是作品中的人物名。

4. 品牌商标名

Band-aid 创可贴（一种创可贴的商标）

Coca Cola	可口可乐（美国饮料商标）
dacron	涤纶（一种纺织纤维商标）
Frisbee	飞碟玩具（一种飞碟玩具商标）
Kleenex	纸巾（美国一种纸巾商标）
kodak	柯达照相机（美国一种照相机商标）
lollipop	棒棒糖（美国一种糖果商标）
LV	LV 皮包（法国 Louis Vuitton 品牌缩写）
nylon	尼龙（一种纤维的商标）
Omega	欧米茄手表（一种手表品牌名）
orlon	奥纶（一种合成纤维商标）
pepper gas	催泪弹（催泪弹商标）
rayon	人造丝（一种人造纤维商标）
vaseline	凡士林（美国凡士林商标）
walkman	随身听（日本索尼公司生产的多功能录放机品牌）
yoyo	悠悠球（美国芝加哥玩具商标）
xerox	影印（日本影印机品牌）

以商标和品牌名指物品的俯拾即是，不胜枚举。人们在日常交往中，有意无意遵循着经济原则（economy principle），语言尽可能简洁。物品与品牌和商标永远联系在一起，需要什么物品，人们往往直呼品牌，这样省时省力。

☙ 专名普化过程

专用名词顾名思义都是名词，因为大多是人名、地名、品牌名，特别是希腊罗马神话传说中的人物，拼写和发音与英语词汇大相径庭，必须归化。归化过程就是普化过程。普化主要有两种途径：转类（conversion）和加缀（affixation）。

1. 转类

如果专用名词的拼写和发音基本符合英语普通词的拼读规范，一般保留原词拼读形式，转类使用。例如，boycott（n.，v.）表示“抵制”，源自 19 世纪的英国军官和地主 Charles C. Boycott，他为人尖刻，对佃户苛刻，所以佃户联合起来抵制他，现在该词既可作名词也可作动词。又如，cabal（n.，v.）是由英国五大臣名字（Clifford、Ashley、Buckingham、Arlington、Lauderdale）的首字母拼合的，他们联合起来从事阴谋活动，所以该首字母拼音词（acronym）作名词表示“阴谋集团”，作动词表示“耍阴谋”。再如，blanket（n.，a.，vt.）源自 14 世纪首创毛毯的英国纺织工 Thomas Blanket，现在该词作名词表示“毛毯”，作及物动词表示“覆盖”（引申意义），作形容词表示“总括的”（引申意义）。这类例子还有很多。

2. 加缀

加缀主要是指加后缀，包括名词后缀（noun suffix）、形容词后缀（adjective suffix）和动词后缀（verb suffix）。

加名词后缀：-ism、-(i)ne、-age、-ade、-ia、-ity、-(r)y 等，如 chauvinism（沙文主义）、nicotine（尼古丁）、morphine（吗啡）、sabotage（破坏）、pasquinade（讽刺诗）、magnolia（木兰）、babbittry（市侩行为）等。

加形容词后缀：-ic、-(i)an、-al、-ist、-ish、-esque 等，如 sardonic（讽刺的）、stentorian（声音洪亮的）、colossal（巨大的）、Marxist（马克思主义者）、Micawberish（碰运气的）、picaresque（流浪汉题材的）等。

加动词后缀：-ize 等，如 tantalize（挑逗）、pasteurize（用巴氏消毒）等。

有些词可以多次加缀，衍生出一系列派生词（derivative）。例如，vandal 一词源自 5 世纪罗马掠夺者 Vandals，以打砸抢臭名昭著。这个词普化后通过多次加后缀派生出 7 个词：vandal（n. 故意破坏财产者）、vandalic（a. 破坏艺术的）、vandalism（n. 破坏公物行为）、vandalize（vt. 肆意毁坏）、vandalistic（a. 肆意破坏公物的）、vadalistically（adv. 肆意破坏公物地）、vandalization（n. 破坏，摧残）等。不仅如此，我们还可以加前缀（prefix），如 anti-vadalism（n. 反对破坏公物行为）等；

还可以把该词作为词基（base）与其他词复合构词，如 vandal-proof（a. 防止恶意破坏的），vandal resistant（a. 防破坏的）等。由此可见一斑。

☙ 普化词的语义特征

专用名词一旦普化，就可以享受普通词的一切待遇。因为普化词很多来源于神话传说和历史典故，文化色彩突出、形象生动、寓意深邃，远非其他普通词汇可比。例如：

[1] I want to be TV's *czar* of script and grammar.

我要成为电视界剧本文字**至高无上的权威**。

[2] It is with *procrustean* thoroughness that the tyrant squelches all dissent.

暴君以**普洛克拉斯提**式的残酷手段镇压了所有不同政见的人。

[3] The mirrors in the average home suggests that there is a little *narcissism* in each of us.

我们普通家庭里的多面镜子意味我们每个人都有点**自恋情结**。

句 [1] 中用了 czar（沙皇）这个普化词。该词是罗马大帝 Caesar（恺撒）的缩写，用在此处暗示说话者希望在电视界具有沙皇甚至罗马大帝一样的权威。句 [2] 中的普化词 procrustean 出自阿提卡的巨人怪 Procrustes，他有特制床并根据床的大小对过路的旅客斩头剁足，或者拉长身体以适应他的床。现在该词引申为以残酷的手段“强求一致”。句 [3] 中普化词 narcissism 出自希腊神话中的美少年 Narcissus，他对自己的容貌无限欣赏，竟然爱上了水中自己的影子，结果跳水求欢溺水而亡。现在人们用该词表示“自我陶醉”“自恋”。我们每天有意无意地照镜子就是在欣赏自己的容貌，也就是“自恋”。

由此可见，普化词能激化联想，不仅能表达所希望的意思，而且与出处的相关人物联系起来，更为形象生动，发人深省，是普通词汇无与伦比的。

参考文献

王文斌. 2005. 英语词法概论. 上海：上海外语教育出版社.

张维友. 2015. 英语词汇学教程. 武汉：华中师范大学出版社.

Smith, E. L. 1979. *Contemporary Vocabulary*. New York: St. Martin's Press.

转类法 CONVERSION

转类法是现当代拓展英语词汇（vocabulary）的三大构词法（word formation/building）之一。根据 Pyles & Algeo（1982）的研究，运用缀合法（affixation）构成的词（word）占新词总数的 30%—40%，复合法（compounding/composition）构成的词占 28%—30%，转类法构成的词占 26%。十年后，Algeo & Algeo（1991）对 1941—1991 年间出现的新词进行统计，复合词（compound）占比达到 40%，缀合法构词占 28%，转类构词占 17%。尽管缀合法构词与复合词位置调换，转类仍然稳居第三。可见转类法在现当代词汇发展中仍然举足轻重。

☙ 定义

何为转类法？辞书中很少对该术语进行定义，Crystal（1985）和 Richards et al.（2000）没有收录 conversion 这个词条。《语言与语言学词典》（*Dictionary of Language and Linguistics*，1981）对 conversion 给出了一个非常简单的定义，即"词的功能和类别的变更"。Quirk et al.（1985：1558）将转类法定义为"对一个词项（lexical item）不添加词缀（affix）而变更为新词类的派生过程"，他们还把转类称为功能转换（functional shift）和零缀派生（zero-derivation）（Quirk et al.，1972：

1009）。所谓转类就是不改变词的形态结构（morphological structure）、不添加词缀，仅改变词的句法功能，故叫功能转换。称作零缀派生是因为语言学（linguistics）中一般把转类归属派生（derivation）一类，派生主要指加词缀构词，而转类是不加任何词缀构词。Matthews（2000：65）在论述词汇派生（lexical derivation）时指出，转类就是零缀派生，并给出了例子 fish（鱼）。该词本是名词，但在“He was *fishing* for mackerel.”（他在垂钓鲭鱼。）这个句子中，fish 变成了动词表示“钓鱼”。再举一例，simple 和 single 都是形容词，都可以变成动词（张维友，2015：80–81）。试比较：

[1] Let's *single* out one of us for the character.（转类）
咱们在我们当中挑选一个人出来表演那个角色吧。

[2] Let's *simplify* the process.（加缀）
咱们简化流程吧。

句 [1] 中没有增加任何词缀将原形容词转化为动词，所以为转类；句 [2] 中在原形容词后添加了后缀（suffix）-ify 才变为动词。英语中转类主要涉及三类词：名词、动词、形容词。下面就这三大词类分别进行讨论。

☙ 转化为名词

1. 动词转名词

词的功能转化最常见的是“名—动”之间的转换。首先看由动词转化的名词。根据 Quirk et al.（1985：1560）的研究，英语动词转化为名词，其词义（word meaning）与源词有七种关联：

（1）表示“心境、状态”等 [指静态感知动词转化为可数或抽象名词（abstract noun）]，如 desire（欲望）、doubt（怀疑）、love（爱）、smell（嗅，闻）、taste（尝），want（想）等。

（2）表示“事件、活动”（指动态动词），如 attempt（企图）、fall（倒下）、hit（击）、laugh（笑）、search（寻找）、shut-down（封，关闭）、

swim（游泳）等。

（3）表示“结果”，如 answer（答案）、bet（赌注）、catch（捕捞）、find（发现物）、hand-out（印刷物）等。

（4）表示“施动者”，如 bore（令人讨厌者）、cheat（骗子）、coach（教练）、show-off（爱炫耀的人）等。

（5）表示“材料、工具”等，如 cover（盖子）、wrap（包装材料）、wrench（扳手）、cure（药物）等。

（6）表示“场所、地点”等，如 pass（隘口）、walk（小路）、divide（分界线）、turn（弯）、drive（私人车道）、lay-by（路侧停车处）等。

（7）表示“方式”等，如 walk（步行）、throw（投掷）、lie（位置）、fly（飞行）等。

英语中有短语动词（phrasal verb），即“动词 + 小品词”构成的动词，可以转化为名词。转化有两种形式：一是不改变语序，将两词合并或加连字符即可，如 hand-out（印刷物）、lay-by（路侧停车处）、breakthrough（突破）、show-off（爱炫耀者）等；二是逆序转化，如 downfall（打倒，由 fall down 转化）、outbreak（爆发，由 break out 转化）、offshoot（枝条，由 shoot off 转化）等。动词转名词有一种特殊现象，即 V+ a + N 形式，表示短暂或一次行为，如 give a push/shout/sigh/sob/groan（推一下、叫一声、叹一声、哭一下、呻吟一下）、have a look/shave/chat/drink/go（看一看、刮刮脸、聊一聊、喝口水、尝试一下）、take a rest/ride/walk/drive（休息一下、骑一下、走走、驾驾车）等。英语中还有一种更奇特的现象，即把非谓语动词和动词的过去式转化为名词使用，如 a has-been（曾风流一时的人物）、also-ran（落选的马，失败者）、a would-have-been（壮志未酬者）、have-not（穷人）等，这种奇特构词只有形态语言中才可能存在（张维友，2015：82–83，103）。

2. 形容词转名词

形容词转化为名词可分为完全转化（full conversion）和部分转化

（partial conversion）两种。所谓完全转化是指转化的名词在使用中与普通名词毫无二致，可以加不定冠词 a 和 -s 表示数量，如 a white（白人）、finals（决赛）、valuables（贵重物品）、necessaries（必需品）、angries（忿怒的人们）等。分词也可完全转化为名词，如 a given（已知的事物）、a drunk（醉鬼）、young marrieds（年轻夫妇）、two unknowns（两个未知数）等。部分转化是指由形容词转化的名词仍然保持形容词的特点。这类名词没有单复数标志，必须同定冠词 the 一起使用，同时还可以变成比较级和最高级，如 the poor（穷人）、the wounded（伤员）、the richer（更富有的人）、the happiest（最幸福的人）等，但是不能说 *a poor、*a rich、*poors、*riches 等。

3. 其他词类转名词

其他词类也可以转化为名词，如介词、连词、情态动词，包括成对词，甚至词缀等。

[3] Would you like a *with* or *without*?（介词）
您是要**加糖／奶**的咖啡，还是**不要加糖／奶**的咖啡？

[4] Don't keep saying *ifs* and *buts*. Give a definite answer.（连词）
不要老是找**原因**或**借口**。给我们一个明确的答复吧。

[5] MA degree is a *must* if you want the job.（情态动词）
要获得那个岗位，硕士学位是**必要条件**。

[6] The witness is telling the court the *ins and outs* of the accident.（成对词）
目击者正在法庭陈述意外发生的**详情**。

4. 次词类转名词

次词类（secondary word-class）转化（Quirk et al.，1972：1015–1016；1985：1563–1564）有四种：（1）不可数名词转化为可数名词，如 two *coffees*（两杯咖啡）、three *cheeses*（三块芝士）、a better *bread*（更好面包）、small *kindnesses*（小恩小惠）、home *truths*（家乡实情）等；（2）可数名词转化为不可数名词，如 an inch of *pencil*（一寸长的铅笔）等；（3）专用名词转化为普通名词，如“Edinburgh is the *Athens* of the north.”（爱丁堡是北方的雅典。）、“He wore *wellingtons*.”（他穿

着惠灵顿长筒靴。)、“Give me a *Camel.*”(来包骆驼牌香烟吧。)等;(4)静态名词转化为动态名词,如“He is being a *fool.*”(他的行为傻里傻气。)等。从这些例子不难看出,所谓次词类转化属于同类词相互转化,是词语的特殊用法。

☙ 转化为动词

1. 名词转动词

英语名词与动词相互转化是最常见的。相比之下,名词转动词更普遍。根据 Quirk et al.(1985:1561)的论述,英语名词转化为动词与原词同样有七种关联。

(1)表示“将……放入N上”,如bottle(装瓶)、can(装罐)、corner(置于角落)、floor(放地板上)、garage(放进车库)、catalogue(编入目录)等。

(2)表示“为……提供N”,如oil(加油)、butter(涂黄油)、arm(武装)、coat(涂层漆)、mask(戴面罩)、plaster(涂灰泥)、commission(委任)等。

(3)表示“除去N”,如skin(剥皮)、juice(去汁)、feather(除羽毛)、core(去核)、peel(削皮)、gut(去内脏)等。

(4)表示“用N做”,如hammer(用锤打)、shoulder(用肩扛)、pump(用泵抽)、brake(刹车)、finger(用手指拨弄)、glue(用胶粘)等。

(5)表示“行使N的职责或义务”,如tutor(辅导)、pilot(导航)、nurse(护理)、referee(当裁判)、father(收养)等。

(6)表示“把……变成N”,如fool(愚弄)、cripple(使瘸)、cash(兑现)、group(分组)、wreck(使车船失事)等。

(7)表示“用N运送”,如ship(船运)、mail(邮寄)、telegraph(电传)、cycle(骑自行车)等。

这些语义类型除第(7)类外,其他的名词转化的动词都作及物动词使用。第（7）类有的可作及物动词，有的可作不及物动词使用，如在“Kissinger *helicoptered* to the refugee camp.”（基辛格乘直升机飞到难民营。）、“I *bike* around the lake after supper every day.”（我每天晚饭后骑脚踏车绕湖转一圈。）两句中，helicopter 和 bike 都用作不及物动词。

英语名词转化为动词的语义现象吸引了众多研究者。Clark & Clark（1979）把名词转动词的语义关系（sense relation）分为八类：

（1）运动动词（locatum），如 *blanket* the bed（给床铺毯子）、*sheet* the sofa（给沙发覆盖床单）等；

（2）处所动词（location），如 *ground* the plane（使飞机着陆）、*bench* the player（让球员坐冷板凳）等；

（3）延时动词（duration），如 *summer* in France（到法国度暑假）、*honeymoon* in Hawhaii（到夏威夷度蜜月）等；

（4）施事动词（agent），如 *butcher* the cow（宰牛）、*author* the book（写书）等；

（5）体验动词（experience），如 *witness* the accident（目击事故发生）、*boycott* the store（抵制那个商店）等；

（6）目的动词（goal），如 *powder* the aspirin（把阿司匹林碾成粉）、*dupe* the voter（欺骗投票人）等；

（7）来源动词（source），如 *word* the sentence（遣词造句）、*piece* the quilt together（把被子一块块拼起来）等；

（8）工具动词（instrument），如 *ship* the goods（船运货物）、*paddle* the canoe（划独木舟）等。

Ankist（1985）把名词转化的动词分为六类：

（1）表功能（function），如 *flea* the dog（给狗除跳蚤）等；

（2）表地点（location），如 *youth-hotel* Europe（在欧洲住青年招待所）等；

（3）表时间（duration），如 *Christmas* in Hawhaii（到夏威夷过圣诞节）等；

（4）表相似（resemblance），如 *trash* the neighborhood（把街区弄得像垃圾场）等；

（5）表目标（goal），如 *conference*（参加会议）等；

（6）表工具（instrument），如 *scissor* the material（把布料剪开）等。

Adams（1982）把名词转化的动词分成13类（转引自蔡基刚，2008：98–99），非常复杂，这里就不一一列举了。相比之下，Quirk et al.（1972，1985）的分类更简洁清楚。

2. 形容词转动词

形容词转化的动词的语义关系有三种情况：（1）转化后作及物动词用，如 *free* the slave（给奴隶自由）、*blind* the donkey（遮蔽驴的双眼）等，此类词还有 still、forward、bare 等；（2）同时作及物和不及物动词用，如 *dirty* the white shirt（把白衬衫弄脏）、the white shirt *dirtied*（白衬衫脏了）等，此类词还有 warm、cool、slow、clear、dry、narrow 等；（3）仅作不及物动词用，如"The milk *soured.*"（牛奶变酸了。）。三种现象中同时作及物和不及物动词用得最多，仅作不及物动词用的最少。

3. 其他词类转动词

转化为动词的还有小品词、介词或副词，如 *down* the beer（将啤酒一饮而尽）、"She *upped* and left."（她起身离去。）等；拟声词（onomatopoeic word），如"The students *tut* and *tut* the idea."（学生发出嘘嘘声否决了那个想法。）；连词，如"*But* me no buts."（不要对我说"但是"了。）等。这样的转类不算普遍，一旦用了会产生戏剧性效果，生动活泼。

4. 次词类转动词

次词类转动词就是动词转为动词，共计五种（Quirk et al.，1972：1016–1017；1985：1564–1565）。（1）不及物动词转及物动词，如 budge（挪动）、fly（飞）、stop（停）、turn（转）、twist（扭）等。例如，*run* the water（放水）、*march* the prisoners（让囚犯齐步走）等。

（2）及物动词转不及物动词，如 divide（分）、drive（驾车）、steer（指导）、wash（洗）、dress（穿衣）、make up（化妆）、shave（刮须）、cook（做饭）、drink（饮，喝）、kill（杀）、sew（缝）、write（写）。例如，"The book reads well."（这本书好看。）、"John shaved."（约翰剃须了。）、"We have *eaten* already."（我们已吃过饭。）等。（3）不及物动词转系动词（copula），如 lay（躺）、stand（站）、float（漂）、arrive（到达）、fall（倒）、boil（煮）、wash（洗）等。例如，"She *stood* motionless."（她站着一动也不动。）、"He *lay* flat."（他平躺着。）、"The boy *washed* clean."（那男孩洗干净了。）等。（4）系动词转不及物动词，如"What must *be*, must *be*."（该是什么，必须是什么。）等。（5）单及物动词（monotransitive verb）转复合及物动词（complex transitive verb），如 catch（抓）、buy（买）、find（找）、hate（恨）、like（喜欢）、sell（卖），"The police *caught* the thief redhanded."（警察当场抓住小偷。）、"Alan *knocked* his opponent unconscious."（阿兰将对手打得不省人事。）等。第（3）和第（4）类在 1972 年版中用了强化动词（intensive verb），在 1985 年版中改为系动词。强化动词后接形容词不好理解，改为系动词就顺理成章了。

☙ 转化为形容词

转化为形容词的词类很少。动词不能直接转化为形容词，而名词很多能作定语使用，起形容词的作用，如 woman doctor（女医生）、boy student（男学生）、brick house（砖房）、cotton clothes（纯棉衣服）、city life（城市生活）、physics course（物理课）等，很难说这些词已转化为形容词。作定语用的名词一般是表性状的名词或物质名词。在科技语言中，为了避免产生歧义，名词修饰名词是常见现象。尤其要注意的是，很多情况下名词作定语和同根形容词作定语在语义（sense）上大相径庭。

名词作定语	形容词作定语
bankruptcy lawyer（处理破产事务律师）	**bankrupt** lawyer（破产的律师）

stone house（石屋）	**stony** cushion（硬坐垫）
efficiency expert（研究效率专家）	**efficient** expert（高效率专家）
obesity specialist（研究肥胖专家）	**obese** specialist（肥胖的专家）

转类是词语使用中的功能转换。因为英语属形态语言，加缀构词发达，加后缀大多实现词的功能转换，所以不改变形态而转换功能就显得尤为突出。在语言运用中，使用转化的词比非转化词更加言简意赅，更为鲜明生动。试比较：

[7] 玛丽用胳膊肘开路穿过人群。

Mary went through the crowd with her *elbow*.

Mary *elbowed* her way through the crowd.（n. → v.）

[8] 报纸因年代久远而发黄。

The newspaper became *yellow* with age.

The newspaper *yellowed* with age.（a. → v.）

☙ 形态变化

转类一般不涉及形态变化，但是少数名词转化为动词后会产生音形变化。

1. 清辅音变浊辅音

名词		动词	
house /-s/	房屋	house /-z/	给……提供住房
use /-s/	用法	use /-z/	使用
mouth /-θ/	嘴	mouth /-ð/	不出声地说
shelf /-f/	架子	shel**ve** /-v/	放在架子上
sheath /-θ/	刀鞘	sheath**e** /-ð/	插入鞘

例词显示，同一个词作名词用时最后一个辅音为清辅音，用作动词后变成浊辅音，有的词拼写也相应发生变化。

2. 元音变化

名词	动词	
breath /eθ/	breathe /iːð/	呼吸
bath /ɑːθ/	bathe /eɪð/	沐浴

同样，有些名词转化为动词不仅最后一个辅音拼写和发音要变，而且前面的元音也要变。

3. 重音后移

名词		动词	
'conduct	行为	con'duct	实施
'extract	提取物	ex'tract	提炼
'permit	许可证	per'mit	许可

双音节词作名词用时，重音一般在第一个音节，转化为动词后重音随之移到后一个音节，大多如此。

参考文献

黄长著，林书武，卫志强，周绍珩译. 1981. 语言与语言学词典. 上海：上海辞书出版社.

张维友. 2015. 英语词汇学教程. 武汉：华中师范大学出版社.

Algeo, J. & Algeo, A. 1991. *Fifty Years Among the New Words: A Dictionary of Newlogisms, 1941–1991*. Cambridge: Cambridge University Press.

Ankist, J. 1985. *Incorporating meanings: Conversions of nouns into verbs in English*. Master's thesis, University of California.

Clark, E. V. & Clark, H. H. 1979. When nouns surface as verbs. *Language* (53): 810–842.

Crystal, D. 1985. *A Dictionary of Linguistics and Phonetics*. Oxford: Basil Blackwell in Association with André Deutsch.

Matthews, P. H. 2000. *Morphology*. Beijing: Foreign Language Teaching and Research Press.

Pyles, T. & Algeo, J. 1982. *The Origins and Development of the English Language*. New York: Harcourt Brace Jovanovich.

Quirk, R., Greenbaum, S., Leech, G. & Svartvik, J. 1972. *A Grammar of Contemporary English*. London: Longman.

Quirk, R., Greenbaum, S., Leech, G. & Svartvik, J. 1985. *A Comprehensive Grammar of the English Language*. London & New York: Longman.

Richards, J. C., Platt, J. & Platt, H. 2000. *Longman Dictionary of Language Teaching and Applied Linguistics*. Beijing: Foreign Language Teaching and Research Press.

缀合法 AFFIXATION

缀合法是英语词汇（vocabulary）扩展中数一数二的构词方式。根据 Pyles & Algeo（1982）研究，运用缀合法构成的词（word）占新词总数的 30%—40%，而复合法（compounding/composition）构成的词占 28%—30%，其他构词法（word formation/building）产生的新词当然要少得多，这就说明缀合构词排名第一。但是，十年后 Algeo, J. & Algeo, A.（1991）对 1941—1991 年间出现的新词进行统计，复合法构成的新词达到 40%，缀合法构成的词占比降到 28%，但仍稳居第二。英语属形态语言，词缀（affix）丰富，利用词缀构词和造词是英语词汇拓展的一大特色。

定义

加缀构词有两种英语表达，即 affixation（缀合法）和 derivation（派生法）。缀合法的使用不太普遍，派生法是传统的说法，使用较广泛，但是名称及含义是有差异的。Crystal（1985：10）对 affixation 的定义是"将语法(grammar)或词汇信息添加在词干(stem)上的形态过程"(the morphological process whereby GRAMMATICAL or LEXICAL infomation is added to a stem),包括前缀法(prefixation)、中缀法(infixation)和后缀法(suffixation)。这个定义没有提到词缀,用"语法信息"和"词汇信息"取代,模糊不清。根据他的观点,语法信息是指添加屈折词缀(inflectional affix)以表达语法信息,而词汇信息是指添加派生词缀(derivational affix)以造新词。该定义明确指出,缀合构词包括添加前缀(prefix)构词、添加中缀(infix)构词和添加后缀(suffix)构词。英语没有中缀,故不存在添加中缀构词的问题。Richards et al.(2000:129)没有收录 affixation 一词,但对 derivation 下有定义,即"将词缀加于其他单词或词素(morpheme)以构成新词的方法"。《语言与语言学词典》(*Dictionary of Language and Linguistics*, 1981:10, 94)对 affixation 的定义是"把词缀附加在词根(root)上(构词)的过程"(注:构词是笔者添加),对 derivation 的定义是"往词根添加词缀以构词的过程",两个定义基本相同。这两个定义都有问题,"往词根添加词缀"的表述不妥,能添加词缀的不一定都是词根(root),因为词根不可再分,大量的新词是在单纯词(simplex word)或复杂词(complex word)上添加词缀构成的。另外,把缀合法等同于派生法也有问题。其实,派生法比缀合法含义更广,转类构词(参见核心概念【转类法】)也被认为是派生的一种,称作零缀派生(zero-derivation),而缀合构词则不涉及转类。更为准确的定义应该是"在词基(base)上添加派生词缀构词的方法",因为词基可以是一个词素,也可以是多个词素联合体;可以是词根,也可以是词干(词根 + 词缀、词缀 + 词根)。这里不用词干是因为词干是对屈折词缀而言的,能添加屈折词缀的才是词干(Bauer, 1983)。Quirk et al.(1972, 1985)在讨论缀合构词中使用词基而不用词干,他们对 affixation 给出的定义是"向词基添加前缀或后缀构词,有的改变词类,有的不改变词类"。下文将前缀构词和后缀构词分开讨论,主要基于 Quirk et al.(1972, 1985)、Sinclair et al.(1991)和张维友(2007, 2015)。

☙ 词缀的数量

英语词缀丰富，Quirk et al. 在《英语语法大全》（*A Comprehensive of the English Language*，1985：1539–1557）中列举前缀 51 个，后缀 50 个，合计 101 个，不包括变体，如表否定的前缀 in- 有 il-、ir-、im- 等三个变体，但只算作一个前缀。Zeiger 编写的《英语百科》（*Encyclopedia of English*，1979）列出前缀 107 个，后缀 79 个，共计 186 个。Barnhart, C. L. & Barnhart，R. K. 所编写的《世界图书词典》（*The World Book Dictionary*，1981：78–79）中，列举前缀 66 个，后缀 52 个，合计 118 个。不过该词典还列举了 121 个组合形式（combining form），即起词缀作用的非自由词根（non-free root），包含 auto-、homo-、mal-、mono-、multi-、neo-、pan-、tri-、uni- 等。这些形式在《英语语法大全》中都被看作词缀，两项相加达到 239 个。Sinclair et al. 编写的《柯林斯 COBUILD 英语指南——构词法》（*Collins COBUILD English Guides—Word Formation*，1991：vii）一书，列举前后缀近 300 个，其中包括 -ability、after-、video-、free-、all-、-bound、-conscious、double-、fresh-、great-、-head、-kind、-speak、-style 等形式，显然拓展了“词缀”的含义。这些形式都是独立的单词，但是逐渐词缀化（affixization），能构性强，相当于词缀，所以被纳入词缀之列。这反映了当代语言变化的词缀化倾向。因为各辞书收录词缀的标准不同，故列出的词缀数量自然不一，最少的百十来个，最多 300 个。所以，取几部词书的列举词缀的最大值，即英语词缀有 300 个左右。数量似乎不大，但其构词能力极强，衍生出现代英语（Modern English）的浩瀚词汇。

☙ 加前缀构词

英语前缀的特点是改变词义（word meaning）而不改变词性（part of speech），因此前缀的分类按意义进行。下述讨论基于 Quirk et al.（1972，1985）和张维友（2015）。

（1）否定前缀（negative prefix）包括 a-、dis-、in-（il-、ir-、im-）、

un-、non- 等，如 apolitical（不关心政治的）、discredit（无信用）、injustice（不公平，不讲道义）、illiterate（不识字的）、irresistible（不可抵抗的）、immoral（不道德的）、non-smoker（不吸烟的人）、undemocratic（不民主的）等。这一组前缀中，un- 的构词能力最强，通常可替代 in- 和 dis-，如 unreplaceable（不可置换的）可替代 irreplaceable、unmovable（不能移动的）可替代 immovable 等，特别是与形容词结合尤其如此。需要注意的是，当同一个词基添加同类中不同的前缀时，会产生迥然不同的意义，如 amoral 表示“没有道德标准的”，immoral 则表示“违反道德准则的”。

（2）逆反前缀（reversative prefix）或表缺前缀（privative prefix）包括 de-、dis-、un- 等，如 dehumanize（使失掉人性）、disunite（不和，使分离）、unmask（脱去假面具，揭露）等，添加的词基不是动词就是名词。dis- 和 un- 与否定前缀重叠，形式相同，但意义有别。

（3）表贬义前缀（pejorative prefix）包括 mal-、mis-、pseudo- 等，如 maltreat（虐待，滥用）、misinterpret（曲解）、pseudo-scientific（伪科学）等。

（4）表程度前缀（prefix of degree or size）包括 arch-、co-、extra-、hyper-、macro-、micro-、mini-、out-、over-、sub-、super-、sur-、ultra-、under- 等，如 arch-enemy（头号敌人）、co-author（合著者）、extra-large（超大）、hyperactive（极度活跃的）、macroeconomics（宏观经济学）、microsurgery（微创外科）、mini-camera（微型照相机）、outsmart（比……更聪明）、over-anxious（过于焦虑）、sub-committee（分委员会）、supermodern（超现代）、surpass（超越）、ultra-conservative（极端保守的）、undervalue（低估）等。这组前缀有几对呈反义，如 macro-—micro-/mini-、over-—under-、super-—sub-，而 arch-、extra-、hyper-、super-、sur-、ultra- 这几个前缀含义接近，可表示“极、超、过、大、额外”等；co- 和 out- 算是例外。

（5）态度前缀（attitudinal prefix）包括 anti-、contra-、counter-、pro- 等，如 anti-social（反社会的）、contrafactual（违反事实的）、

counter-espionage（反间谍的）、pro-authority（支持权威的）等。需要指出的是，anti- 和 counter- 可加于同一词基，但意义不同，如 antiviolence 和 counter-violence 都表示“反暴力”，前者仅指一种态度，而后者指“以暴制暴”。

（6）方位前缀（locative prefix）包括 extra-、fore-、inter-、intra-、super-、tele-、trans- 等，如 extra-marital（婚外的）、forearm（前臂）、interpersonal（人际间的）、intra-party（党内的）、superstructure（上层建筑）、telecommunication（电信）、transcontinental（横贯大陆的）等。

（7）时间前缀（temporal prefix）包括 ex-、fore-、post-、pre-、re- 等，如 ex-husband（前夫）、forethought（先见）、post-election（选后的）、pre-retirement（退休前）、reread（重读）等。

（8）数字前缀（number prefix）包括 bi-、di-、multi-、poly-、semi-、demi-、hemi-、tri-、uni-、mono- 等，如 bilingual（双语的）、diameter（直径）、multi-purpose（多种目的）、polysyllabic（多音节的）、semi-automatic（半自动的）、demigod（半神半人）、hemisphere（半球）、triangle（三角）、unidirectional（单向的）、monoculture（单一栽培）、monorail（单轨）等。这组前缀中，semi-、demi-、hemi- 表示“半”，uni- 和 mono- 表示“一”，bi- 和 di- 表示“二”，tri- 表示“三”，multi- 和 poly- 表示“多”。

（9）转类前缀（conversion prefix）包括 a-、be-、en-（-em）等，如 asleep（睡着的）、befriend（待人如友）、endanger（危及）、empower（授权于）等。传统的改变词性的前缀只有三个。不过，在当代英语中（contemporary English），改变词性的前缀有所增加，如 de-、un-、anti-、inter-、post-、pre-、pro- 等都可以改变词性。例如，**de**louse（除跳蚤，n. → v.）、**un**earth（出土，n. → v.）、**anti**-pollution（反污染，n. → a.）、**inter**library（图书馆之间的，n. → a.）、**post**-war（战后，n. → a.）、**pre**-revolution（革命前，n. → a.）、**pro**-conservation（支持保留，n. → a.）等。但是，从例词来看仅限于名词转为动词或名词转为形容词两类（张维友，2007）。

（10）其他前缀（miscellaneous affix）包括 auto-、neo-、pan-、proto-、vice- 等，如 autobiography（自传）、Neo-Liberal（新自由主义）、pan-continental（泛大陆）、proto-horse（原始马）、vice-governor（副州长）等。因为前缀是按意义分类的，这组前缀无法归属其他类，故集合为一类。

（11）新型前缀（new prefix）包括 e-、info-、docu-、euro-、petro-、of- 等，如 e-（electronic 电子的）: e-commrce（电商）、e-ticket（电子票），info-（information 信息）: infonet（信息网）、info-highway（信息高速公路），docu-（document 文件）: docu-express（特快文件）、docu-fiction（纪实小说），euro-（european 欧洲的）: euro-centric（欧洲中心的）、euro-scepticism（欧洲怀疑主义），petro-（petroleum 石油）: petro-dollar（石油美元）、petro-hegemony（石油霸权），of-（办公，机关，官职）: of-bank（机关银行）、of-milk（办公牛奶）等。当然，新型词缀远不止这些。为何称为新型词缀，是因为它们原本不存在，析取于词，且表达原词之意，应该算组合形式，但按 Quirk et al. 的办法，全部归属前缀。

☙ 加后缀构词

与前缀不同，英语的后缀主要是改变原词的词性，意义上对原义进行修饰。根据后缀改变词性这一特征，后缀可分成四大类：名词后缀（noun suffix）、形容词后缀（adjective suffix）、副词后缀（adverb suffix）、动词后缀（verb suffix）。下文将基于 Quirk et al.（1985）和张维友（2015）展开讨论。

1. 名词后缀

所谓名词后缀是指构成的词全部为名词，但词基可能是名词、动词或形容词不等。

（1）加于名词表“人”或“物”的后缀包括 -er、-eer、-ster、-ess、-ette、-let，如 teenager（青少年）、glover（手套商）、three-wheeler（三轮车）、profiteer（投机商）、gangster（歹徒）、stewardess（女乘务员）、

suffragette（女参政者）、kitchenette（小厨房）、booklet（小册子）等。从例词可看出，后缀 -er 可指人和物，-eer 和 -ster 指人往往带贬义，-ess 和 -ette 表示女性，-ette 和 -let 表示“小”的意义。

（2）加于动词表“人”或“物”的后缀包括 -ant、-ent、-er（-or）、-ee，如 assistant（助手）、coolant（冷冻剂）、descendent（后裔）、recorder（记录员）、cooker（炊具）、collaborator（合作者）、elevator（电梯，升降机）、examinee（受试者）。例词显示，这些后缀除 -ee 外既可指人也可指物。但是，-er 和 -ee 可加于同一个词基都表示人，-er 指施动者而 -ee 指受动者，如 examiner（主考人）—examinee（应考人），trainer（教官）—trainee（学员）等。

（3）加于名词表“人”“民族”或“语言”“信仰”的后缀包括 -ese、-an、-ist、-ite，如 Chinese（中国人，汉语）、Cambodian（柬埔寨人，柬埔寨语言）、socialist（社会主义者）、chomskyite（乔姆斯基追随者）等。根据 Quirk et al.（1985）的观点，-ist、-ian、-ite 可加于同一词基构词，但含义不同。后缀 -ist 表示对某观点或理论极为认可者，如“He is an out-and-out Darwinist.”（他是个彻头彻尾的达尔文追随者。）；后缀 -ian 意义中立，是有等级的，如“Isn't that approach rather Darwinian?”（那种途径是否颇达尔文式？）；-ite 多带贬义，表明本人并非追随者，如可以说“He is a Darwinite.”但不能说“I am a Darwinite.”，虽然句法都正确，但意义上有问题，没人会这样评价自己。

（4）加于名词表“性质”“状态”“身份”“精神”等的后缀包括 -age、-dom、-ery（-ry）、-ful、-hood、-ing、-ism、-ship，如 storage（贮藏）、officialdom（官僚作风）、slavery（奴隶身份）、devilry（恶行，残暴）、bakery（面包店）、machinery（机械）、mouthful（满口）、adulthood（成人期）、farming（耕作）、terrorism（恐怖主义）、authorship（作者的身份）、sportsmanship（运动员精神）。这些后缀要么表示抽象的概念（concept），要么表示集合物等。这里需要注意的是后缀 -ful，该后缀是典型的形容词后缀，但在此处是名词后缀，加于表容器的词基，表示具有“某容器的量”，如 handful（一把）、armful（一抱）、mouthful（一口）等，将“手”“胳膊”“嘴”看作一种容器。

（5）加于动词表“性质”“状态”的后缀包括 -age、-al、-ance、-ation（-ition、-tion、-sion、-ion）、-ence、-ing、-ment，如 marriage（婚姻）、dismissal（免职，解雇）、insurance（保险）、realization（实现）、adherence（粘着）、wedding（婚礼）、assessment（评价）、savings（储蓄）等。

（6）加于形容词表“性质”“状态”的后缀包括 -ity、-ness，如 productivity（生产力）、morality（道德）、popularity（大众化）、youthfulness（青年）、happiness（幸福）等。后缀 -ity 一般加于以 -able（-ible）、-ve、-al、-r 结尾的形容词后构成名词。这里需要注意的是后缀 -ness，该词缀能构性极强，可随意加于任何形容词构成名词。根据 Quirk et al.（1985）的观点，-ity 和 -ness 可加于同一个词基构词，但前者与词基的意义结合得更加紧密，词化（lexicalization）程度更高一些，如 sensible：sensibility— sensibleness（明智）、pompous：pomposity—pompousness（浮夸）等。此外，-ness 与某些形容词构词，新词与其他同根名词并存，如 justness—justice（正义）、appropriateness—appropriacy（得体）、normalness— normality— normalcy（正常）、infiniteness—infinitude— infinity（无限）等。

2. 形容词后缀

顾名思义，无论词基为何种词性，添加形容词后缀后构成的词全部为形容词。

（1）加于名词后的形容词后缀包括 -ed、-ful、-ish、-less、-like、-ly、-y、-al（-ial、-ical）、-esque、-ic、-ous（-eous、-ious、-uous），如 blue-eyed（蓝眼的）、graceful（优美的）、snobbish（势利的）、brainless（无头脑的）、dreamlike（梦一般的）、friendly（友好的）、smoky（冒烟的）等。-ly 本是一个高产的副词后缀，但可加于表人的词基后构成形容词，如 brotherly（兄弟般的）、motherly（母亲般的）、friendly（友好的）等。后缀 -ic 和 -al 可加于同一个词基，但意义不同，如 comic（戏剧的）—comical（滑稽的）、classic（经典的）— classical（古典的）等。同样的，-ly、-like、-ish 可以加于同一词基，但意义完全不同，如

manly（男子气概的）—manlike（像人的）—mannish（指女人，像男人的，暗示缺少女人味）。后缀 -y 加在物质名词后构成的形容词非常高产，如 sunny（有阳光的）、sandy（多沙的）等，还可表示亲昵和儿语，如 dad—daddy、dog—doggy、John—Johnny 等。

（2）加于动词后的形容词后缀包括 -able（-ible）、-ative（-ive、-sive），如 washable（可洗的，耐洗的）、permissible（可允许的）、talk—talkative（话多的）、act —active（活跃的）等。需要注意的是，一些动词加 -able（-ible）时，要除掉尾部一个音节，如 separate—separable（可分开的）、demonstrate—demonstrable（可展示的）、calculate—calculable（可计算的）等。

3. 副词后缀

副词后缀仅有三个：-ly、-ward（-wards）、-wise，添加在形容词或名词后，构成副词。

-ly 加在形容词后构成副词。需要注意的是以 -ic 结尾的形容词添加 -ly 之前，必须先加上 -al，如 scientific— scientifically（科学地），但是 public 是例外，对应的副词是 publicly 而非 *publically。

-ward（-wards）一般加在表方向的名词或形容词后构成副词，如 homewards（向家方向）、downward（向下的）、skyward（向天空的）等。

-wise 加在名词后构成副词，表示"就……而言"，构词力极强，可随意添加在任何名词后，如 education-wise（就教育而言）、budgetwise（就预算而言）、weatherwise（就天气而言）等。不过这类构词属非正式用词，正式文体尽量避免使用。

4. 动词后缀

添加在名词和形容词后构成动词的后缀包括 -ate、-en（-em）、-ify、-ize（-ise），如 originate（起源）、strengthen（加强）、heighten（提高）、solidify（使凝固）、glorify（使更壮丽）、visualize/visualise（形象化）、

organize/organise（组织）等。要注意的是 -ize 属美式英语（American English）拼法，-ise 是英式英语（British English）拼法。

参考文献

黄长著，林书武，卫志强，周绍衍译. 1981. 语言与语言学词典. 上海：上海辞书出版社.

张维友. 2007. 英汉语缀合构词法比较. 外语与外语教学，（2）：37–40.

张维友. 2015. 英语词汇学教程. 武汉：华中师范大学出版社.

Algeo, J. & Algeo, A. 1991. *Fifty Years Among the New Words: A Dictionary of Newlogisms, 1941–1991*. Cambridge: Cambridge University Press.

Barnhart, C. L. & Barnhart, R. K. 1981. *The World Book Dictionary*. Chicago: Doubleday & Company.

Bauer, L. 1983. *English Word-formation*. London: Cambridge University Press.

Crystal, D. 1985. *A Dictionary of Linguistics and Phonetics*. Oxford: Basil Blackwell in Association with André Deutsch.

Pyles, T. & Algeo, J. 1982. *The Origins and Development of the English Language*. New York: Harcourt Brace Jovanovich.

Quirk, R., Greenbaum, S., Leech, G. & Svartvik, J. 1972. *A Grammar of Contemporary English*. London: Longman.

Quirk, R., Greenbaum, S., Leech, G. & Svartvik, J. 1985. *A Comprehensive Grammar of the English Language*. London & New York: Longman.

Richards, J.C., Patt, J. and Patt, H. 2000. *Longman Dictionary of Language Teaching and Applied Linguistics*. Beijing: Foreign Language Teaching and Research Press.

Sinclair, J. 1991. *Collins COBUILD English Guides—Word Formation*. London: Harber Collins Publishers Ltd.

Zeiger, A. 1978. *Encyclopedia of English* (Rev. ed.). New York: Arco Publishing Company.

关键术语篇

本族词 NATIVE WORD

本族词是本民族母语中固有的词（word）。英语本族词是指源自盎格鲁–撒克逊语（Anglo-Saxon）的词。盎格鲁–撒克逊人本是外来民族，入侵英伦后把原居民凯尔特人（Celts）赶走自已定居下来，成为本地人。由于是不同部落，他们最初使用的语言合并为 Anglo-Saxon，后演化成 English，其词汇（vocabulary）也自然而然地成为本族词。本族词数量不大，据统计在 50 000—60 000 词。但这些词很多进入英语基本词汇（basic vocabulary / word stock），成为基本词汇的主流，使用频率很高。根据十二位英语著名作家、戏剧家和诗人作品中使用的词汇统计，本族词高达 70%—94%。本族词的另一个突出特征是其文体色彩为中性，而从其他语言借来的同义词（synonym）往往更为正式，甚至属于学术（academic）用语或专业术语（technical term）。例如，begin（英）—commence（法）、brotherly（英）—fraternal（法）、rise（英）—mount（法）—ascend（拉丁）等词，来自法语的词都比本族词正式，来自拉丁语的词最正式，属于学术用语。

标记性 MARKEDNESS

标记性是语言学（linguistics）的一种分析原则或理论。根据该理论，语言中基本的、常见的成分是无标记的（unmarked），违反常规的或特殊的成分是有标记的（marked）。例如，英语名词的单复数，表单数的 dog（狗）是常规的，所以是无标记的，而复数 dogs 是有标记的，因为复数形式总是由单数变化而来。在词汇语义学（lexical semantics）分析中，一对反义词（antonym）中意义宽泛的为无标记项（unmarked term），意义特殊的为有标记项（marked term）。例如，dog（狗）—bitch（母狗），前者是无标记的，后者是有标记的，因为dog既可以是公狗也可以是母狗，而bitch是dog的一部分。形容词tall（高）—short（矮）、old（老）—young（幼）亦如此，用tall和old提问，如“How tall is somebody?”“How old is somebody?”，回答既可以是“高”和“老”，也可以是“矮”和“幼”；如果用short和young提问，意义只能是“矮”和“幼”，问的是“矮”和“幼”的程度。当然人们一般是不会这样提问的，违反语言的使用常规。所以，无标记特征是语言中普通现象，而有标记特征是特殊现象。这种理论也运用于语音（phonetics）和语法（grammar）分析。就英语句法学（syntax）而言，正常的句子结构SVO（主谓宾）是无标记的，其他结构，如OSV或VSO等，都是有标记的，因为违反常规，是特殊的结构形式。

部分整体关系 MERONYMY

部分整体关系是指一个整体中各个组成部分与整体之间的关系，部分与整体的关系是层级关系（hierarchy）。例如，人的身体（body）由头（head）、脖子（neck）、身躯（trunk）、胳膊（arm）、腿（leg）等组成，胳膊由前臂（forearm）、手腕（wrist）和手（hand）组成，手由手掌（palm）和手指（finger）组成，“手—胳膊”“胳膊—身体”两者之间都是部分整体关系。部分整体关系具有传递性（transitivity）。例如：

[1] The jacket has sleeves. 夹克有袖子。
The sleeves have cuffs. 袖子有袖口。
The jacket has cuffs. 夹克有袖口。（成立）

但是并非所有的部分整体关系都有传递性。例如：

[2] The house has a door. 房子有扇门。

The door has a handle. 门有个把手。

* The house has a handle. * 房子有个把手。（不成立）

部分整体关系分典型和非典型关系。自然物体的组成部分与整体的关系属于典型关系，如植物（plant）由根（root）、茎（stem）、叶（leaf）、花（flower）、花蕾（bud）等组成，它们之间的关系是典型的部分整体关系。非典型的部分整体关系包括群体和群体成员之间的关系，如 crew [（轮船、飞机）全体人员] 包括船长（captain）、大副（first mate）、领航员（pilot）、水手（sailor）等。空间系列、等级系列、时间系列等也属于非典型的部分整体关系（参见核心概念【语义场】）。

部分转化 PARTIAL CONVERSION

部分转化是转类构词中的一个环节，是形容词转为名词的一种现象。当形容词转化为名词时有两种情况：一是完全转化（full conversion）（参见关键术语【完全转化】）；二是部分转化。由形容词转化的名词有的可以像普通名词一样使用，如可以通过添加语法词缀（grammatical affix）显示单复数。例如，native（本族的）是形容词，转化为名字后表单数可以添加不定冠词 a，表示复数可以在词尾添加 -s，即 a native 与 natives，这就是完全转化。而有些从形容词转化来的名词仍然保持形容词的部分特点，所以叫部分转化。这样的词语必须同定冠词 the 一起使用，如 the poor（穷人）和 the young（年轻人）。不仅如此，此类名词还有比较级和最高级，如 the poorer（比较穷的人）、the poorest（最穷的人）。由此可见，部分转化的形容词并没有取得普通名词的特征，尽管能作名词使用，但有条件限制，而且仍然保留着形容词的部分特征。

词典学 LEXICOGRAPHY

词典学是与词汇学（lexicology）紧密相关的学科，被看作是应用词汇学（applied lexicology）的一个分支。词典学的任务是研究词典编纂的原则和实践，对词项（lexical item）进行搜集、比较、注释和分类，然后编纂成书以供查阅。词典学被划为应用词汇学的范畴是有其原因的。词汇学研究词（word）的起源、构成、演变，以及词义（word meaning）的产生、发展等，而词典学是将词汇学研究的成果运用于词典编纂。换言之，词典学是将词汇学的研究成果收集和分类并记录入册。例如，banting（节食减肥法）是加拿大医生 Banting 发明创造的减肥疗法，后以该医生的名字命名，这个词的来源和意义的产生属于词汇学研究的范围，后词典编纂人员将这些信息辑录于词典，从而与词典学发生关系。释义是词典编纂的主要任务，义项的分类和排列原则至关重要，词典学研究出按词义产生的先后顺序和词义的使用频率排列原则。按前一个原则，一个多义词（polysemic word / polysemant）的义项按发展历时顺序排列，初始义排最前；按后一个原则，使用频率最高的排最前，如 gay 一词最初是形容词，表示“艳丽的”“快乐的”等，用作名词的“同性恋”一义是最后产生的，但在大多词典中都排为第一义，表明该义使用频率最高。当今市面上各种各样的词典都是根据词典学研究结果编纂出版的。

词干 STEM

词干是构词的主体部分，如centralize（中心化）由central + ize构成，而 central 又是由 centr + al 构成，两个词（word）中的 central 和 centr

都可以叫作词干。这是词干的一种理解。对词干的另一种解释与屈折形态学（inflectional morphology）有关。词干是针对屈折词缀（inflectional affix）而言的，在词的结构分析中除去屈折词缀的剩余部分才是词干，也就是说词干是能够添加屈折词缀的构词成分（formative）。词干可分为简单词干（simple stem）、复杂词干（complex stem）和复合词干（compound stem）。简单词干指含有一个自由词素（free morpheme）的词根（root），如 bird（鸟）、desk（书桌）、work（工作）、love（爱）、sad（悲伤）等，因为名词后可添加 -s 变为复数；动词后可添加 -s、-ed、-ing 分别变成单数第三人称形式、过去式和现在分词；形容词后可以添加 -er、-est 变为比较级和最高级，这些添加成分都是屈折词缀。复杂词干指“词根 + 派生词缀”（derivational affix）构成的形式，如 national（民族的）、international（国际的）、internationalize（国际化）等。复合词干指由两个或两个以上自由词素构成的复合词（compound），如 blackboard（黑板）、dog-ear（页的转角）这样的名词，sightsee（观光）、spoonfeed（填鸭式灌输，用匙喂）这样的动词等。所有词干都可称作词基（base），但是非自由词根（non-free root）可以叫作词基却不能叫作词干，因为非自由词根后不能添加屈折词缀。

词根 ROOT

词根是构成词（word）的核心部分（kernel part）的词素（morpheme）。词根可分为自由词根（free root）和黏着词根（bound root）。自由词根都是可以独立成词的词素，如 bird（鸟）、tree（树）、red（红色）、go（去）等。黏着词根必须与其他至少一个词素一起才能成词，如 bon（=good 好）: bonus（奖金）、capt（=head 头）: captain（队长）、cord（=heart 心）: cordial（衷心的）、cred（=believe 信任）: creditor（债权人）等。就意义而言，词的基本意义来自词根，添加词缀（affix）只能对词根的意义加以修饰或增添附加意义。从形式上讲，词根是不能再分的最小意义单位，一个派生词（derivative）除去所有的词缀剩下部分就是词根。就构词来说，一个词根无论添加多少词缀构成的词都是派生词，如 nation + **al**（民族的）、national + **ize**（民族化）、nationalize + **ation**（民族化）、**inter** + nationalization（国际化）、**non**-internationalization（非国际化）等，其中 nation（国家，民族）是词根，先后添加了三个后缀（suffix）和两个前缀（prefix），分别构成了五个不同派生词，基本意义仍然是 nation 的本义（literal meaning）。但是，两个自由词根合并产生的词是复合词（compound），如 blackbird（black + bird，乌鸦）、redcoat（red + coat，英国士兵）等。

词汇意义 LEXICAL MEANING

语言的词汇（vocabulary）可以分为实词（content/notional word）和虚词（empty word）两大类。实词包括名词、动词、形容词和副词，实词既有词汇意义也有语法意义（grammatical meaning），且词汇意义是实词的主要属性。虚词包括冠词、介词、连词、代词等，其主要功能是连词（word）组句和连句组篇，在句中和篇章中起纽带作用，故虚词只有语法意义，没有词汇意义。一个实词除去语法意义，其余意义都是词汇意义。以 begin 为例，其语法意义包括该词的词性（part of speech）即动词（v.）、该动词的现在时复数（begin）、第三人称单数（begins）、过去式（began）、过去分词（begun）、现在分词（beginning），以及及物性（vt.）和不及物性（vi.）等，该词其他所有意义构成其词汇意义。词汇意义是实词意义的主体，包括两大部分，即概念意义（conceptual meaning）（参见关键术语【概念意义】）和联想意义（associative meaning）（参见关键术语【联想意义】）。

词基 BASE

词基是主要的构词成分（formative），包括词根（root）和词干（stem）。词根是不可再切分的音义结合体。词根也可以称作词基，比词根大的含有词根和前缀（prefix）或后缀（suffix）的形式还可称作词基。例如，单词 touch 是词根也是词基，添加后缀构成的 touchable 不能叫作词根，但仍然可称作词基，再添加前缀 un- 构成的 untouchable 还是称作词基。反过来说，一个词除去词缀（affix），无论是派生词缀（derivational affix）还是屈折词缀（inflectional affix），剩余部分都叫作词基。例如，predictions 除去屈折词缀 -s，剩余的 prediction 是词基；去掉派生后缀（derivational suffix）-ion，剩余的 predict 也是词基；再去掉派生前缀 pre- 剩下 dict 仍然可叫作词基，当然也是词根，因为该形式不可再切分。相反，能添加词缀的形式，无论是派生词缀还是屈折词缀，都是词基。词基是一个万能术语，只要是用于构词（词缀除外）的要素，无论自由如否，都可以叫作词基。

词素变体 ALLOMORPH

词素变体指表征词素（morpheme）的不同语音形式，称为形素（morph）。有些词素由一个语音形素体现，另一些词素则由一个或多个语音形素体现。以复数词素 {s} 为例，在不同的单词中可分别由 /s/（cats 猫）、/z/（bags 袋）、/iz/（glasses 眼镜）来体现，三个语音形式 /s/ /z/ /iz/ 都是形素，这三个形素构成 {s} 的词素变体。再如，表示过去式的词素 {ed}，同样分别由三个语音形式 /t/（worked 工作）、/d/（loved 爱）、/id/（wanted 想，要）体现，/t//d//id/ 就是 {ed}

的词素变体。英语中绝大多数成词词素只有一个语音形式，如 tree /triː/（树）、red /red/（红色）等。英语功能词（functional word）则不然，一旦出现在连贯话语中，受语境（context）的影响会有重读和弱读之分，这些重读和弱读形式都是词素变体。例如，{am} 分别由重读形素 /æm/ 和轻读形素 /əm/ /m/ 体现，{to} 分别由重读形素 /tuː/ 和轻读形素 /tu//tə/ 体现，{have} 有重读形素 /hæv/ 和轻读形素 /həv//v/，{would} 有重读形素 /wud/ 和三个轻读形素 /wəd/ /əd/ /d/ 等。换言之，词素变体就是词素的各个语音变体。

词位 LEXEME

词位指词典中列举的词（word），是不带任何屈折变化形式的抽象单位。词位在语言学（linguistics）中一般采用大写形式，如 EAT（吃）、HEAR（听）等。词位一旦进入使用其形式就会产生变化，如词位 EAT 由 eat、eats、ate、eaten、eating 等形式体现，词位 HEAR 由 hear、hears、heard、hearing 形式体现，这些不同的形式就是词位的词形变化（paradigm），这些词叫作语法词（grammatical word）。所以，一个抽象的词位无论是动词、名词还是形容词、副词都可以有一个或多个语法词，实际运用当中根据语境（context）在词位变化表中进行选择，选中的形式都是引用形式（citation form）。例如，“At midnight, Mary heard the frightening noise becoming louder and louder.”（午夜，玛丽听到可怕的噪声变得越来越大。），该句中使用了动词词位 HEAR 的过去式 heard、动词词位 FRIGHTEN 和 BECOME 的现在分词 frightening 和 becoming、名词词位 NOISE 的形式 noise 和形容词词位 LOUD 的比较级形式 louder。这些不同的形式都是在语境中体现词位的语法词。一般情况下，无论是词位还是语法词都不加区别地统称为词。

词项 LEXICAL ITEM

词项也称词汇项，与词位（lexeme）同义，是语言的词汇单位。该术语的使用是为了降低“词”（word）这一称谓所产生的歧义，因为“词”可以是文字词（orthographic word）、语音词（phonological word）、语法词（grammatical word）和词汇词（lexical word）。词项是抽象单位。词典中没有屈折变化的词叫作词位（参见关键术语【词位】），也可以叫作词项。动词词项可以有不同语法形式体现，如表示“给”的动词词项 GIVE 包括 give、gives、gave、given、giving 这些屈折形式，表示“好”的形容词词项 GOOD 有 good、better、best 三种屈折形式。词项还可以包含固定短语（set phrase）或习语（idiom），如 kick the bucket（死掉）和 give up（放弃）等动词习语，hammar and tongs（全力以赴）和 heart and soul（全心全意）等副词习语，white elephant（昂贵累赘之物）和 a dark horse（黑马）等名词习语等，尽管每个习语至少包含两个构成成分（constituent），但语法（grammar）和语义（sense）上是一个词汇单位，相当于一个词，所以也叫作词项。

词义贬降 MEANING DEGRADATION/PEJORATION

词义贬降是指原来表示中性或受人尊重的人或物的词（word）现在指称渺小卑微的人或物，情感色彩贬降。例如，boor 原表示“农民”，现在表示“举止粗鲁的人”。又如，churl 原指“农民”“自由人”，现在表示“没教养的卑鄙人”。再如，wench 原指“乡村姑娘”，现在指“妓女”。英语中 queen（女王）是权力至高无上的人物，后来该词演变成扮演“同性恋的女伴”。还有一些词过去表示的是中性意义，但现在变成贬义词（pejorative term），如 criticize（批评）过去表示“评价”、vulgar（粗俗的，庸俗的）过去的意义是“普通的”等。与词义升华（meaning elevation/amelioration）相比（参见关键术语【词义升华】），词义贬降更为普遍，很多过去与普通老百姓相关的职业、工作，包括从事这些职业的人后来都变成是“无知的”“没教养的”“粗俗的”，甚至是“恶棍”“坏蛋”等。女性长期以来遭受歧视，与女性相关的词比男性相关的词的意义更易贬降，如 mister（先生）—mistress（情妇）、sir（先生）—madam（鸨母）、governor（总督）—governess（女家教）、bachelor（单身男）—spinster（剩女）、courtier（朝臣）—courtesan（高等妓女）等。

词义扩大

MEANING EXTENSION/GENERALIZATION/BROADENING

词义扩大是过去表示特指的词（word）现在表示泛指，使用范围扩大。例如，manuscript（手稿）过去仅表示用手书写的文稿，现在可以用来指称任何文稿，无论是手写的还是用其他方法产生的。又如，bonfire 过去指“用骨头燃烧的火”，而现在表示“篝火”，燃烧材料不限，唯一不会使用的燃料恐怕就是“骨头”。专业术语（technical term）是某个特定专业内的特指词，转化为普通词后使用范围扩大，可用于其他领域。例如，alibi 原是法律用语，表示“不在犯罪现场的辩解”，而现在可以使用于各种场合，表示“借口”“托词”；feedback 原是计算机术语，表示“反馈”，即从电脑中提取信息，而现在泛化指任何回应的意见。人名、地名、书名、商标名等专有名词普通化后意义都扩大，如 makintosh（雨衣）出自发明家的名字 Makintoshi；thing 过去仅指“公开集会”或“会议”，现在泛化到可以指称任何事物。

词义升华

MEANING ELEVATION/AMELIORATION

词义升华是指原来表示渺小卑微的人或物的词（word）现在升格，用来指称重要的、受人尊重的人或物，如 marshal 和 constable 过去都表示职业低下的“饲马人”，现在分别表示“元帅”和“警察”，色彩明显提升。有些过去明显带有贬义色彩的词现在变成褒义词（commendatory term），如 nice 过去曾表示“无知的”“愚蠢的”，但现在表示“美好的”，由贬义上升为褒义。又如，nimble 过去的意义是“善于偷窃的”，现在表示“敏捷的”，带有褒义色彩。有些词过去表示中性意义，没有褒贬色彩，现在转化为褒义词，如 success（成功）过去指“结果”、angel（天使）过去指“信使”等。还有些词过去带有明显的贬义，现在其贬义淡化，如 naughty 曾经表示“邪恶的”，现在表示“顽皮的”“淘气的”，根据使用场合还可能带有褒奖的意味，如在“‘Look at my *naughty* boy,’ said the mother to her friend.”（妈妈对她的朋友说：“你看看我那淘气的儿子。”）中，naughty 使用在此处是明贬实褒。

词义缩小

MEANING NARROWING/SPECIALIZATION

词义缩小指的是过去用来泛指的词（word）现在表示特指，使用范围缩小。例如，liquor 原指“液体”，现在使用范围缩小仅指“酒”。又如，meat 过去表示“食物”，现在特指食用的“肉”。普通名词转化为专用名词后范围都缩小而表特指，如 the City 作为普通词小写表示“城市”，大写后变为专用名词特指“伦敦的商业中心”，the Prophet 小写泛指“先知先觉者”，大写后特指穆罕默德（Muhammad）。普通词汇变为专业术语（technical term）后，意义范围全部缩小而表特指，如memory作为普通词表示“记忆”，进入计算机科学成为专业术语特指“储存器”。制作材料用来指产品同样缩小了使用范围，如silver（银）指“银元”、glass（玻璃）指“玻璃杯”或“镜子”、gold（金）指“金牌”等。有些形容词，如private（私人的，秘密的）和general（一般，普通）转类成名词后表特指，分别表示“列兵”（private soldier）和“将军”（general officer），词义（word meaning）范围缩小。

词源学 ETYMOLOGY

词源学是研究词形和词义的来源、历史和变化的学科。因其研究方法来自语言学（linguistics），故被看作是历史语言学（historical linguistics）的一个分支。例如，现代英语（Modern English）名词fish可以追溯到古英语fisc，skirt可以追溯到古斯堪的纳维亚语skyrta，fisc和skyrta分别是fish和skirt的词源（etymon）。又如，现代英语deer表示“鹿”，但最早却表示“动物”，该词（word）的现代意义是范围缩小导致的，nice的现代意义是“美好的”“宜人的”等，但词源研究表明该词起初表示“无知的”，后来变成“愚蠢的”，再后来才变为今义。所以，探讨词的形式和意义的起源和变迁属词源学的研究范围。词源学研究中还出现民俗词源学（folk etymology）一说。语言中往往有这种现象，人们不经意把某个生僻或艰涩的词改头换面变为大家熟悉的形式，两者其实毫无关系。例如，asparagus（芦笋）被改成sparrowgrass，据说是操伦敦方言的菜贩所为，现在sparrowgrass成为asparagus的词源。通过民俗词源产生的词在美语中较多，一些是本土的动植物名称，还有一些是在当地借入的词，如cockroach（蟑螂）来自西班牙语cucaracha、crayfish（小龙虾）借自法语écrevisse、forlorn hope（敢死队）借自荷兰军事用语verloren hoop等，后者都被看作前者的民俗词源，其实都是偶然所致。

词缀 AFFIX

词缀指附加在词根（root）、词干（stem）或词基（base）上构成新词或显示屈折变化的词素（morpheme）。词缀都是黏着形式（bound form），且数量有限。根据在词（word）中的位置，词缀分为前缀（prefix）和后缀（suffix）。有的语言还有中缀（infix），不过英语无中缀。词缀在书写时通常加连字符表示，如 re-、-ness 分别为前缀和后缀。前缀都是派生词素（derivational morpheme），如 **a**sleep（睡觉的）、**in**justice（不公正）、**un**cover（揭开）、**mis**take（错误）等，任何构词成分（formative）前只要添加前缀都会派生出一个新词。加前缀不仅改变形态也改变其意义，但绝大多数情况下不改变其词性（part of speech）。后缀可进一步分为派生后缀（derivational suffix）和屈折后缀（inflectional suffix）。与前缀相同，派生后缀附加在任何构词成分之上都会产生一个新词，不仅修饰其意义，绝大多数情况下还改变其词性，如 bake**ry**（v. → n. 面包店）、moral**ity**（a. → n. 品行）、class**ic**（n. → a. 经典的）、origin**ate**（n. → v. 起源）等。英语屈折后缀不多，包括表示名词复数和动词单数第三人称形式 -s、名词所有格形式 -'s、动词的时态和分词标志 -ed 或 -ing、形容词和副词的比较级和最高级形式 -er 和 -est 等（参见关键术语【形态学】）。屈折后缀既不改变词义（word meaning）也不改变词性，仅表示词的语法意义（grammatical meaning）。例如，happy（幸福）后添加 -er 和 -est 变成比较级 happier（更幸福）和最高级 happiest（最幸福），词义没变，词性没变，仅表示出不同的语法意义。

搭配意义 COLLOCATIVE MEANING

搭配意义是指词（word）与词搭配时获得的联想意义（associative

meaning），即词与词搭配同现而突显的意义，如 pretty 和 handsome 两个词都表示"美丽""漂亮"，但是搭配（collocation）不尽相同。与 pretty 搭配的词可以是 girl（女孩）、boy（男孩）、woman（妇女）、flower（花）、garden（花园）、color（颜色）、village（村庄）等，而 handsome 可以与 boy（男孩）、man（男人）、car（汽车）、woman（妇女）、overcoat（大衣）、airline（航班）、typewriter（打字机）等搭配，尽管两个形容词的搭配中都出现 boy 和 woman，但是两个词表示的"美"的内涵却不一样。pretty 强调的是视觉上的漂亮好看，而 handsome 强调的是体态举止优雅等。又如，tremble 和 quiver 都表示"发抖"，但是因害怕而发抖用 tremble，因激动而发抖用 quiver。再如，和 green 搭配的短语有 green on the job（新手）、green fruit（未成熟的水果）、green with envy（嫉妒）、green-eyed monster（绿眼怪）等，green 的本义（literal meaning）是"绿色的"，但在搭配的短语中显现出来的意义与本义大都不同。

短语动词 PHRASAL VERB

短语动词是动词性习语（verbal idiom）的一部分。短语动词与动词短语并不等同，两者是包容和被包容的关系，动词短语包含短语动词，反之则不然。短语动词是指"动词 + 小品词"构成的多词动词（multi-word verb）。短语动词主要有动词 + 副词、动词 + 介词、动词 + 副词 + 介词三种范式。例如，turn on/off（开 / 关）、stand up（站起来）、sit down（坐下）、break down（出故障）等属于"动词 + 副词"范式，这种范式的短语动词在实际使用中可以分拆。如果起及物作用的动词短语后接的成分是名词，就直接放在副词后或者置于动词和小品词之间，如 turn on the light（开灯）或 turn the light on，不过前者更自然。如果宾语由代词充抵则一定要置于动词和小品词之间，即 turn it on。动词 + 介词范式的短语动词，如 look into（调查）等，其宾语无论是名词还是代词都必须置于介词后，即 look into the matter（调查那件事）和 look into it。动词短语 get through（通过，完成）和 lag behind（落后）等中的小品词可同时作介词和副词，如“We are lagging behind.”（我们落后了。）和“We are lagging behind Class Two.”（我们落到二班后面了。），要看小品词后面是否带宾语，有宾语的是介词，无宾语的就是副词。动词 + 副词 + 介词范式的短语动词如 put up with（容忍）和 get along with（与……相处）等，其使用与动词 + 介词范式相同，如“I can't put up with him.”（我受不了他。）和“The athlete is not getting on well with his coach.”（那运动员与教练不和。）等。其他起动词作用的短语，如 keep silent（安静）、put all one's eggs in one basket（孤注一掷）、help a lame dog over a stile（助人渡过难关）等都是动词短语。

对立反义词 CONTRARY

对立反义词亦称等级反义词（gradable antonym/opposite），是语义相对而存在的反义词（antonym）。对立反义词具有语义极性（semantic polarity），即两个反义词呈两极，如 rich（富）—poor（穷）、old（年长）—young（幼）、big（大）—small（小）等，两极之间可插入中间成分，如 rich—*well-to-do*（小康）—poor，old—*middle-aged*（中年）—young，big—*medium-sized*（中型）—small。对立反义词还具有语义相对性（semantic relativity），“富”与“穷”、“老”与“幼”、“大”与“小”相比较而存在，如“大”和“小”，没有“小”则不存在“大”，“大”和“小”是相对而言的。“大”和“小”都有等级，有的比较大、有的比较小等。对立反义词可以进一步分为极性反义词（polar antonym）、交叉反义词（overlapping antonym）和均等反义词（equipollent antonym）。极性反义词，如 old（老）—young（幼）、wide（宽）—narrow（窄）、long（长）—short（短）等，前一个词（word）是中立的，用每对词的前一个提问，如 how old 问的是年龄

（age）、how wide 问的是宽度（width）、how long 问的是长度（length），但是用每对词后一个词提问就是偏向性的，也是不正常的。交叉反义词，如 good（好）—bad（坏）都可以用 how 提问，也都可以接受，good 可以中立化，但 how bad 预设了“坏”。均等反义词没有语义中立化，如 hot—cold 反义词，how hot 预设了“热”、how cold 预设了“冷”。

非基本词汇 NON-BASIC VOCABULARY

非基本词汇是相对于基本词汇（basic vocabulary/word stock）而言的，不具备全民性（all national character）特点的词（word）都属于非基本词汇。非基本词汇包括七个方面的词汇（vocabulary）：（1）专业术语（terminology），即某特定学科领域的专用词汇，如数学、物理、化学、生物、航天、地质等中使用的术语；（2）行话（jargon），即某行业内人士在业务活动中常用的特定词汇，如烹调、商业、运动、教育、医疗等行业中使用的口语和书面语，如医疗用语 hypo（皮下注射）和军事用语 buster（炸弹）等；（3）俚语（slang）属于老百姓和社会下层人士日常会话中使用的次标准（substandard）或非标准（non-standard）词汇，如 grass 和 pot 指“大麻”、dough 和 bread 指“钞票”、smoky 和 bear 指“警察”等；（4）隐语，也称黑话（argot/cant），即黑社会或罪犯等为掩人耳目使用的词汇，如 can-opener（万能钥匙）、dip（扒手）、persuader（匕首）等；（5）方言词（dialectal word），即某方言地域内使用的特殊词汇，如 station（澳大利亚语“牧场”）、bluid（苏格兰语“血”）、lough（爱尔兰语“湖泊”）等；（6）古旧词（archaism），即历史上常用而现当代不用或限定使用的词汇，如 thou（你）、ye（复数“你”）、aught（任何事）、hereof（就此）等；（7）新词语（neologism），即新造词或旧词赋予新义的词，如 e-education（线上教育）、eco-fashion（生态时装）、memory（储存器）等。

非语言语境
NON-LINGUISTIC/EXTRA-LINGUISTIC CONTEXT

非语言语境是指语言外因素，包括参与者（说话人和听话人）、时间、地点，甚至整个文化背景。例如，look out 这个短语可以表达“当心”，也可表示“向外看”，实际意义取决于说话的时间和地点。如果一个人走路埋头看手机没有注意前面飞驰而来的车，听到有人喊“Look out!”定是提醒看手机的人“当心”。如果一群学生坐在教室学习，室外突发事故，某个学生看到了大声喊“Look out!”无疑是叫同学们向窗外看。再如，landlord（地主）一词（word），在中国的文化背景中过去指拥有大量土地靠出租不劳而获的人，往往与“剥削”联系在一起，而在西方国家，landlord 的最常用义是“房东”，指出租房子收取房费的人。甚至像 weekend（周末）这样的普通词，在不同国家、不同历史时期、对不同工作的人意义是不同的。weekend 的时长可以是 1 天、1.5 天、2 天、2.5 天，甚至 3 天，一般指周六和周日，但对于不同工种的人，也可以指一周中的任何时段。再如，individualism（个人主义）、freedom（自由）、democracy（民主）等词，在不同国家和文化中都具有不同的含义。

分类结构 TAXONOMY

分类结构一般指词汇分类结构（lexical taxonomy），是基于词汇（vocabulary）的类属形成的层级结构。该结构中各词项（lexical item）之间的意义关系称分类关系（taxonymy）。分类关系中每类词称为分类词（taxonym），同层级的词项叫共类词（co-taxonym），它们之间的关系是共类关系（co-taxonymy）。分类关系的上下级是类属关系。判断类属关系可以运用“X 是 Y 的一种”程式（X is a kind/type of Y），如“Tiger is a kind of animal.”（虎是一种动物。）等，其中 animal 是上类词，俗称上义词（superordinate/hypernym），tiger 是下类词，俗称下义词（subordinate/hyponym）。与 tiger 同类的词（word），如 lion（狮）、cat（猫）、dog（狗）、pig（猪）等都是共类词。分类关系有准分类关系（quasi-taxonymy），如表示情感（emotion）的词有 happy（幸福）、angry（生气）、sad（忧伤）、frightened（害怕的）等形容词，也有 fear（怕）、hate（恨）、love（爱）、shock（惊）等动词，这些形容词和动词与上类词属于不同的词类，它们之间的关系就是准分类关系。共类词虽然同级，但成员之间的地位并不相同，有核心成员（core member）或原型成员（proto-typical member），有边缘成员（peripheral member），如鸟（bird）含 robin（知更鸟）、eagle（鹰）、pigeon（鸽子）、penguin（企鹅）、ostrich（鸵鸟）等，这些成员中 robin 是核心成员或原型成员，而 penguin 和 ostrich 显然是边缘成员，因为鸟的特长是会飞，但 penguin 和 ostrich 都不能飞（参见关键术语【上义词】和【下义词】）。

辐射型 RADIATION

辐射型是词义（word meaning）发展演变的一种模式。一个多义词（polysemic word / polysemant）创制初都是单义的，多义是后来词义逐渐拓展的结果。词初创时的意义为原始意义（primary meaning），是一个多义词所有意义的派生基点。无论这个词（word）有多少意义，每个意义都直接由原始意义派生，而派生意义（derived meaning）之间是相互独立的。例如，neck 一词有（1）颈项，脖子；（2）领；（3）颈肉；（4）（动物）颈状部位；（5）（地质）狭长地带等义项，其中第（1）义是初始义，其他为派生意义，四个派生意义都是从第（1）义直接衍生出来的。通过分析可以看出，“衣领”是“颈项”的转移，是通过转喻（metonymy）生成的；“颈肉”是“颈项”的缩小，是通过提喻（synecdoche）产生的；“颈状部位”和“狭长地带”是“颈项”的意义扩大，是比喻衍生的。如果用图形标示，第（1）义是核心居中，第（2）义至第（5）义是从第（1）义像光线一样四射扩展的，故称为辐射型发展。

概念 CONCEPT

概念是一个哲学术语，是人类认知加工的结果。客观世界中的万事万物在变成概念前必须经过人类的认知加工，人类感知到的这些事物和现象会反映到大脑中形成抽象的概念，这一过程称为概念化（conceptualization）。有了概念，人们才创制语言符号（linguistic sign）来表达这些概念。词（word）是语言符号，一旦用来表达概念就形成词义（word meaning）。所以，概念与词义紧密相关。但是，概念不等于词义。概念是词义的基础，词义是概念在语言中的表现形式。概念建立在客观现实之上，是思维单位，是通过认知获得的，而词义的内容要比概念广得多。首先，概念是从无数同类事物中抽象概括出来的，它表示一般普遍的东西，而非个别的；词义却不仅能概括和表示一般事物，在特定场合还可以表示具体的事物。例如，“狗”作为概念指狗这类动物，而作为词义，在一定语境（context）中可特指具体的一条狗。其次，概念无褒贬差异和文体色彩，而词义有色彩，使用分场合，且能表达情感态度。例如，概念“警察”可以分别由 policeman 和 smoky 表示，前者是中性词而后者是俚语（slang），后者除表示“警察”概念外，还含有轻蔑讽刺的意味。最后，概念总是单义的，而词义则呈多义性（polysemy）。

概念意义 Conceptual Meaning

概念意义是实词（content/notional word）在词典中列出的意义，是词（word）的本义（literal meaning）。概念意义也称认知意义（cognitive meaning）、外延意义（denotative meaning）或指称意义（referential/designative meaning），是词义（word meaning）的核心。概念意义具有全民性（all national character）、稳固性（stability）和持久性。同一社团的人们在语言交际中之所以能使用同样的词表达相同的思想，正是这些特点所致。例如，提到 sun（太阳），所有讲英语的人都知道是指“宇宙中能发热发光有能量的天体”，这个意义是长久不变的。再如，cat 一词用作名词在《新牛津英汉双解大词典》（*The New Oxford English-Chinese Dictionary*，2007）中列出三个义项，分别是“猫”、（北美爵士乐发烧友）“人”、（史）“短锥形木棍”，不管后两个义项是如何获得的，它们都是该词的概念意义。概念意义一般是长久不变的，但随着时间推移、科学技术不断发展、社会进步、人类认知提高等，一个词也可能被赋予新的概念意义。多义词（polysemic word / polysemant）开始都是单义的，即只有一个概念意义，多义都是后来不断拓展的结果。

概念隐喻 Conceptual Metaphor

概念隐喻是认知语言学（cognitive linguistics）中的一个重要概念（concept），与传统修辞格（figure of speech）隐喻（metaphor）是有区别的。传统的隐喻（metaphor）是语言层面的，是一种修辞手段（rhetorical device），是语言的比喻用法。概念隐喻是一种认知手段，其本质是概念性的。概念隐喻是跨概念的系统投射（mapping），通过目标域（target domain）或本体（tenor）向源域（source domain）或喻体（vehicle）投射，基于两域之间的相似性（similarity）。概念隐喻（采用大写形式）可分为结构隐喻（structural metaphor），如 TIME IS MONEY（时间是金钱）："That flat tire cost me an hour."（换瘪胎花了我一小时。）；方位隐喻（orientational metaphor），如 HAPPY IS UP, SAD IS DOWN（幸福向上，悲伤向下）："We are in high spirits."（我们兴高采烈。）；本体隐喻（ontological metaphor），如 ACTIVITY IS CONTAINER（活动是容器）："I appreciate the efforts you put into the work."（我欣赏你在工作中投入的精力。）。一个概念隐喻可以生成多个语言隐喻（linguistic metaphor），如 "This gadget will save you hours."（这个小配件能节省很多时间。）、"How do you spend your time these days?"（你这些天是如何度过的？）等都是属于 TIME IS MONEY 概念隐喻。

概念转喻 CONCEPTUAL METONYMY

概念转喻是认知语言学中的一个重要概念（concept），与传统修辞格（figure of speech）转喻（metonymy）是有区别的。传统的转喻是语言层面的，是一种修辞手段（rhetorical device），是语言的比喻用法。概念转喻是一种认知手段，通过母域（parent domain）内的两个邻近概念域的投射（mapping）完成认知加工，其基础是两个子域间的邻近性（contiguity）。概念转语涵盖提喻（synecdoche），主要是指代功能（referential function），即用一个实体代替另一个实体。

部分代整体（part for whole）。例如：

[1] Our ship needs some new *hands*.
我们的船需要招收几名新**船员**。

整体代部分（whole for part）。例如：

[2] *Spain* beat *Brazil* in the 2010 World Cup.
2010 年世界杯比赛中**西班牙**战胜了**巴西**。

材料代产品（material for product）。例如：

[3] I like your *glasses*.
我喜欢你的**眼镜**。

生产者代产品（producer for product）。例如：

[4] *Shakespeare* is difficult to read.
莎士比亚的著作难读。

物品代使用者（object for user）。例如：

[5] The *violin* has the flu today.
小提琴手今天感冒了。

机构代人（constitution for people）。例如：

[6] The *board* made a wrong decision.
董事会做出了错误决定。

地点代机构（place for constitution）。例如：

[7] The *White House* is lying.
美国政府在撒谎。

地点代事件（place for activity）。例如：

[8] *Beijing* was one of the best Olympic Games.
北京奥运会是最成功的奥运会之一。

构成成分 CONSTITUENT

构成成分是句法分析的语言结构单位，指一个大的结构中的一组成分的部分。例如，an old red one-storey brick house（一栋红色的旧砖瓦平房）这个名词短语由六个词（word）组成，其中 house 是中心词，an 是不定冠词与 old、red、one-storey 三个形容词及名词 brick 作修饰语，修饰 house，这六个词都是该短语的构成成分。这种分析叫作成分分析（constituent analysis）。词汇结构分析同样可使用 constituent 这一术语。多词动词（multi-word verb），也称短语动词（phrasal verb），其构成成分也叫 constituent，如 look into（调查）和 put up with（容忍）分别由两个和三个成分构成，其中一个是动词，其他为小品词。又如，其他形式的习语（idiom），如 fly off the handle（勃然大怒）和 wear one's heart upon one's sleeve（情感外露）等是由多个成分组成的动词短语，其中每个词都是习语的构成成分。这种方法也可用来分析多词素词（polymorphemic word）。例如，internationalization（国际化）是多词素和多层级（multi-level）派生词（derivative），其中每个构成词素也是构成成分，其层级结构如下所示：

[1] $[_4\text{inter} + [_3[_2[_1\text{nation}+\text{al}]_1+\text{ize}]_2+\ \text{ation}]_3]_4$
[2] $[_4[_3[_2\text{inter} + [_1\text{nation}+\text{al}]_1]_2+\text{ize}]_3+\ \text{ation}]_4$

数字和括号表示层级，1 为最底层，4 为最高层，也就是说，1 指最先派生的部分，4 是最后添加的部分。单词 internationalization 有两种派生方式，[1] 显示所有后缀（suffix）添加完后才添加前缀（prefix），而 [2] 表示后缀 -al 添加后便添加前缀 inter-，然后再添加其他后缀。

构词法 WORD FORMATION/BUILDING

英语构词有广义和狭义之分。广义而言，构词有两大分支，即屈折变化（inflection）和派生（derivation），前者是构形，即构成的词（word）仅表示不同语法意义（grammatical meaning），如 book—book**s**、work—work**ed** 等；后者是创制新词，表示词汇意义（lexical meaning）。狭义而言，构词法仅指按构词规则创制新词的形态过程（morphological process）。英语构词法可粗分为两大类，即复合（compositional）与派生（derivational）。复合指由两个自由词根（free root）或词基（base）合成词的过程，如 blackbird（乌鸫）、English-speaking（说英语的）等是复合词（compound）。派生指在词基上添加前缀（prefix）和后缀（suffix）衍生的词的过程，如 nation + al（国家的，民族的）、inter + natinal（国际的）等是派生词（derivative）。英语构词法还有转类法（conversion）、拼缀法（blending）、截略法（clipping）、逆生法（backformation）、首字母缩略法（acronymy）、重叠法（reduplication）等（分别参见同名称核心概念）。构词法是现当代英语（contemporary English）词汇（vocabulary）发展的主要手段。

互补反义词 COMPLEMENTARY

互补反义词亦称矛盾词（contradictory term）、二分反义词（binary antonym），指词义（word meaning）相互排斥的反义词（antonym）。呈反义的两个词（word）的意义是矛盾的，对其中一个词的肯定即意味着对另一个词的否定。例如，dead（死）—alive（活），活着的就不可能是死的，死的就不可能活着。互补反义词没有等级，如 dead 不能变成 deader 或 deadest。互补反义词意义绝对排斥，没有中间状态。就生死而言，不存在不死不活的现象。互补反义词有名词，如 male（男性）—female（女性）、boy（男孩）—girl（女孩）、man（男人）—woman（女人）等；有形容词、如 true（真）—false（假）、present（出席）—absent（缺席）等；有动词、如 accept（接受）—reject（拒绝）等。互补反义词有一部分是通过加词缀（affix）衍生的，如 perfect（完美的）—imperfect（不完美的）、agree（同义）—disagree（不同意）、obey（服从）—disobey（不服从）等，动词和形容词前加否定词缀构成的一般为互补反义词。有些互补反义词在形式上与上义词（superordinate/hypernym）和下义词（hyponym/subordinate）一样，需要根据意义加以鉴别，如 man—woman、lion—lioness、dog—bitch 等，其意义的互补性体现在性别上。lion（狮，雄狮）、dog（狗，公狗）、man（人，男人）三个词的前一个义与另一个词是上下义关系（hyponymy），因为"女人""母狮""母狗"分别是"人""狮""狗"的一部分，后一义与另一个词是性别上的反义。

近义词 NEAR-SYNONYM/PLESIONYM

近义词属于同义词（synonym）的范畴。同义词指语音（phonetics）和拼写不同而词性（part of speech）相同且核心意义（essential meaning）相同或相似的词（word）。同义词分为两大类，即绝对同义词（absolute synonym）和相对同义词（relative synonym），相对同义词也可称为近义词。近义词的核心意义相近，但在词的内涵、色彩、搭配（collocation）等方面可能存在差异。近义词意义范围大小不同、强弱有异，如 work—labor 一对词，前者范围大，既可指脑力劳动也可指体力劳动，后者多指体力劳动，后者在程度上比前者要强；又如 silent—tacit，前者表示"不说话"，后者指"心照不宣"；再如 buy—

purchase，前者文体上是中性的，而后者正式；generous—extravagant 前者表示“慷慨”，后者表示“挥霍”，很明显前褒后贬，情感色彩不同。有的近义词概念意义（conceptual meaning）相同，但搭配使用各异，如 answer—reply，前者是及物动词，后者是不及物动词，使用必须添加介词 to 才能接宾语；又如，forbid—prohibit 搭配迥异，即 *forbid* sb to do sth 与 *prohibit* sb from doing sth，前者后接不定式，后者后接介词短语。简言之，近义词尽管核心意义或概念意义相似，但内涵（connotation）、文体（style）、情感（emotion）、搭配、分布（distribution）等方面都不尽相同。

具体抽象义转移

CONCRETE-ABSTRACT MEANING TRANSFER

具体意义（concrete meaning）与抽象意义（abstract meaning）之间的相互转移大多是单向转移，即原来的抽象意义转化为具体意义，抽象意义丧失，或原来的具体意义转化为抽象意义，具体意义丧失，这是一种转移。另一种转移是抽象意义和具体意义相互转化且两种意义并存。例如，pain 的原义“罚款”是具体意义，后来转为抽象意义“痛苦”，原义丧失；threat 的原义“军队”“人群”是具体意义，后来变为抽象意义“威胁”。又如，aftermath 的原义指草割后重新长出的“二茬草”，是具体意义，后来转化为抽象意义“后果”“创伤”，原义仍然存在。诸如 a good *grasp* of English（掌握好英语，抓→掌握）、a star of the *stage*（戏剧明星，舞台→戏剧）、the *nerve* to explore the cave（探险山洞的胆量，神经→胆量）等都是具体意义转抽象意义，不过两种意义并存且都广泛使用。抽象意义转化为具体意义的有 room，其原义为“空间”，如“There is no *room* in the car.”（车内没空间了。），现在转化为具体的“房间”，如“That flat has two large *rooms*.”（那套公寓有两个大房间。)，两个意义并存。再如，sleeping *beauty*（睡美人，美丽→美人)、the *envy* of the class（全班羡慕的人，羡慕→羡慕的人)、the *hope* of the family（全家的希望，希望→肩负希望的人)、the *pride* of teenagers（青少年的骄傲，骄傲→引以为豪的人）等，尽管 envy、hope、pride 三个词（word）的汉语意思用词是抽象的，但其含义都是具体的。

绝对同义词 ABSOLUTE SYNONYM

同义词（synonym）是语音（phonetics）不同而词性（part of speech）相同，且其核心意义（essential meaning）相同或相似的（similar）的词（word)。同义词的同义性（synonymity）体现在三个方面：一是所有的意义都相同的词（fully synonymous)；二是所有语境（context）中都相同的词（totally synonymous)，三是各个维度（dimension）都相同的词（completely synonymous)。这三类统称为绝对同义词。绝对同义词亦称完全同义词（complete synonym)，它们没有意义差别、没有语境差异、没有维度差别，永远都是可以互换使用而毫无语义损失的词。根据这些条件，绝对同义词仅限于专业术语（technical term)，如医学术语 caecitis—typhlitis（盲肠炎)、scarlet-fever—scarlatina（猩红热)，词汇学术语 word-building—word-formation（构词法)、compounding—composition（复合法）等。其实，绝对同义词并不是完全绝对的，还是有差别的，尽管可以互换使用，但使用频率还是有所不同的，如英语构词法曾一度广泛使用 word-building，然而现在普遍使用 word-formation，英语复合法选用 compounding 远远多于 composition，因为后者会产生歧义（ambiguity)。所以，真正同义（true synonymy）是不存在的。

类比 ANALOGY

类比是一种造词手段，即仿照已有的词模创造出类似的词（word）。类比创造的词基本上都是复合词（compound），仿照的成分大都是原词的第一个成分。例如，人们根据 black list（黑名单）仿造出 white list（白名单），根据 white collar（白领）仿造出 blue collar（蓝领）、grey collar（灰领）、pink collar（粉领）等，基于 earthquake（地震）仿造出 moonquake（月震）、starquake（星震）等，基于 landscape（地面景色）仿造出 moonscape（月球景色）、marscape（火星景色）等。也有模仿后一个成分的，如根据 First Lady（第一夫人）仿造出 First Family（第一家庭）、First Mother（第一母亲）等。类比有一个明显特点，即许多类比构成的词呈反义，如 highrise（高层建筑）—lowrise（低层建筑）、hot line（热线）—cold line（冷线）、flashback（倒叙）—flashforward（前叙）、overproduce（过剩生产）—underproduce（生产不足）、high-tech（高科技）—low-tech（低科技）、moonlight（夜晚兼职工）—daylight（白天兼职）、fat cat（有钱有势的人）—thin cat（无权无势的人）等，前一个是词模，后一个是仿词。还有替换前缀（prefix）的，如 Internet—Intranet 等，不过不常见。有趣的是根据 history（历史）仿造出 herstory（妇女史）一词，因为人们有意把 history 解释为 his + story（男人的历史）。类比这种手段在复合（compounding/composition）、缀合（affixation）、拼缀（blending）、逆生（backformation）构词中都起作用，可以看作构词的促动机制。

链锁型 CONCATENATION

链锁型是词义（word meaning）发展的一个模式。多义词（polysemic

word / polysemant）创制初都是单义的，多义是后来词义逐渐拓展的结果。链锁型发展是单线派生，即一生二、二生三、三生四等，后派生的意义与前一个意义直接相关，但是最后生成的意义与原始意义（primary meaning）看不出有任何联系。假如一个词（word）的意义派生四次，第四义与第三义直接相关，而与第二和第一义关系不明显，或毫无关系。这种发展模式称为链锁型模式。例如，treacle 一词的初始义是“野兽”，从该义衍生出“毒兽咬伤药”，接下来衍生出“疗毒药”，再后来衍生出“有效药”，最后生成“糖蜜”之义，现在仅保留“糖蜜”的意义，其他意义都已消失。“糖蜜”与“野兽”可谓天壤之别，看不出有丝毫的联系，却是一步步衍生出来的。在词义发展过程中，一般情况下，链锁型与辐射型（radiation）相辅相成，共同起作用。最初都以辐射型开始，但在发展的某阶段，其中一个或几个义项可能会链锁式拓展。这就解释了为何一个多义词的义项，有的与原始意义有联系，而有的义项与原始意义大相径庭，但与某个派生意义（derived meaning）却有直接关系。

联想意义 ASSOCIATIVE MEANING

联想意义是依托概念意义（conceptual meaning）而存在的，是词（word）的次要意义（secondary meaning）。之所以称之为联想意义是因为该意义是通过联想产生的。联想受到主体、时空、社会、文化、环境、教育、地位等因素制约，因此是开放的、不定的、变化的。以“狗”（dog）为例，提到狗有人怕，有人爱，有的养狗为宠物，有的养狗为食肉，有的养狗为向导，有的养狗为看门护院等。所以，狗除了其本义（literal meaning）外，还会产生上述各种联想意义。例如，一个小孩非常喜欢狗，每次见到狗就会不由自主抚摸，狗对孩子产生的是“可爱”“好玩”

等联想意义。假如某次抚摸狗被狗咬一口，从此狗在这个孩子的心目中就会产生“坏动物”“可怕的”“讨厌”“咬人”等联想意义。所以联想意义可以随着人的经历不同而变化。联想意义是一个复合体，它包括内涵意义（connotative meaning）、文体意义（stylistic meaning）、情感意义（affective/emotive meaning）、搭配意义（collocative meaning）（分别参见同名术语）。

联想转移

ASSOCIATED TRANSFER/TRANSFERENCE

联想转移是通过词（word）的字面意义（literal meaning）激发的联想而引申产生的比喻意义（figurative meaning）。例如，lip（唇）、tongue（舌）、tooth（齿）等词分别用来指伤口的“边”（the *lip* of the wound）、铃的“铛簧”（the *tongue* of a bell）、锯子的“齿”（the *teeth* of a saw）。这些词的意义转移是基于它们原来的所指对象与这些表达式中所指对象之间的相似性联想实现的。又如，nose（鼻）和 eye（眼），前者可以指飞机的“头部”（the *nose* of a plane）、船的“头部”（the *nose* of a ship），后者可以表示针的“孔眼”（the *eye* of a needle）和靶的“中心”（the *eye* of a target）。词类转换也可实现联想转移，如动物的名称转换为动词使用都是比喻意义，如 monkey（n. → v. 玩弄）、dog（n. → v. 跟踪）、ape（n. → v. 模仿）、parrot（n. → v. 鹦鹉学舌）等。多义词（polysemic word / polysemant）从单义发展到多义大多是通过联想转移实现的。以 neck 为例，本义（literal meaning）是指人或动物的“脖子”“颈项”，后来引申出“瓶颈”“衣领”“海峡”“颈肉”等，只要是两部分中间起连接作用的狭窄部分基本上都可叫作 neck。

内涵意义 Connotative Meaning

词（word）的内涵意义与外延意义（denotative meaning）相对应，指的是由概念意义（conceptual meaning）联想而产生的言外之意，英语中俗称 connotation。这种意义不是词的本义（literal meaning），是动态的，随人和语境（context）而不断发生变化，所以词典上一般是查不到的。例如，mother 一词，其概念意义是“母亲”，读者见到该词往往会产生“母爱”“体贴”“亲切”“温柔”“宽容”等隐含意义；又如 home（家），其本义是一个人“出生、成长、生活的地方”，见到该词人们会不自觉地想到“家庭”“朋友”“温暖”“友爱”“亲情”“便利”等隐含意义。内涵意义是联想意义（associative meaning）的一种，是不定的、变化的。仍以 home 为例，尽管其联想意义多是褒义的，但是假如一个孩子在家得不到温暖，常挨打受骂，甚至吃不饱穿不暖，那么 home 一词在这个孩子的心目中就会产生“厌恶”“冷漠”“无情”等联想；再如“狗”对不同的人会有不同的联想或含义，“宠物”“伴侣”“忠诚”“看家护院”“咬人”“狂犬病”“有气味”“脏”等都是“狗”可能产生的内涵意义。

拟声理据 Onomatopoeic Motivation

拟声理据又称语音理据（phonetic motivation）（参见核心概念【理据】）是指词（word）的声音与意义的联系。语言中一部分词是模拟自然界物体运行、流动、摩擦、碰击、冲撞、拍打、爆裂等发出的声音而创造的，如 ping-pang（乒乓）、bang（砰）、rat-tat（砰砰声）、ding-dong（叮咚）、moo（哞哞声）、meow（喵喵声）等，这些词称为拟声词（onomatopoeic word）。拟声理据可分为基本拟声（primary onomatopoeia）和次要拟声（secondary onomatopoeia）。基本拟声词指模拟近似自然声音的词语，如 bowwow（狗叫）、ha ha ha（哈哈笑）、tick-tuck（滴答声）、cuckoo（杜鹃咕咕声）等。次要拟声词是一种象征性（symbolic）拟声，表述大多禽兽鸟虫鸣叫的声音，如 buzz（蜜蜂）、bellow（牛）、bleat（羊）、crow（公鸡）、chatter（猿）、howl（豺）、gobble（火鸡）、bark（狗）、whoop（鹤）、chirp（蝉）、squeak（鼠）、hiss（蛇）等。这些词的发音与相关的禽兽鸟虫自然鸣叫声并不相同，具有一定象征性，是通过声音联想实现的。次要拟声词实际上是创造新词的主流，如 fl-（闪动的光）：flash（闪光）、flame（火焰）；gl-（静态光）：glow（发暗淡光）、gleam（微光）；sn-（呼吸声）：sniff（嗅）、snore（打鼾）；-ash（剧烈动作）：clash（碰撞声）、crash（撞碎生）；-are（强烈的光和声）：stare（盯视）、blare（发响亮刺耳声）；-abble（说话不清）：babble（含混不清地说）、gabble（急促不清地说）；-amp（重压）：stamp（跺脚）、tramp（重步走）等。在现代语言中，基本拟声的作用微不足道，而次要拟声作用巨大，这是因为运用语音符号（linguistic sign）可通过联想造词。

逆反反义词 CONVERSE

逆反反义词亦称关系反义词（relational antonym/opposite），表示两个实体之间的关系是相反的。两个实体之间的关系有空间关系（spacial relation）：above（上）—below（下）、in front of（前）—behind（后）、right（右）—left（左）；方向关系（directional relation）：up（上）—down（下）、backward（后退）—forward（前进）；时间关系（temporal relation）：before（前）—after（后）、past（过去）—future（将来）；亲属关系（kinship relation）：parent（父母）—child（孩

子）、husband（丈夫）—wife（妻子）、ancestor（祖先）—descendant（后裔）；社会关系（social relation）：predecessor（前任）—successor（后任）、employer（雇主）—employee（雇员）；逆动关系（reversive relation）：rise（升）—fall（降）、sell（卖）—buy（买）、give（给）—receive（收）等。某些逆反反义词看上去与互补反义词（complementary）相似，如man（男人）—woman（女人）与husband（夫）—wife（妻）两对反义词（antonym），前者是互补关系，后者是亲属关系，由于前者都为男性，后者都为女性，颇为相似。互补反义词的最大特点是肯定一方就等于否定另一方，而关系反义词则不然。一个成年人非男即女，相互排斥。但是，一个成年人非夫即妻是不符合逻辑的。

黏着词素 BOUND MORPHEME

黏着词素指不能独立成词（word）的词素（morphcmc）。黏着词素包括词根（root）和词缀（affix）。词缀都是黏着词素，因为词缀都不能单独成词。例如，internationalization 一词由 inter-、nation、-al、ize、-tion 五个词素构成，其中 nation 是词根，其他四个词素都是词缀，因为都不能单独成词，自然都是黏着词素。但是，英语中确有少数几个词缀如 under-、out-、over-、-like、-wise 等，与同形词并存，最初这些词缀是由同形词通过语法化（grammaticalization）演变而来，但既然已成为词缀，其身份就是黏着词素。与词缀不同，词根既有自由的、可以独立成词的词素，如 nation，也有黏着词素。例如，prediction 一词可以分解为 pre-、dict、-ion 三个词素，pre- 和 -ion 是词缀，dict 是词根，因为不能单独成词，故为黏着词素。辞书统计词根时，一般不考虑自由词根（free root），只统计非自由词根（non-free root），数量无论多少都是黏着词素。

派生词素 DERIVATIONAL MORPHEME

派生词素是指用于派生新词的词素（morpheme），与派生法（derivation）密不可分。严格意义上的派生法等同于缀合法（affixation），是在词基（base）上添加词缀（affix）构词的方法。英语词素既包括词根（root）也囊括词缀，只要是用于构词的词素都称为派生词素。词根都是构词要素（formative），无论是自由词根（free root）还是黏着词根（bound root），全部为派生词素（参见关键术语【词根】）。词缀则不同，可进一步分为派生词缀（derivational affix）和屈折词缀（inflectional affix），派生词缀是用于构词的词素，而屈折词缀附加在词基上表示语法意义（grammatical meaning）（参见关键术语【词缀】），也可称为语法词素（grammatical morpheme）。派生词缀包括前缀（prefix）和后缀（suffix），而屈折词缀全部都是后缀，分别添加在名词后表示单复数、添加形容词后表示比较级和最高级、添加在动词后表示时态和词性（part of speech）变化形式等。

派生法 DERIVATION

派生法（参见核心概念【缀合法】）是英语的一种主要构词法（word formation/building）。严格说来，派生法等同于缀合法（affixation），指在词基（base）上添加词缀（affix）构词的形态过程（morphological process）。因为英语词缀分前缀（prefix）和后缀（suffix），加前缀构词的过程称为前缀法（prefixation），加后缀构词的过程称为后缀法（suffixation），两者合并统称为缀合法，比派生法更为贴近语言实际。例如，marriage（marry + age）和 national（nation + al）是通过加后缀派生的，而 intermarriage（inter + marriage）和 international（inter + national）是通过添加前缀衍生的，这些词（word）都是缀合法构成的词。广义而言，英语派生法还囊括转类法（conversion），如形容词 single（单独的）可以转为动词、形容词 black（黑色的）可以转为名词、名词 bottle（瓶子）可以转为动词等，都不需改变原形态结构而衍生成新词。因此，转类又称为零缀派生（zero-derivation），即不添加词缀派生词的方法。甚至有人把逆生法（backformation）也划归派生的范畴，取名叫逆序派生（inverse derivation），因为典型的派生是加缀构词，而逆生方式构词是减缀构词，故得名。不过，主要的派生还是指缀合构词。

歧义 AMBIGUITY

歧义分语法歧义（grammatical ambiguity）和词汇歧义（lexical ambiguity）。词汇歧义指一个词项（lexical item）同时具有一个以上意义的现象。例如，“The man is rushing to the *bank*.”（那男子冲向银行 / 河岸。）这个句子中使用了 bank 一词（word），在该语境（context）中 bank 有两种理解，一是“银行”，二是河或湖的“岸”，因为没有更多的语境信息，两种理解都是对的。词汇歧义主要是使用多义词（polysemic word / polysemant）或同形异义词（homonym）不当导致的。该例子中 bank 就是同形异义词导致的歧义。又如，“One *swallow* doesn't make a summer but it can warm you on a cold winter day.”（独燕不成夏，但在寒冷的冬天喝一口却能让你感到温暖。）这句话中，swallow 也是同形异义词，句子前半部指“燕子”，而后半部 it 指swallow表示“吞咽”。多义词是产生歧义的另一个主要原因，如“The lamb is too cold to eat.”（羊羔冷得不吃东西。/ 羊肉太凉不能吃。）这个句中，lamb 是多义词，有“羊羔”和“羊肉”两个不同的义项，本句话中两个意义都没错，所以是歧义。歧义与模糊（vagueness）不同，歧义是因为使用语境信息不充分，或者结构原因而导致的，两个意义都是清楚的，只有一种意义是作者所要表达的。模糊不清是没有表达清楚，如“He didn't hit the dog.”就是如此，该句可理解为“他没打狗”“他没有打中狗”“他不是打狗”等意义，究竟是哪种意义，模糊不清。语法歧义是句子结构产生的歧义，如“He likes Mary more than Jane.”（玛丽和珍妮二人相比，他更喜欢玛丽。/他比珍妮更喜欢玛丽。）就是由于语法结构导致的歧义。

情感意义 AFFECTIVE/EMOTIVE MEANING

情感意义是指词义（word meaning）中表示情感态度的意义（attitudinal meaning）。情感意义有两种表现形式：一是词（word）的概念意义（conceptual meaning）本身表示情感（emotion），如 happy（幸福）、sad（悲伤）、vicious（恶毒）、love（爱）、like（喜欢）、hate（憎恨）、anger（生气）、grief（悲痛）等；二是词的概念意义相同，但附加的褒贬色彩不同。英语成对同义词（couplet），如 famous（著名的）—notorious（臭名昭彰的）、determined（做决定的）—pigheaded（倔强的）、slim/slender（苗条的）—skinny/skeletal（骨瘦如柴的）、collaborator（合作者）—accomplice（帮凶）等，每对中前者是褒义词（commendatory term）而后者是贬义词（pejorative term），选用前者表示赞许和褒奖，选用后者则表示鄙视或否定。有的词褒贬色彩不明显，然而一旦进入语篇就会彰显褒贬色彩。例如：

[1] The conspirator's chief *ambition* is to become the president of the state.

那个阴谋家的主要**野心**就是要当国家总统。

[2] Those who are successful are usually full of *ambition*.

成功人士一般是充满**雄心壮志**的。

上义词 SUPERORDINATE/HYPERNYM

上义词亦称上位词，是分析上下义关系（hyponymy）的术语。语言中的词（word）有的表示类概念（genus），有的表示种概念（species），表示种概念的词包含在表示类概念的词中，而表示类概念的词支配表示种概念的词。例如，animal（动物）与dog（狗），animal表示的是类概念，意义比较宽泛；dog表示的是种概念，意义具体。起支配作用的词animal称为上义词，被支配的词dog为下义词（hyponym/subordinate）。上义词的身份是可变的，因为语言中的词根据其意义和功能可以归属不同的语义场（semantic field），每个语义场都有起支配作用的词，无论起支配作用的是哪一级，都是上义词。例如，dog（狗）相对于animal（动物）是下义词，相对于与spaniel（西班牙猎犬）变成上义词。上义词和下义词一般是指同类事物，但是不同类的事物根据不同的目的可以形成临时上下义关系。例如，watch（手表）、pen（笔）、cup（杯子）、disk（光盘）可统称为object（物件），object就是上义词，但是如果把这些物品作为礼物（present），它们的上义词就变成present，临时上义词object和present称为假上义词（pseudo-superordinate）。有一些词，如round（圆的）、square（方的）、oblong（椭圆的）和bitter（苦的）、sweet（甜的）、sour（酸的）等形容词没有合适词作支配词，分别借用名词shape（形状）和taste（味道）作为上义词，这些上义词称为准上义词（quasi-superordinate）。

实词 CONTENT/NOTIONAL WORD

实词亦称词汇词（lexical word），是指称事物、品质、状态、行为、动作等的词（word），具有明确的词汇意义（lexical meaning）。英语中的实词包括名词、形容词、动词、副词四大类。诸如 tooth（牙）、baby（婴儿）、blue（蓝）、print（印）、silk（丝）、worm（虫）等名词，eat（吃）、look（看）、ache（疼）、cry（哭）、make（造）、take（拿）等动词，good（好）、bad（坏）、happy（幸福）、sad（悲伤）、big（大）、small（小）等形容词和 badly（坏）、happily（幸福地）、sadly（悲伤地）等副词都是实词。名词用来指人和物，形容词用来表状态和性质，动词用来表行为动作，副词用来表示程度和状态。实词的突出特点是数量大，而且是开放类（open class），根据需要可以创制添加。一旦出现新发现、新事物、新概念、新科技、新变化等，就可能创造出新的词或选一个现存词赋予新义加以表述，由此产生新的实词。

所指关系 REFERENCE

所指关系也称所指意义（referential/designative meaning），是语言符号（linguistic sign）与客观世界事物的联系。词（word）是语言中能自由运用的最小语言单位（参见核心概念【词】）。词的意义是建立在语言符号与客观世界的联系之上的。例如，dog（狗）和 tree（树）是语言符号，只有把这两个语言符号与世界上的“狗”和“树”联系起来，dog 和 tree 才有意义。所指关系就是语言符号 dog 和 tree 与动物“狗”和植物“树”之间的联系。所指关系是一种抽象的关系。“狗”指客观世界所有狗的集和，不分种类、颜色、体态、雌雄等。然而，在特定的语境（context）下，所指（signified）可以由泛指变为特指。例如，“The *dog* is sitting next to the girl under the *tree*.”（那只狗坐在树下的女孩身旁。）这个句子中，dog 和 tree 都是特指，狗的种类、颜色、大小、性别等尽管没有进一步描述但都是具体的。同样，那棵树也是有种类、名称、大小、形状等。简言之，所指关系是语言符号与外界所指物（referent）的联系，既可以泛指也可以特指。但是，没有所指物的词，如虚词（empty word），就不存在所指关系。

通感 SYNESTHESIA

通感与人的感官，如听觉（hearing）、嗅觉（smelling）、视觉（seeing）、触觉（touching）、味觉（tasting）等紧密相关，当表示一种感官的词语用以描述另一种感官，这种修辞就叫作通感，因为两种感觉能得到沟通。例如，loud colors（响亮的色彩）和 sweet music（甜蜜的音乐），前者是听觉转视觉，后者是味觉转听觉。语言中表示感官的词语相互转换使用并非罕见。例如：

sweet sorrow	甜蜜的悲伤	（味觉转内觉）
heavy perfume	浓厚的香水味	（触觉转嗅觉）
sour look	酸溜溜的样子	（味觉转视觉）
noisy colors	闹腾的色彩	（听觉转视觉）
icy voice	冰冷的声音	（触觉转听觉）
happy tears	幸福的眼泪	（内觉转视觉）

通感修辞是相互矛盾的，如 sweet sorrow 和 happy tears 也可称为矛盾修饰（oxymoron），字面上似乎违反逻辑，然而含义深邃。相爱的人分手难免会出现“甜蜜的忧伤”。眼泪一般与伤心相关联，但是人激动过分也会流泪，所以用“幸福的眼泪”恰如其分，言简意赅。

同化词 DENIZEN

同化词是借词（loan word / borrowing）的一类，是指早期借自其他语言的词语，因为时间久远而不断演变，最后其拼写和读音同化（assimilation），变得符合英语本族词（native word）的发音和拼写特点。换言之，这些借词已经被英语本族词同化了，与本族词在拼写和读音上没有区别。同化词主要是早期借自拉丁语、希腊语、法语和斯堪的纳维亚语的词（word），如 port 借自拉丁语 portus（港口）、cup 借自拉丁语 cuppa（杯子）、change 借自法语 changer（变化）、shirt 借自古斯堪的纳维亚语 skyrta（衬衫）等。这些词原来的拼写和读音与现在的形式大相径庭，尤其是 shirt 与原形式可谓天壤之别。同化了的借词不查词源（etymon）是无法判断其外来身份的。由于同化词形式上与本族词无区别，许多变为常用词，甚至进入英语基本词汇（basic vocabulary / word stock）。

外来词 FOREIGN WORD

外来词俗称借词（loan word/borrowing），是借自其他语言的词汇（vocabulary）。根据借词的同化（assimilation）程度和借用方式可归纳为同化词（denizen）、非同化词（alien）、译借词（translation loan）和借义词（semantic loan）。同化词是指早期借自拉丁语、希腊语、法语和斯堪的纳维亚语的词（word），因为时间久远且长期使用，其拼写和读音已同化，符合英语本族词（native word）的发音和拼写特点，如借自拉丁语的 port（portus 港口）、借自法语的 change（changer 变化）、借自古斯堪的纳维亚语 shirt（skyrta 衬衫）等。后晚期借词没有同化，称为非同化词，拼写和读音保持原形式，如借自法语的 décor（装饰）、借自德语的 blitzkrieg（闪电战）、借自汉语的 kowtow（磕头）等。通过翻译借入的词叫作译借词，如借自俄语的 kulak（kyrak 富农）和借自汉语的 tofu（豆腐）是摩音借入的，借自德语的 surplus value（Mehrwert 剩余价值）和借自汉语的 One Country Two Systems（一国两制）属意译借入。还有为某词从其他语言借用意义的词叫作借义词，如 dream 原义为"玩具""音乐"，后从斯堪的纳维亚语借来"梦""做梦"的意义，原义已丧失。

外延意义 DENOTATIVE MEANING

外延意义在英语中通常简称为 denotation，与所指关系（reference）同义，都是基于语言与客观外界联系之上的。外延意义和所指意义（referential/designative meaning）有内在的联系，但也有区别。词（word）的外延意义是稳定不变的，是独立于话语的（utterance-independent）意义。词典中的词称为词位（lexeme），其定义为概念意义（conceptual meaning），就是外延意义（denotative meaning）。词典中列举的词是独立于话语的，其所指（signified）都是概括性的，因此是不变的。然而，一旦词典中的词用于话语之中，其含义就会发生一定变化，其所指就会具体化。例如，英语中 dog（狗）和 tree（树）在词典中是泛指，分别指"狗"一类的动物和"树"一类的植物，没有种类、性状、颜色、体态等之分。如果用在话语或篇章中就变成特指了，描述的是某只特定的狗或某棵具体的树，这就是所指意义的特点，它是依赖话语而存在的意义。

完全转化 Full Conversion

完全转化是转类构词（conversion）中的一个环节，是对形容词转为名词而言的。当形容词转化为名词时会出现两种情况，即完全转化和部分转化（partial conversion）。完全转化的词（word），如 white（白色）、gay（高兴）、native（本族的）等形容词转为名词后，其前可以加不定冠词表示单数，后可以加 -s 变成复数，如 a white—whites（白人）、a gay—gays（男同性恋）、a native—natives（本族人）。英语是形态语言，动词的现在分词和过去分词形式也可用作形容词，转化成名词后同样可享受普通名词的特点，如 a given（既定事实）、young marrieds（年轻夫妇）、newly weds（新婚夫妇）、offerings（祭品）等。由此可见，来源词不管是普通形容词还是分词转化的形容词，转化成名词后与普通名词没有任何区别，可以用同样的语法规则进行处理，所以属于完全转化。

文化理据 Cultural Motivation

文化理据是指词的意义与文化渊源直接相关，了解词（word）的来源就能知其意义。语言中有一些词来自神话传说、历史人物事件、文学艺术作品、风土人情、风俗习惯等，了解一个词为何具有如此意义，追溯到词的出处来源就清楚了。例如，ohm（欧姆）、watt（瓦特）、volt（伏特）这些计量单位分别是发现创造的科学家名字，即 Ohm（德国物理学家）、Watt（苏格兰发明家）、Volta（意大利物理学家）。动词 tantalize（逗弄）出自古希腊神话中宙斯之子 Tantalus 的典故，titanic（巨大的）与神话中巨神族 Titans 相关；quixotic（不切实际的）来自塞万提斯小说《堂吉诃德》中主人翁 Quixote；Shylock（狠毒放债人）

出自莎剧中心狠手辣放高利债人 Shylock 等。英语中 sandwich（三明治）来自 18 世纪英国 Sandwich 地方的四世伯爵，他当时边赌博边吃的夹肉面包后起名为 sandwich。Achilles' heel（致命的弱点，要害处）出自古希腊神话英雄 Achilles，他一出生其母手握着他的一只脚后跟浸入冥河，使其全身坚硬如钢，刀枪不入，唯独手捏的部分没浸水成为他致命的弱点，后来在特洛伊战争中被暗箭射中该处而亡，由此产生了该词的意义。现在时髦的 banting（节食塑身法）是加拿大一位名叫 Banting 的医生研制的，后借用其名表示该疗法。

文体意义 Stylistic Meaning

文体意义指词语的文体特征（stylistic feature）或文体色彩（stylistic coloring）。教学词典（pedagogical dictionary）为了帮助读者使用词语，在给词（word）下定义时会附加诸如 formal（正式）、informal（非正式）、literary（文）、archaic（古旧）、slang（俚语）、poetic（诗体）、intimate（亲密）、colloquial（口语）等这样的标签，这些就是词的文体特征，亦称文体意义。例如，表示"家"这个概念（concept）的同义词（synonym）有 domicile（very formal）、residence（formal）、abode（poetic）、home（general 普通的）四个词，它们的概念意义（conceptual meaning）相同，但文体色彩大不一样。文体色彩一般分为三级，即正式、非正式、中性（neutral）；还可细分为五级，分别用 frozen（拘谨体）、formal（正式体）、consultative（谈话体）、casual（随便体）、intimate（亲密体）进行标示。例如，表示"马"概念有 charger、steed、horse、nag、plug 五个同义词，它们的文体特征可以按顺序与五个级别的标签相对应。

下义词 HYPONYM/SUBORDINATE

下义词亦称下位词，是分析上下义关系（hyponymy）中的术语。语言中的词（word）有的表示类概念（genus），有的表示种概念（species），表示种概念的词包含在表示类概念的词中，而表示类概念的词支配表示种概念的词。例如，animal（动物）与 dog（狗），animal 表示的是类概念，意义宽泛，dog 表示的是种概念，意义具体；animal 起支配作用，称为上义词（superordinate/hypernym），dog 是被支配的词，称为下义词。下义词与上义词相互依存，可以相互转换，如 dog 相对于 animal 是下义词，而相对于 hound（猎犬）则是上义词。同一个词根据其意义可以属于不同的语义场（semantic field），同一语义场中的词称为共下义词（co-hyponym）。例如，orange 作为饮料可以与 coke（可口可乐）、tea（茶）、coffee（咖啡）等为共下义词，作为颜色可以与 red（红）、blue（蓝）、green（绿）等同为共下义词，作为水果还可以与 peach（桃）、pear（梨）、apple（苹果）等构成共下义词。

形素 MORPH

形素是在语音（phonetics）和拼写上体现词素（morpheme）的变体成员。词素是抽象单位，进入话语后由独特的单位体现，这些独特的单位在英语中称为 morph。以复数词素 {s} 为例，在名词 cats（猫）、bags（袋子）、glasses（玻璃杯）和动词 picks（捡起）、digs（挖）、catches（抓）里的拼写形式是 s 和 es，而语音上分别由 /s//z//iz/ 体现，{s} 的两个独特拼写形式和三个语音形式都是形素。英语绝大多数词素由一个形素体现，但是有不少词素，尤其是功能词素在话语中都会由一个以上形素体现。例如，{am} 在拼写上可以由 am 和 m 形素体现，在语音上则分别由 /æm//əm//m/ 形素体现；再如，{would} 在拼写上分别由 would 和 d 形素体现，语音上则分别由 /wud//wəd//əd//d/ 四个形素体现。词素和形素的关系看似清楚，但有些情况下分析起来却很困难。例如，sheep—sheep（羊）的复数形素无法分解，其形素在词素分析中叫零形素（zero morph）或空形素（empty morph），用 Ø 标示；而像 mouse—mice（鼠）的复数形素、teach—taught 的过去式形素分析更复杂，分别通过 /aʊ/ → /aɪ/ 和 /iːʧ/ → /ɔːt/ 音变体现。

形态理据 MORPHOLOGICAL MOTIVATION

形态理据（参见核心概念【理据】）是指词（word）的形态结构（morphological structure）成分与词义（word meaning）的直接联系和依据。为阐明何为形态理据，试比较德语、英语和汉语中的三个对应词：

德语	英语	汉语
Schlittschuh（雪橇鞋）	skate	溜冰鞋
Fingerhut（手指帽）	thimble	顶针
Handschuh（手鞋）	glove	手套

英语三个词都是单纯词（simplex word），形态结构不能显示词义。德语都是复合词（compound），词义是构成成分（constituent）意义的集和。汉语亦不例外，从构成成分就能看出意义。所以，德语和汉语词的形态理据明显。其实，英语是形态语言，语言的最小意义单位是词素（morpheme），单纯词都是单词素词（monomorphemic word），绝大多数词的意义是无理据的（non-motivated）。但是复合词和派生词（derivative）由两个或两个以上词素构成，一般情况下只要知道单个词素

的意义，就能并合出整词的意义。例如，mini-（微小）+ bus（汽车）→ minibus（小型汽车，小巴）、assist（帮助）+ -ant（人）→ assistant（助手）、air（空气）+ mail（邮件）→ airmail（航空邮件）、hand（手）+ shake（摇动）→ handshake（握手）等，前两个是派生词，后两个是复合词，都是显性词（transparent word），词义基本都是词素意义的简单相加。当然，语言中存在大量隐性结构词，如 greenhand（生手）、blackmail（讹诈）的词义并非词素义的总和。英语是表音文字，一般来说单纯词的音义是没有直接关系的，所以理据性弱。

形态学 MORPHOLOGY

形态学亦称词法，是语法学（grammar）的一个分支，主要研究词（word）的形态结构（morphological structure）。形态学一般分为两大领域：一是研究屈折形式，称为屈折形态学（inflectional morphology）；二是研究构词法（word formation/building），称为词汇形态学（lexical morphology）或派生形态学（derivational morphology）。如果着眼点在将词分解成词素（morpheme），则称作词素学（morphemics），属于共时研究（synchronic study）范畴；若强调形态分析（morphological analysis），即研究词素分布及在词中的各种词素变体（morphemic variant），或是研究形态过程（morphological process），则属于历时研究（diachronic study）。屈折形态学研究词的语法词素（grammatical morpheme）或语法词缀（grammatical affix），如名词的复数和动词第三人称单数形式 -s、名词所有格形式 -'s、动词的时态标志和分词形式 -ed 与 -ing、形容词和副词的比较级 -er 和最高级 -est 等，这些词素加在词尾仅表示语法意义（grammatical meaning），不构成新词。派生形态学研究构词法或形态过程，如 worker 是由 work + er 派生、unearth 由 un + earth 派生；workload 是由 work + load 复合、dogear 由 dog +

ear 合成等，每个词都由两个派生词素（derivational morpheme）构成。前两个词是由一个自由词素（free morpheme）和一个黏着词素（bound morpheme）构成，属于缀合法（affixation）或派生法（derivation），后两个词分别由两个自由词素合成，属复合法（compounding/composition）。

修辞格 FIGURE OF SPEECH

修辞格是修辞学（rhetoric）的一个分支。修辞是说话和写作的艺术。修辞格是语言艺术，基于词汇（vocabulary）的修辞格是将词汇的字面意义（literal meaning）进行拓展和充实，产生丰富多彩的艺术效果，增强语言的感染力和说服力。常用的词汇修辞格有：

（1）明喻（simile）

[1] as poor as a church mouse 一贫如洗

[2] like a breath 毫不费力

（2）隐喻（metaphor）

[1] a new broom 新官

[2] a dark horse 黑马

（3）转喻（metonymy）

[1] from the cradle to the grave 一生

[2] scepter and crown 国王

（4）提喻（synecdoche）

[1] all hands on deck 所有船员上甲板

[2] earn one's bread 谋生

（5）拟人（personification）

[1] the mother of success 成功之母

[2] the thirsty earth 干渴的大地

（6）委婉语（euphemism）

[1] the call of nature 大小便

[2] the rest room 厕所

（7）夸张（hyperbole）

[1] a flood of tears 泪如泉涌

[2] a world of trouble 无数麻烦

（8）曲言法（litotes）

[1] Not bad. 很好。

[2] no small achievements 巨大成就

（9）矛盾修辞（oxymoron）

[1] a life-death matter 生死大事

[2] sweet sorrow 甜蜜的悲伤

（10）双关语（pun）

[1] Did you kiss him *back*? 你回吻了吗？/ 你吻了他的背吗？

[2] No, I kissed his face. 没有，我吻了他的脸。

虚词 EMPTY WORD

虚词是语言中与实词（content/notional word）相对的词类，本身没有词汇意义（lexical meaning），其主要作用是连词（word）构句表示语法意义（grammatical meaning）。虚词包括连词、介词、代词、冠词，如 and、but、to、for、a、the、that、when 等。虚词有多种称谓，因为其主要功能是造句，故也称为功能词（functional word）、形式词（form word）、结构词（structural word）和语法词（grammatical word）。虚词的特征是数量有限，英语词汇（vocabulary）浩如烟海，虚词却只有150左右个，且属于封闭类（closed class），不能随意创制，数量基本是不变的；其另一个突出特征是使用频率高，主要表现在复现率上，同一个冠词和介词在短篇话语中少则出现几次，在长篇中可能出现数十次之多，是实词望尘莫及的。例如，"It is *certain* that the *boy* was from a *family* of *scholars*."（毫无疑问，这个男孩子出身于书香门第。）这个句子中共使用12个单词，其中仅有5个实词，其余都是虚词，几乎达到总数的60%，由此可见一斑。

音义关系　Sound-meaning Relation

词（word）的音和义没有内在联系。语音（phonetics）是词的物质外壳，意义是词的内容。词的物质外壳和内容没有逻辑关系。词义（word meaning）表达的是概念（concept），概念是通过人类的认知而形成的，而词义建立在概念基础之上。当一个概念形成之后，人们为了表达概念而创制某种声音，声音和概念联系起来形成词义。例如，train/trein（火车）这个词现在用来指称客观世界中形形色色的火车。最初，英语民族对早期火车这个物体认知，抽象起来在大脑中形成概念，然后创造train这个词进行表达，train与"火车"的联系并没有相似性，纯粹是任意的（arbitrary）。表音语言中的单纯词（simplex word）都是如此，语音与意义是没有内在联系的。一旦音和概念关联形成词并不断使用而固定下来便约定俗成（convention）了。不过，语言中的拟声词（onomatopoeic word）除外，因为拟声词是基于声音创制的，音和义是有内在联系的。

印欧语系语言

INDO-EUROPEAN LANGUAGES

印欧语系语言囊括欧洲和中东地区大多数语言，包括印度语。这些语言据说起源于一个高度屈折的原始印欧语言（Proto-Indo-European），印欧语系各种语言起初都是原始印欧语言的不同方言，后独立演变成现代各种语言。尽管这些语言分散在欧洲、中东等广大地区，彼此仍然显示出不同程度的相似性（similarity）。根据语言词根（root）的相似程度，归纳为十大语族。十大语族又可归纳为东部语群（eastern set）和西部语群（western set）。东部语群包括波罗的 – 斯拉夫语族（Balto-Slavic）：普鲁斯语（Prussian）、立陶宛语（Lithuanian）、波兰语（Polish）、捷克语（Czech）、保加利亚语（Bulgarian）、斯拉夫语（Slovenian）、俄罗斯语（Russian）；印度 – 伊朗语族（Indo-Iranian）：波斯语（persian）、孟加拉语（Bengali）、印地语（Hindi）、罗马尼语（Romany）；亚美尼亚语族（Armenian）：亚美尼亚语（Armenian）；阿尔巴尼亚语族（Albanian）：阿尔巴尼亚语（Albanian）。西部语群包括凯尔特语族（Celtic）：苏格兰语（Scottish）、爱尔兰语（Irish）、威尔斯语（Welsh）、布列塔尼语（Breton）等；希腊语族（Hellenic）：希腊语（Greek）；意大利语族（Italic）亦称拉丁语族（Latin）：西班牙语（Spanish）、葡萄牙语（Portuguese）、法语（French）、意大利语（Italian）、罗马尼亚语（Roumanian），这五种语言俗称罗曼语（Romance language）；耳日曼语族（Germanic）：英语（English）、德语（German）、荷兰语（Dutch）、佛兰芒语（Flemish）、挪威语（Norwegian）、冰岛语（Icelandic）、丹麦语（Danish）、瑞典语（Swedish），其中挪威语、冰岛语、丹麦语、瑞典语俗称斯堪的纳维亚语（Scandinavian）。

语法词素 GRAMMATICAL MORPHEME

语法词素指语言中用来表示语法概念或意义的词素（morpheme），也可称为屈折词素（inflectional morpheme）。不过，英语语法词素涵盖的范围广，不仅包括屈折词素，还囊括表示语法意义（grammatical meaning）的功能词（functional word）。屈折词素就是屈折词缀（inflectional affix），即表示名词的复数和动词第三人称单数形式 -s、名词所有格形式 -'s、动词的时态标志和分词形式 -ed 与 -ing、形容词和副词的比较级 -er 和最高级 -est 等（参见关键术语【屈折词缀】），还有少数从其他语言借来的名词的单数标志 -um 和复数标志 -ia、-en 等。功能词，如 the、a、in、for、but、and、I、you、he、when、where、what 等冠词、介词、代词、连词都是语法词素。因为词素是语言中最小的音义单位，大于词素的功能词，如 whenever、wherever、anything、whoever 等连词都不在语法词素之列，因为以上每个词（word）都由两个词素合成，它们是复合词（compound）而非语法词素。

语法意义 GRAMMATICAL MEANING

词义（word meaning）由两大部分构成，即语法意义和词汇意义（lexical meaning）。语法意义是指表示语法概念和语法关系的意义，如词类（名词、动词、形容词、副词、代词等），名词的单复数、可数不可数等，动词的时态和屈折变化形式，形容词和副词的比较级和最高级等。语法意义只有在词语的实际使用中才能显现出来，如“The dog is chasing a ball.”（狗在追球。）这句话中，dog 是名词作主语，is chasing 是动词进行式作谓语，ball 是名词作宾语，the 和 a 是冠词，分别表示特指和名词单数。不同的词（word）可以具有同样的语法意义，如 desks（书桌）、cats（猫）、vegetables（蔬菜）、fruits（水果）四个词都是可数名词，复数形式全部是在词尾添加屈折后缀（inflectional suffix）-s；又如，worked（工作）、brought（带来）、began（开始）、sang（唱歌）四个词共享的语法意义是过去式。与此相反，forget、forgot、forgotten、forgetting（忘记）四个形式属于同一个词位（lexeme），却具有不同的语法意义，forget 是现在形式，forgot 是过去式，forgotten 是过去分词，forgetting 是现在分词。实词（content/notional word）既有词汇意义（lexical meaning）又有语法意义，但是虚词（empty word）一般只有语法意义。

语言语境 LINGUISTIC CONTEXT

语言语境亦称上下文（co-text），指某个词（word）所在的词组、分句和句子，甚至包括段落、章节和整个语篇。语言语境可进一步分为词汇语境（lexical context）和语法语境（grammatical context）。词汇语境指与目的词共现的其他词汇（vocabulary）。目的词的词义（word meaning）经常受邻近词汇的影响和限定。例如，paper 在词典中有多个义项，但在 a sheet of paper（纸）、a white paper（政府文件）、a term paper（学期末写的论文）、today's paper（报纸）等语境（context）中都只表达一种意义。语法语境指句子结构对目的词的影响。以动词 become 为例，become + a. /n.（作表语）表示“变得”，如“Daydreams have *become* realities.”（梦想变成了现实。）; become + pron/n.（作宾语）表示“适合”，如“This sort of behavior hardly *becomes* a person in your position.”（这种行为与你的身份极不相称。）; become + of 表示“结果是”“使遭遇”，如“I don't know what will *become* of us if the company goes bankrupt.”（如果公司破产，我真不知道我们将会有怎样的结局。）等。

语义 SENSE

语义属于语言内（intralingual）词（word）与词之间（interlexical）的关系，是一个词在语言词汇系统内部与其他词发生关系时所处的位置。语义与所指意义（referential/designative meaning）不同，所指意义与客观现实相关联，而语义没有这种关联。实词（content/notional word）（名词、动词、形容词、副词）有所指意义，而虚词（empty word）（冠词、介词、连词、代词等）没有所指意义，但是实词和虚词都有语义。语义与外延意义（denotative meaning）相互依存，但是关系相反（inversely related）。外延意义越大，语义越小。例如，“动物”和“狗”相比，“动物”的外延意义大于“狗”，因为狗是动物的一类，但是“动物”的语义不如“狗”的语义精细，因为“狗”的语义含有 [+ 动物] 这一特征（参见关键术语【语义特征】）。根据语义，词与词可以形成不同的纵聚合关系（paradigmatic relation），如同义关系（synonymy）、反义关系（antonymy）、同形异义关系（homonymy）、上下义关系（hyponymy）等（分别参见同名核心概念）。

语义理据 SEMANTIC MOTIVATION

语义理据（参见核心概念【理据】和【词义转移】）是指产生词（word）的联想意义（associative meaning）和比喻意义（figurative meaning）的依据。例如，the *eye* of a needle（针眼）、the *mouth* of a river（河口）、the *tongue* of a bell（铃舌）等，这些短语中的斜体词原指人类和动物的身体器官，但在这些短语中用来描述无生命的（inanimate）事物和现象，是比喻性（figurativeness）的，都是通过相似性联想实现的。语义理据在复合词（compound）和习语（idiom）中也是常见的。例如：

（1）明喻（simile）：snow-white（雪白）、childlike（孩子似的）、silk-smooth（光滑如丝）；
（2）隐喻：a dark horse（黑马）、new blood（新血液）、flat tire（令人厌倦之人）；
（3）转喻（metonymy）：in the cradle（孩提时代）、make (up) a purse（集资）、greenback（美钞）；
（4）提喻（synecdoche）：earn one's bread（谋生）、stout heart（坚强之人）、gold（金牌）；
（5）委婉：powder room（女厕所）、eternal sleep（长眠）。

这些词语都是基于事物的形体和功能的相似性或邻近性（contiguity）创造的。这种相似性和邻近性思维反映到语言里，就产生了众多的比喻性词语。

语义特征　SEMATIC FEATURE/PROPERTY

语义特征或语义成分（semantic component）是组成词义（word meaning）的基本单位。有的学者把这种意义单位称作语义原子（semantic primitive/atom），暗示它们是最小不可再分的。例如，man 的意义包含 [MALE]（男性）、[ADULT]（成人）、[HUMAN]（人类）这些特征，也就是说 man 的概念意义（conceptual meaning）是由 [MALE]、[ADULT]、[HUMAN] 这些特征组成。这些特征是从自然语言的词（word）中抽象出来的，具有普世价值。以 man（男人）、woman（女人）、boy（男孩）、girl（女孩）这组词为例，四个词共享 [HUMAN] 特征，woman 和 girl 共享 [FEMALE]（女性）特征，man 和 boy 共享 [MALE]

特征，man 和 woman 共享 [ADULT] 特征，boy 和 girl 共享 [YOUNG]（幼）特征。这些特征可以用来描写世界上所有自然语言中的词汇（vocabulary）。一个词具有某个特征就在相关特征前加"+"符号并全部大写，表示元语言（metalanguage）；不具有这个特征，就在这个特征前加"–"符号。另一种做法是一对反义特征中选其中一个特征，用"+""–"符号表示"有"或"无"此特征，如 [–MALE] 表示 [FEMALE]、[–ADULT] 表示 [YOUNG]），这样更省力。上述四个词可以分别描述如下：

man	[+HUMAN +MALE +ADULT]
woman	[+HUMAN –MALE +ADULT]
boy	[+HUMAN +MALE –ADULT]
girl	[+HUMAN –MALE –ADULT]

主客观义转移

Subjective-objective Meaning Transfer

主观意义（subjective meaning）与客观意义（objective meaning）相互转化是单向转移，存在两种情况：一是转移后原义丧失；二是转移后两义并存。例如，"The ex-convict is *hateful*." 这个句中 hateful 一词（word）派生于动词 hate（恨，憎），"恨谁""谁恨"决定该形容词是主观意义还是客观意义。主语恨别人是主观意义，主语遭别人恨是客观意义。该句意思是后者，即"有前科的那个人遭人恨"。形容词 hateful 原义是主观意义表示"充满仇恨的"，现在只能用客观意义，主观意义丧失。又如，pitiful 一词原来是主观意义"同情的""富有同情心的"，现在转化成客观意义，表示"可怜的""令人同情的"，主观意义丧失。再如，dreadful 原义为"害怕的"，是主观意义，现在转化为客观意义，表示"可怕的""令人害怕的"，主观意义消失。英语中有些形容词，如 doubtful（怀疑的，可疑的）、suspicious（怀疑的，可疑的）、dubious（怀疑的，可疑的）、fearful（害怕的，可怕的）等既可用作主观意义也可用作客观意义，如 “The villagers were *suspicious* of the man as his behavior was a bit *suspicious*.”（村民们怀疑那个男子，因为他的行为有点可疑。），该句中第一个 suspicious 是主观意义，第二个 suspicious 是客观意义。

自由词素 FREE MORPHEME

自由词素指能够单独成词（word）并自由运用的词素（morpheme）。英语中 bird（鸟）、sun（日）、moon（月）、tree（树）、eat（吃）、drink（喝）等这样的词都由一个词素构成，它们既是词也是词素。因为这些词素能够独立成词并自由运用，故称自由词素。每一个词都有一个词根（root），上述这些词都是根词（root word），因为每个词由一个词根构成，所以自由词素也是词根词素（root morpheme）。派生词（derivative）和复合词（compound）都是多词素词（polymorphemic word），其中有自由词素也有黏着词素（bound morpheme）。例如，globalization（全球化）这个词可以分解成 globe、-al、-ize、-tion 四个词素，其中 globe 是词根，也是自由词素，因为该词素可以自由运用；其他词素则是黏着词素。但是 prediction（预测）一词由 pre-、dict、-ion 三个词素构成，其中 dict 是词根，但不能单独成词，因此是黏着词素。词根以外的所有词素都是词缀（affix），词缀都是黏着词素（参见关键术语【词缀】）。

附 录

英—汉术语对照

abbreviation 缩略法 / 词 / 语

absolute antonym 绝对反义词

absolute homonym 绝对同形异义词

absolute synonym 绝对同义词

abstract meaning 抽象意义

abstract noun 抽象名词

abstract-concrete meaning transfer 抽象具体意义转移

acronym 首字母缩略词 / 拼音词

acronymy 首字母缩略法

active vocabulary 主动词汇

adjectival idiom 形容词性习语

adjective suffix 形容词后缀

adverb suffix 副词后缀

adverbial idiom 副词性习语

affective/emotive meaning 情感意义

affix 词缀

affixation 缀合法

affixization 词缀化

agentive noun 施事名词

alien 非同化词

all national character 全民性

allomorph 词素变体

alphabetism 字母读音词

ambiguity 歧义

analogy 类比

analytic expression 分析型表达

anomalous usage 异常用法

antonym 反义词

antonymy 反义关系

applied lexicology 应用词汇学

approximation 近似

arbitrariness 任意性

arbitrary 任意的

archaism 古旧词

assimilation 同化

associated transfer/transference 联想转移

associative field 联想场

associative meaning 联想意义

attitudinal meaning 态度意义

attitudinal prefix 态度前缀

back clipping 词尾截略

backformation 逆生法

base 词基

basic category 基本范畴

basic English 基本英语

basic vocabulary/word stock 基本词汇

binary analysis 二分法

binary antonym 二分反义词

blend 拼缀词

blending 拼缀法

borrowing 外借

bound form 黏着形式

bound morpheme 黏着词素

bound root 黏着词根

broad collocation 广义搭配

catchphrase 口头禅

catchword 流行语

categorization 范畴化

category extension 范畴扩展

change in word meaning 词义变化

citation-form 引用形式

classifier 量词

clipped word 截略词

clipping 截略法

closed class 封闭类

coded meaning 编码意义

cognitive linguistics 认知语言学

cognitive meaning 认知意义

cognitive synonym 认知同义词

co-hyponym 共下义词

collocability 搭配性

collocation 搭配

collocational restriction 搭配限制

collocative meaning 搭配意义

colloquialism 口语词

combining form 组合形式

commendatory term 褒义词

commonization of proper names 专名普化

complementary 互补反义词

complete antonym 完全反义词

complete synonym 完全同义词

complex stem 复杂词干

complex transitive verb 复合及物动词

complex word 复杂词

componential analysis 成分分析

compound 复合词

compound stem 复合词干

compounding/composition 复合法
concatenation 连锁型
concept 概念
conceptual field 概念场
conceptual meaning 概念意义
conceptual metaphor 概念隐喻
conceptual metonymy 概念转喻
conceptual temporality 概念临时性
conceptualization 概念化
concrete meaning 具体意义
concrete-abstract meaning transfer 具体抽象义转移
connotation 内涵 / 隐涵
connotative meaning 内涵意义
constituent 构成成分
constituent analysis 成分分析
contemporary English 当代英语
content/notional word 实词
context 语境
contextual interdependency 语境共生性
contextual meaning 语境意义
contextual transformation 语境性转换
contiguity 邻近性
contradictory term 矛盾词
contrary 对立反义词
convention principle 约定俗成原则
converse 逆反反义词
conversion 转类法
conversion prefix 转类前缀
co-occur 共现
Cooperative Principle 会话原则
copula 系动词
core member 核心成员
core of language 语言共核
co-taxonym 共类词
co-taxonymy 共类关系
co-text 上下文
covert category 隐蔽类
creative adaptation 创造性改编
creative modification 创造性修正
cultural motivation 文化理据
decategorization 去范畴化
deixis 指示
denizen 同化词
denotation 外延
denotative meaning 外延意义
derivation 派生法
derivational affix 派生词缀
derivational morpheme 派生词素
derivational morphology 派生形态学
derivational suffix 派生后缀
derivative 派生词
derived meaning 派生意义
diachronic approach 历时法 / 途径

diachronic study 历时研究
dialectal word 方言词
dimension 维度
directional relation 方向关系
distribution 分布
economy principle 经济原则
emotion 情感
empty morph 空形素
empty word 虚词
entail 蕴含
equipment antonym 均等反义词
essential meaning 核心意义
etymological motivation 词源理据
etymological subsidiarity 词源附属性
etymology 词源学
etymon 词源
euphemism 委婉语
evoked meaning 诱发意义
expressive meaning 表达意义
extended meaning 引申意义
family resemblance 家族相似性
feature analysis 特征分析
figurative meaning 比喻意义
figurativeness 比喻性
figure of speech 修辞格
fixed collocation 固定搭配
fixed expression 固定表达
folk etymology 民俗词源学
folk taxonomy 民俗分类结构
foreign word 外来词
form word 形式词
formal style 正式文体
formative 构词成分 / 要素
form-borrowing 借形
free morpheme 自由词素
free root 自由词根
front and back clipping 首尾部截略
front clipping 首部截略
full conversion 完全转化
functional shift 功能转换
functional word 功能词
general English 通用英语
generic level 类属层
Germanic 日耳曼语族
gradable antonym/opposite 等级反义词
grammar 语法 / 学
grammatical affix 语法词缀
grammatical ambiguity 语法歧义
grammatical context 语法语境
grammatical meaning 语法意义
grammatical morpheme 语法词素
grammatical principle 语法原则
grammatical word 语法词
grammaticalization 语法化
graphological motivation 文字理据

Great Vowel Shift 元音大转移
habitual co-occurence 习惯共现
habitual juxtaposition 习惯并置
Hellenic 希腊语族
hierarchical relation 层级结构关系
hierarchy 层级结构
historical linguistics 历史语言学
homograph 同形异音词
homonym 同形异义词
homonymy 同形异义关系
homophone 同音异形词
hybrid acronym 混合首字母拼音词
hyperbole 夸张
hyponym/subordinate 下义 / 位词
hyponymy 上下义 / 位关系
identifiability principle 可辨原则
idiom 习语
idiom variant 习语变体
idiom variation 习语变异
idiomatic expression 习惯表达
idiomatic usage 习惯用法
idiomaticity 习用性
incompatibility 不相容关系
Indo-European Languages 印欧语系语言
Indo-Iranian 印度 – 伊朗语族
infix 中缀
infixation 中缀法
inflection 屈折变化
inflectional affix 屈折词缀
inflectional morpheme 屈折词素
inflectional morphology 屈折形态学
inflectional suffix 屈折后缀
initialism 首字母读音词
intensive verb 强化动词
inverse derivation 逆序派生
jargon 行话
kinship relation 亲属关系
lexeme 词位
lexical ambiguity 词汇歧义
lexical chain 词汇链
lexical context 词汇语境
lexical decomposition 词汇分解
lexical derivation 词汇派生
lexical equivalent 词的等价物
lexical field 词汇场
lexical item 词项
lexical meaning 词汇意义
lexical morphology 词汇形态学
lexical semantics 词汇语义学
lexical set 词汇集
lexical taxonomy 词汇分类结构
lexical word 词汇词
lexicalization 词化
lexicography 词典学

lexicology 词汇学
lexicon 词库
linear co-occurence 线性共现
linguistic field 语言场
linguistic context 语言语境
linguistic factor 语言因素
linguistic meaning 语言意义
linguistic metaphor 语言隐喻
linguistic philosophy 语言哲学
linguistic sign 语言符号
linguistics 语言学
literal meaning 字面意义 / 本义
litotes 曲言法
loan word / borrowing 借词
locative prefix 方位前缀
mapping 投射
marked 有标记的
marked term 有标记项
markedness 标记性
meaning degradation/pejoration 词义贬降
meaning elevation/amelioration 词义升华
meaning extension/generalization/broadening 词义扩大
meaning narrowing/specialization 词义缩小
meaning strengthening 词义强化
meaning transfer/transference/shift 词义转移
meaning uncertainty 词义不确定性
meaning weakening 词义弱化
mechanism of semantic change 词义变化机制
meronymy 部分整体关系
metalanguage 元语言
metaphor 隐喻
metonymy 转喻
middle clipping 截词腰
monomorphemic word 单词素词
monotransitive verb 单及物动词
morph 形素
morpheme 词 / 语素
morphemic variant 词素变体
morphemics 词素学
morphemization 词 / 语素化
morphological analysis 形态分析
morphological motivation 形态理据
morphological process 形态过程
morphological structure 形态结构
morphological word 形态词
morphology 形态学
motivation 理据
multi-level 多层级
multi-word verb 多词动词
mutual expectancy 相互期盼
narrow collocation 狭义搭配
native word 本族词

natural taxonomy 自然分类结构
near-synonym/plesionym 近义词
negative meaning 消极意义
negative prefix 否定前缀
neologism 新词语
nominal idiom 名词性习语
non-basic vocabulary 非基本词汇
nonce use 仿生用法
non-free root 非自由词根
non-linguistic/extra-linguistic context 非语言语境
non-linguistic factor 非语言因素
non-standard 非标准
notion 意义
noun suffix 名词后缀
number prefix 数字前缀
objective meaning 客观意义
occasional transformation 偶然性转换
conceptual metonymy 概念转喻
one-off variation 一次性变异
onomatopoeic motivation 拟声理据
onomatopoeic word 拟声词
ontological metaphor 本体隐喻
opaque word 隐性词
open class 开放类
orientational metaphor 方位隐喻
orthographic word 文字词
overlapping antonym 交叉反义词
oxymoron 矛盾修饰
paradigm 词形变化
paradigmatic axis 纵聚合轴
paradigmatic relation 纵聚合关系
parent domain 母域
parodic use 仿用
parody 仿拟
part of speech 词性
partial conversion 部分转化
partial homonym 部分同形异义词
partial synonym 部分同义 / 近义词
part-whole hierarchy 部分整体层级结构
passive vocabulary 被动词汇
pedagogical dictionary 教学词典
pejorative prefix 贬义前缀
pejorative term 贬义词
perfect homonym 完全同形异义词
peripheral member 边缘成员
personification 拟人
phoneme 音位
phonetic motivation 语音理据
phonetics 语音
phonological word 语音词
phrasal verb 短语动词
phraseological unit 短语单位
polar antonym 极性反义词

polymorphemic word 多词素词

polysemic word / polysemant 多义词

polysemy 多义关系 / 性

portmanteau word 行囊词

positive meaning 积极意义

pragmatic broadening 语用扩充

pragmatic meaning 语用意义

pragmatic narrowing 语用收缩

pragmatic principle 语用原则

prefix 前缀

prefixation 前缀法

primary meaning 原始意义

primary onomatopoeia 基本拟声

privative prefix 表缺前缀

productivity 多产性

proto-catcgory 原型范畴

Proto-Indo-European 原始印欧语言

proto-typical member 原型成员

proverb 谚语

pseudo-superordinate 假上义 / 位词

psycholinguistic word 心理语言学词

psychology 心理学

pun 双关语

pure acronym 纯首字母拼音词

quasi-superordinate 准上义词

quasi-synonym 准同义词

quasi-taxonymy 准分类关系

radiation 辐射型

recategorization 重新范畴化

redundancy rule 剩余规则

reduplication 重叠 / 法

reduplicative compound word 重叠复合词

reduplicative 重叠词

reference 所指关系

referent 所指物

referential function 指代功能

referential/designative meaning 所指 / 指称意义

register 语域

regular co-occurence 常规共现

relational antonym/opposite 关系反义词

relative synonym 相对同义词

renovation 翻新

reversative prefix 逆反前缀

reversative relation 逆动关系

rhetoric 修辞学

rhetorical device 修辞手段

root 词根

root morpheme 词根词素

root word 根词

root-forming morpheme 词根构形词素

secondary meaning 次要意义

secondary onomatopoeia 次要拟声词

secondary word-class 次词类
semantic component 语义成分
semantic domain 语义域
semantic feature/property 语义特征
semantic field 语义场
semantic inclusion 语义内包
semantic loan 借义词
semantic motivation 语义理据
semantic polarity 语义极性
semantic primitive/atom 语义原子
semantic principle 语义原则
semantic prosody 语义韵
semantic relativity 语义相对性
semantic unity 语义整体性 189
semantic word 语义词
semantics 语义学
sense relation 语义关系
sense 语义
sentential idiom 句式习语
sequence structure 序列结构
set phrase 固定短语
shortening 缩短
signified 所指
signifier 能指
similarity 相似 / 性
simile 明喻
simple stem 简单词干
simplex word 单纯词
slang 俚语
social relation 社会关系
sociological word 社会学词
sound-meaning relation 音义关系
source domain 源域
spacial relation 空间关系
spoken vocabulary 口语词汇
spoken word / colloquialism 口语词 15
spurious suffix 假后缀
stability 稳固性
standard 标准的
stem 词干
structural frozenness 结构凝固性
structural metaphor 结构隐喻
structural word 结构词
stylistic colouring 文体色彩
stylistic feature 文体特征
stylistic meaning 文体意义
sub-field 子场
subjective experientiality 主观体验性
subjective meaning 主观意义
subjective-objective meaning transfer 主客观义转移
substandard 次标准
suffix 后缀
suffixation 后缀法

superordinate/hypernym 上义 / 位词
suppletion 异干互补
syllabic acronym 音节首字母拼音词
symbolization 符号化
synchronic approach 共时法 / 途径
synchronic study 共时研究
synecdoche 提喻
synesthesia 通感
synonym 同义词
synonymity 同义性
synonymy 同义关系
syntagmatic axis 横组合轴
syntagmatic relation 横组合关系
syntactic word 句法词
syntax 句法学
synthetic expression 综合型表达
synthetic language 综合型语言
target domain 靶 / 目标域
taxonomy 分类结构
taxonym 分类词
taxonymy 分类关系
technical term 专业术语
temporal relation 时间关系
temporal prefix 时间前缀
tenor 本体
terminology 术语
tradename 商标名
transfer/ence 转移
transitivity 传递性
translation loan 译借词
transparent word 显性词
triplet 三词同义组
true synonymy 真正同义
unmarked term 无标记项
unmarked 无标记的
utterance-independent 独立于话语的
vagueness 模糊
vehicle 喻体
verb suffix 动词后缀
verbal idiom 动词性习语
vocabulary 词汇
word 词
word formation/building 构词法
word meaning 词义
word play 文字游戏
written vocabulary 书面语词汇
written/literary word 书面语词
zero-affix 零词缀
zero-derivation 零缀派生
zero-morph 零形素
zeugma 共扼

汉—英术语对照

靶域 / 目标域 target domain

褒义词 commendatory term

被动词汇 passive vocabulary

本体 tenor

本体隐喻 ontological metaphor

本族词 native word

比喻性 figurativeness

比喻意义 figurative meaning

边缘成员 peripheral member

编码意义 coded meaning

贬义词 pejorative term

贬义前缀 pejorative prefix

变异 variation

标记性 markedness

标准的 standard

表达意义 expressive meaning

表缺前缀 privative prefix

不相容关系 incompatibility

部分同形异义词 partial homonym

部分同义 / 近义词 partial synonym

部分整体层级结构 part-whole hierarchy

部分整体关系 meronymy

部分转化 partial conversion

常规共现 regular co-occurence

成分分析 componential analysis

成分分析 constituent analysis

重叠 / 重叠法 reduplication

重叠词 reduplicative

重叠复合词 reduplicative compound word

重新范畴化 recategorization

抽象具体意义转移 abstract-concrete meaning transfer

抽象名词 abstract noun

抽象意义 abstract meaning

传递性 transitivity

创造性改编 creative adaptation

创造性修正 creative modification

纯首字母拼音词 pure acronym

层级结构 hierarchy

层级结构关系 hierarchical relation

词 word

词 / 语素 morpheme

词 / 语素化 morphemization

词的等价物 lexical equivalent

词典学 lexicography

词干 stem

词根 root

词根构形词素 root-forming morpheme
词化 lexicalization
词汇 vocabulary
词汇场 lexical field
词汇词 lexical word
词汇分解 lexical decomposition
词汇分类结构 lexical taxonomy
词汇集 lexical set
词汇链 lexical chain
词汇派生 lexical derivation
词汇歧义 lexical ambiguity
词汇形态学 lexical morphology
词汇学 lexicology
词汇意义 lexical meaning
词汇语境 lexical context
词汇语义学 lexical semantics
词基 base
词库 lexicon
词类 wordclass
词素变体 allomorph
词素变体 morphemic variant
词素学 morphemics
词尾截略 back clipping
词位 lexeme
词项 lexical item
词形变化 paradigm
词性 part of speech
词义 word meaning
词义贬降 meaning degradation/pejoration
词义变化 change in word meaning
词义变化机制 mechanism of semantic change
词义不确定性 meaning uncertainty
词义扩大 meaning extension/generalization/broadening
词义强化 meaning strengthening
词义弱化 meaning weakening
词义升华 meaning elevation/amelioration
词义缩小 meaning narrowing/specialization
词义转移 meaning transfer/transference/shift
词源 etymon
词源附属性 etymological subsidiarity
词源理据 etymological motivation
词源学 etymology
词缀 affix
词缀化 affixization
次标准 substandard
次词类 secondary word-class
次要拟声词 secondary onomatopoeia
次要意义 secondary meaning
搭配 collocation

搭配限制 collocational restriction
搭配性 collocability
搭配意义 collocative meaning
单纯词 simplex word
单词素词 monomorphemic word
单及物动词 monotransitive verb
当代英语 contemporary English
等级反义词 gradable antonym/opposite
动词后缀 verb suffix
动词性习语 verbal idiom
独立于话语的 utterance-independent
短语单位 phraseological unit
短语动词 phrasal verb
对立反义词 contrary
多层级 multi-level
多产性 productivity
多词动词 multi-word verb
多词素词 polymorphemic word
多义关系 / 性 polysemy
多义词 polysemic word / polysemant
共扼 zeugma
二分法 binary analysis
二分反义词 binary antonym
翻新 renovation
反义词 antonym
反义关系 antonymy
范畴化 categorization
范畴扩展 category extension
方位前缀 locative prefix
方位隐喻 orientational metaphor
方向关系 directional relation
方言词 dialectal word
仿拟 parody
仿用 parodic use
仿生用法 nonce use
非标准 non-standard
非基本词汇 non-basic vocabulary
非同化词 alien
非语言因素 non-linguistic factor
非语言语境 non-lingistic/extra-linguistic context
非自由词根 non-free root
分布 distribution
分类词 taxonym
分类关系 taxonymy
分类结构 taxonomy
分析型表达 analytic expression
封闭类 closed class
否定前缀 negative prefix
符号化 symbolization
辐射型 radiation
复合词 compound
复合词干 compound stem
复合法 compounding/composition

复合及物动词 complex transitive verb
复杂词 complex word
复杂词干 complex stem
副词后缀 adverb suffix
副词性习语 adverbial idiom
概念 concept
概念场 conceptual field
概念化 conceptualization
概念临时性 conceptual temporality
概念意义 conceptual meaning
概念隐喻 conceptual metaphor
概念转喻 conceptual metonymy
根词 root word
词根词素 root morpheme
功能词 functional word
功能转换 functional shift
共类词 co-taxonym
共类关系 co-taxonymy
共时法 / 途径 synchronic approach
共时研究 synchronic study
共下义词 co-hyponym
共现 co-occur
构成成分 constituent
构词 / 法 word formation/building
构词成分 / 要素 formative
构词规则 word-formation rule
古旧词 archaism

固定表达 fixed expression
固定搭配 fixed collocation
固定短语 set phrase
关系反义词 relational antonym/opposite
广义搭配 broad collocation
行话 jargon
行囊词 portmanteau word
核心成员 core member
核心意义 essential meaning
横组合关系 syntagmatic relation
横组合轴 syntagmatic axis
后缀 suffix
后缀法 suffixation
互补反义词 complementary
会话原则 Cooperative Principle
混合首字母拼音词 hybrid acronym
积极意义 positive meaning
基本词汇 basic vocabulary/word stock
基本范畴 basic category
基本拟声词 primary onomatopoeia
基本英语 basic English
极性反义词 polar antonym
家族相似性 family resemblance
假后缀 spurious suffix
假上义 / 位词 pseudo-superordinate
简单词干 simple stem
交叉反义词 overlapping antonym

教学词典 pedagogical dictionary
结构词 structural word
结构凝固性 structural frozenness
结构隐喻 structural metaphor
截词腰 middle clipping
截略词 clipped word
截略法 clipping
借词 loan word / borrowing
借形 form-borrowing
借义词 semantic loan
近似 approximation
近义词 near-synonym/plesionym
经济原则 economy principle
句法词 syntactic word
句法学 syntax
句式习语 sentential idiom
具体抽象义转移 concrete-abstract meaning transfer
具体意义 concrete meaning
绝对反义词 absolute antonym
绝对同形异义词 absolute homonym
绝对同义词 absolute synonym
均等反义词 equipollent antonym
开放类 open class
可辨原则 identifiability principle
客观意义 objective meaning
空间关系 spacial relation
空形素 empty morph
口头禅 catchphrase
口语词 spoken word / colloquialism
口语词汇 spoken vocabulary
夸张 hyperbole
类属层 generic level
类比 analogy
俚语 slang
理据 motivation
历时法 / 途径 diachronic approach
历时研究 diachronic study
历史语言学 historical linguistics
连锁型 concatenation
联想场 associative field
联想意义 associative meaning
联想转移 associated transfer/transference
量词 classifier
邻近性 contiguity
零词缀 zero-affix
零形素 zero-morph
零缀派生 zero-derivation
流行语 catchword
矛盾词 contradictory term
矛盾修饰 oxymoron
民俗词源学 folk etymology
民俗分类结构 folk taxonomy
名词后缀 noun suffix

名词性习语 nominal idiom
明喻 simile
模糊 vagueness
母域 parent domain
内/隐涵 connotation
内涵意义 connotative meaning
能指 signifier
拟人 personification
拟声词 onomatopoeic word
拟声理据 onomatopoeic motivation
逆动关系 reversative relation
逆反反义词 converse
逆反前缀 reversative prefix
逆生法 backformation
逆序派生 inverse derivation
偶然性转换 occasional transformation
派生词 derivative
派生词素 derivational morpheme
派生词缀 derivational affix
派生法 derivation
派生后缀 derivational suffix
派生形态学 derivational morphology
派生意义 derived meaning
拼缀词 blend
拼缀法 blending
歧义 ambiguity
前缀 prefix
前缀法 prefixation
强化动词 intensive verb
亲属关系 kinship relation
情感 emotion
情感意义 affective/emotive meaning
屈折变化 inflection
屈折词素 inflectional morpheme
屈折词缀 inflectional affix
屈折后缀 inflectional suffix
屈折形态学 inflectional morphology
曲言法 litotes
去范畴化 decategorization
全民性 all national character
认知同义词 cognitive synonym
认知意义 cognitive meaning
认知语言学 cognitive linguistics
任意的 arbitrary
任意性 arbitrariness
日耳曼语族 Germanic
三词同义组 triplet
商标名 tradename
上下文 co-text
上下义/位关系 hyponymy
上义/位词 superordinate/hypernym
社会关系 social relation
社会学词 sociological word
剩余规则 redundancy rule

施事名词 agentive noun
时间关系 temporal relation
时间前缀 temporal prefix
实词 content/notional word
使用频率 use frequency
首部截略 front clipping
首尾部截略 front and back clipping
首字母读音词 initialism
首字母缩略词 / 拼音词 acronym
首字母缩略法 acronymy
书面语词 written/literary word
书面语词汇 written vocabulary
术语 terminology
数字前缀 number prefix
双关语 pun
缩短 shortening
缩略法 / 词 / 语 abbreviation
所指 / 指称意义 referential/designative meaning
所指 signified
所指关系 reference
所指物 referent
态度前缀 attitudinal prefix
态度意义 attitudinal meaning
特征分析 feature analysis
提喻 synecdoche
通感 synesthesia
通用英语 general English
同化 assimilation
同化词 denizen
同形异义词 homonym
同形异义关系 homonymy
同形异音词 homograph
同义词 synonym
同义关系 synonymy
同义性 synonymity
同音异形词 homophone
投射 mapping
外借 / 借用 borrowing
外来词 foreign word
外延 denotation
外延意义 denotative meaning
完全反义词 complete antonym
完全同形异义词 perfect homonym
完全同义词 complete synonym
完全转化 full conversion
维度 dimension
委婉语 euphemism
文化理据 cultural motivation
文体色彩 stylistic colouring
文体特征 stylistic feature
文体意义 stylistic meaning
文字词 orthographic word
文字理据 graphological motivation

文字游戏 word play
稳固性 stability
无标记的 unmarked
无标记项 unmarked term
希腊语族 Hellenic
习惯表达 idiomatic expression
习惯并置 habitual juxtaposition
习惯共现 habitual co-occurence
习惯用法 idiomatic usage
习语 idiom
习语变体 idiom variant
习语变异 idiom variation
习用性 idiomaticity
系动词 copula
狭义搭配 narrow collocation
下义 / 位词 hyponym/subordinate
下义 / 位词 subordinate/hyponym
显性词 transparent word
线性共现 linear co-occurence
相对同义词 relative synonym
相互期盼 mutual expectancy
相似 / 性 similarity
消极意义 negative meaning
心理学 psychology
心理语言学词 psycholinguistic word
新词语 neologism
形容词后缀 adjective suffix
形容词性习语 adjectival idiom
形式词 form word
形素 morph
形态词 morphological word
形态分析 morphological analysis
形态过程 morphological process
形态结构 morphological structure
形态理据 morphological motivation
形态学 morphology
修辞格 figure of speech
修辞手段 rhetorical device
修辞学 rhetoric
虚词 empty word
序列结构 sequence structure
谚语 proverb
一次性变异 one off variation
依赖话语的 utterance-dependent
异常用法 anomalous usage
异干互补 suppletion
译借词 translation loan
意义 notion
音节首字母拼音词 syllabic acronym
音位 phoneme
音义关系 sound-meaning relation
引申意义 extended meaning
引用形式 citation-form
隐蔽类 covert category

隐性词 opaque word
隐喻 metaphor
应用词汇学 applied lexicology
有标记的 marked
有标记项 marked term
诱发意义 evoked meaning
语义 sense
语法 / 学 grammar
语法词 grammatical word
语法词素 grammatical morpheme
语法词缀 grammatical affix
语法化 grammaticalization
语法歧义 grammatical ambiguity
语法意义 grammatical meaning
语法语境 grammatical context
语法原则 grammatical principle
语境 context
语境共生性 contextual interdependency
语境性转换 contextual transformation
语境意义 contextual meaning
语言场 linguistic field
语言符号 linguistic sign
语言共核 core of language
语言学 linguistics
语言意义 linguistic meaning
语言因素 linguistic factor
语言隐喻 linguistic metaphor
语言语境 linguistic context
语言哲学 linguistic philosophy
语义场 semantic field
语义成分 semantic component
语义词 semantic word
语义关系 sense relation
语义极性 semantic polarity
语义理据 semantic motivation
语义内包 semantic inclusion
语义特征 semantic feature/property
语义相对性 semantic relativity
语义学 semantics
语义域 semantic domain
语义原则 semantic principle
语义原子 semantic primitive/atom
语义韵 semantic prosody
语义整体性 semantic unity
语音 phonetics
语音词 phonological word
语音理据 phonetic motivation
语用扩充 pragmatic broadening
语用收缩 pragmatic narrowing
语用意义 pragmatic meaning
语用原则 pragmatic principle
域 register
喻体 vehicle
元音大转移 Great Vowel Shift

元语言 metalanguage
原始意义 primary meaning
原始印欧语言 Proto-Indo-European
原型成员 proto-typical member
原型范畴 proto-category
源域 source domain
约定俗成原则 convention principle
蕴含 entail
黏着词根 bound root
黏着词素 bound morpheme
黏着形式 bound form
真正同义 true synonymy
正式文体 formal style
指代功能 referential function
指示 deixis
中缀 infix
中缀法 infixation
主动词汇 active vocabulary
主观体验性 subjective experientiality
主观意义 subjective meaning
主客观义转移 subjective-objective meaning transfer
专名普化 commonization of proper names
专业术语 technical term
转类法 conversion
转类前缀 conversion prefix
转移 transfer/ence
转喻 metonymy
缀合法 affixation
准分类关系 quasi-taxonymy
准上义词 quasi-superordinate
准同义词 quasi-synonym
子场 sub-field
自然分类结构 natural taxonomy
自由词根 free root
自由词素 free morpheme
字面意义 / 本义 literal meaning
字母读音词 alphabetism
综合型表达 synthetic expression
综合型语言 synthetic language
纵聚合关系 paradigmatic relation
纵聚合轴 paradigmatic axis
组合形式 combining form